FC 精细化工品生产工艺与技术

涂料生产工艺与技术

韩长日　宋小平　李小宝　著

科学技术文献出版社
SCIENTIFIC AND TECHNICAL DOCUMENTATION PRESS
·北京·

图书在版编目（CIP）数据

涂料生产工艺与技术 / 韩长日，宋小平，李小宝著. —北京：科学技术文献出版社，2021.1
（2023.1重印）

ISBN 978-7-5189-7436-8

Ⅰ. ①涂… Ⅱ. ①韩… ②宋… ③李… Ⅲ. ①涂料—生产工艺 Ⅳ. ① TQ630.6

中国版本图书馆 CIP 数据核字（2020）第 245823 号

涂料生产工艺与技术

策划编辑：孙江莉	责任编辑：李 鑫	责任校对：张吲哚	责任出版：张志平

出 版 者	科学技术文献出版社	
地 址	北京市复兴路15号 邮编 100038	
编 务 部	（010）58882938，58882087（传真）	
发 行 部	（010）58882868，58882870（传真）	
邮 购 部	（010）58882873	
官 方 网 址	www.stdp.com.cn	
发 行 者	科学技术文献出版社发行 全国各地新华书店经销	
印 刷 者	北京虎彩文化传播有限公司	
版 次	2021 年 1 月第 1 版 2023 年 1 月第 3 次印刷	
开 本	787×1092 1/16	
字 数	668千	
印 张	30.75	
书 号	ISBN 978-7-5189-7436-8	
定 价	98.00元	

前　言

精细化工品的种类繁多，生产应用技术比较复杂，全面系统地介绍各类精细化工品的产品性能、技术配方、工艺流程、生产工艺、产品标准、产品用途，将对促进我国精细化工的技术发展、推动精细化工产品技术进步，以及满足国内工业生产的应用需求和适应消费者需要都具有重要意义。在科学技术文献出版社的策划和支持下，我们组织编写了这套《精细化工品生产工艺与技术》丛书。《精细化工品生产工艺与技术》是一部有关精细化工产品生产工艺与技术的技术性系列丛书，将按照橡塑助剂、纺织染整助剂、胶粘剂、皮革用化学品、造纸用化学品、农用化学品、电子与信息工业用化学品、化妆品、洗涤剂、涂料、建筑用化学品、石油工业助剂、饲料添加剂、染料、颜料等分册出版。旨在进一步促进和发展我国的精细化工产业。

本书为精细化工品生产工艺与技术丛书的《涂料生产工艺与技术》分册，由韩长日、宋小平、李小宝著。本书介绍了环氧树脂涂料、氨基树脂涂料、天然树脂漆和油脂漆、醇酸树脂漆、酚醛树脂漆、硝基漆和沥青漆。对每个涂料品种的产品性能、技术配方、工艺流程、生产工艺、产品标准、产品用途都做了全面系统的阐述，是一本内容丰富、资料翔实、实用性很强的技术操作工具书。本书对于从事涂料产品研制开发的科技人员、生产人员，以及高等学校应用化学、精细化工等相关专业的师生都具有参考价值。全书在编写过程中参阅和引用了大量国内外有关专利及技术资料，书末列出了主要参考文献，部分产品中还列出了相应的原始研究文献和相应的专利号，以便读者进一步查阅。

应当指出的是，在进行涂料产品的开发生产时，应遵循先小试、再中试，然后进行工业性试产的原则，以便掌握足够的工业规模的生产经验。同时，要特别注意化工生产过程中的防火、防爆、防毒、防腐蚀及环境保护等有关问题，并采取有效的措施，以确保安全顺利地生产。

本书在选题、策划和组稿过程中，得到了海南科技职业大学、海南师范大学、科学技术文献出版社、海南省重点研发项目（ZDYF2018164）、国家自然科学基金（21362009、81360478）、国家国际科技合作专项项目（2014DFA40850）的支持，孙江莉同志对全书的组稿进行了精心策划，许多高等院校、科研院所和同仁提供了大量的国内外专利和技术资料，在此一并表示衷心的感谢。

由于我们水平所限，错漏和不妥之处在所难免，欢迎广大同仁和读者提出意见和建议。

编　者

2021.1

目　录

第一章　环氧树脂涂料 ……………………………………………… 1

1.1　H01-1 环氧清漆（分装）……………………………………… 1

1.2　H01-6 环氧酯清漆 …………………………………………… 2

1.3　H01-38 环氧酯醇酸烘干清漆 ………………………………… 3

1.4　环氧氨基醇酸清烘漆 ………………………………………… 4

1.5　环氧杀菌漆 …………………………………………………… 6

1.6　耐蚀水性环氧漆 ……………………………………………… 6

1.7　水性环氧树脂磁漆（分装）…………………………………… 7

1.8　H04-1 各色环氧磁漆（分装）………………………………… 8

1.9　H04-56 各色环氧酯烘干磁漆 ………………………………… 9

1.10　H04-57 环氧醇酸烘干磁漆 ………………………………… 11

1.11　H04-79 各色环氧酯半光烘干磁漆 ………………………… 12

1.12　H04-94 各色环氧酯无光烘干磁漆 ………………………… 14

1.13　HA-2 各色环氧酯烘干磁漆 ………………………………… 15

1.14　环氧酯红丹底漆 …………………………………………… 17

1.15　环氧氨基红丹底漆 ………………………………………… 18

1.16　环氧氨基醇酸底漆 ………………………………………… 18

1.17　环氧氨基醇酸黑磁漆 ……………………………………… 19

1.18　硅环氧酚醛清漆 …………………………………………… 19

1.19　环氧氨基清漆 ……………………………………………… 20

1.20　高固体分环氧树脂涂料 …………………………………… 20

1.21　耐腐蚀汽车面漆 …………………………………………… 21

1.22　防腐蚀改性环氧树脂涂料 ………………………………… 22

1.23　耐划伤聚环氧树脂涂料 …………………………………… 23

1.24　热炼改性环氧树脂涂料 …………………………………… 24

1.25　含氯环氧树脂无溶剂涂料 ………………………………… 25

1.26　光固化环氧清漆 …………………………………………… 25

1.27　辐射固化环氧树脂涂料 …………………………………… 26

1.28　环氧酚醛氨基醇酸清漆 …………………………………… 27

1.29　环氧硅酚醛烘干清漆 ……………………………………… 27

1.30　耐候性环氧树脂涂料 …………………………………………………… 28

1.31　快固化环氧树脂涂料 …………………………………………………… 29

1.32　耐腐蚀环氧多层涂膜 …………………………………………………… 30

1.33　改性环氧树脂聚酰胺漆 ………………………………………………… 30

1.34　硅氧烷环氧树脂涂料 …………………………………………………… 31

1.35　电沉积改性环氧树脂涂料 ……………………………………………… 31

1.36　环氧树脂-聚氨酯电泳漆 ……………………………………………… 32

1.37　环氧树脂绝缘粉末涂料 ………………………………………………… 33

1.38　肼改性环氧树脂底漆 …………………………………………………… 34

1.39　硅烷环氧树脂防腐漆 …………………………………………………… 34

1.40　抗静电防雾涂料 ………………………………………………………… 35

1.41　聚酰胺环氧底漆 ………………………………………………………… 36

1.42　无溶剂环氧甲苯树脂漆 ………………………………………………… 37

1.43　环氧粉末涂料 …………………………………………………………… 37

1.44　H05-53 白环氧粉末涂料 ……………………………………………… 40

1.45　H06-2 环氧酯各色底漆 ………………………………………………… 41

1.46　H06-4 环氧富锌底漆（分装） ………………………………………… 42

1.47　H06-8 锌黄环氧聚酰胺底漆（分装） ………………………………… 44

1.48　H06-33 铁红、锌黄环氧烘干底漆 …………………………………… 45

1.49　H06-43 锌黄、铁红环氧酯烘干底漆 ………………………………… 46

1.50　各色环氧酯腻子 ………………………………………………………… 48

1.51　H08-1 各色环氧酯烘干电泳漆 ………………………………………… 49

1.52　H08-4 各色环氧酯半光烘干电泳漆 …………………………………… 51

1.53　H08-5 铁红环氧酯半光烘干电泳漆 …………………………………… 52

1.54　H11-52 各色环氧酯烘干电泳漆 ……………………………………… 53

1.55　胺化环氧树脂电泳漆 …………………………………………………… 55

1.56　阳离子型环氧电泳漆 …………………………………………………… 56

1.57　环氧聚酰胺电泳涂料 …………………………………………………… 57

1.58　环氧丙烯酸底漆 ………………………………………………………… 58

1.59　环氧酚醛清漆 …………………………………………………………… 58

1.60　环氧带锈防锈漆（分装） ……………………………………………… 60

1.61　H23-12 环氧酯烘干罐头漆 …………………………………………… 61

1.62　H23-16 环氧酚醛罐头烘漆 …………………………………………… 62

1.63　H30-2 环氧酯烘干绝缘漆 ……………………………………………… 63

1.64　H30-13 环氧聚酯酚醛烘干绝缘漆 …………………………………… 65

1.65　H30-19 环氧无溶剂烘干绝缘漆（分装） …………………………… 66

1.66　H31-31 灰环氧酯绝缘漆 ……………………………………………… 67

1.67 H31-32 灰环氧酯绝缘漆 ·· 68

1.68 H31-54 灰环氧酯烘干绝缘漆 ··· 70

1.69 H36-51 各色环氧烘干电容器漆 ·· 71

1.70 H52-3 各色环氧防腐漆（分装） ······································· 73

1.71 H52-11 环氧酚醛烘干防腐漆 ··· 74

1.72 H53-3 红丹环氧防锈漆 ·· 75

1.73 金属用水性树脂涂料 ··· 76

1.74 水性环氧树脂罐头烘干漆 ·· 77

1.75 H53-31 红丹环氧酯防锈漆 ··· 79

1.76 H54-2 铝粉环氧沥青耐油底漆 ··· 81

1.77 H54-31 棕环氧沥青耐油漆（分装） ··································· 82

1.78 H06-17 环氧缩醛带锈底漆（分装） ··································· 83

1.79 H06-18 环氧缩醛带锈底漆（分装） ··································· 85

1.80 环氧汽车底漆 ·· 87

1.81 环氧防酸涂料 ·· 88

1.82 防腐蚀涂料 ·· 88

1.83 环氧氨基防腐漆 ··· 89

1.84 耐碱环氧树脂涂料 ··· 90

1.85 氨基硅烷改性环氧树脂漆料 ··· 91

1.86 保护滤光片用改性环氧树脂涂料 ······································ 91

1.87 地板层用环氧树脂涂层 ·· 92

1.88 黑色环氧粉末涂料 ··· 92

1.89 环氧酯绝缘烘漆 ··· 93

1.90 减附壁涂料 ·· 94

1.91 快速光固化环氧树脂涂料 ·· 94

1.92 白色粉末涂料 ·· 95

1.93 热固性粉末涂料 ··· 96

1.94 热反应型环氧粉末涂料 ·· 96

1.95 防腐环氧粉末涂料 ··· 97

第二章 氨基树脂涂料 ··· 98

2.1 A01-1 氨基烘干清漆 ··· 98

2.2 A01-2 氨基烘干清漆 ··· 99

2.3 A01-8 氨基烘干清漆 ·· 101

2.4 A01-9 氨基烘干清漆 ·· 102

2.5 A01-12 氨基烘干静电清漆 ·· 104

2.6 741 料氨基烘漆 ·· 105

2.7 氨基乙烯基涂料 ··· 106

2.8 烷基化氨基树脂涂料 ··· 107

2.9 耐磨氨基树脂涂料 ·· 107

2.10 氨基醇酸绝缘漆 ·· 108

2.11 聚酰亚胺绝缘烘漆 ··· 109

2.12 无油醇酸氨基烘漆 ··· 110

2.13 水溶性氨基涂料 ·· 112

2.14 氨基清漆 ··· 113

2.15 氨基锤纹漆 ··· 113

2.16 阴极电沉积氨基树脂漆 ··· 114

2.17 氨基 741 料绝缘清漆 ··· 114

2.18 A05-11 氨基无光烘漆 ··· 115

2.19 水溶性氨基醇酸树脂烘漆 ·· 116

2.20 水溶性氨基醇酸平光烘漆 ·· 118

2.21 氨基醇酸丙烯酸水性磁漆 ·· 119

2.22 氨基丙烯酸水性涂料 ·· 121

2.23 低温固化的氨基涂料 ·· 123

2.24 改性氨基树脂漆 ·· 125

2.25 A04-9 各色氨基烘干磁漆 ··· 126

2.26 A04-14 各色氨基烘干静电磁漆 ··································· 128

2.27 A04-24 各色氨基金属闪光烘干磁漆 ····························· 130

2.28 A04-60 各色氨基半光烘干磁漆 ··································· 132

2.29 A04-81 各色氨基无光烘干磁漆 ··································· 134

2.30 A06-1 各色氨基烘干底漆 ··· 137

2.31 A06-3 氨基烘干二道底漆 ··· 138

2.32 A07-1 各色氨基烘干腻子 ··· 140

2.33 A14-51 各色氨基烘干透明漆 ······································ 142

2.34 A16-51 各色氨基烘干锤纹漆 ······································ 144

2.35 A30-11 氨基烘干绝缘漆 ·· 145

2.36 半光氨基醇酸烘漆 ··· 147

2.37 无光氨基醇酸烘漆 ··· 147

2.38 氨基醇酸黑烘漆 ·· 148

2.39 氨基醇酸底漆 ··· 149

2.40 热固性水溶性氨基树脂涂料 ······································· 149

2.41 耐冲击氨基树脂涂料 ·· 150

第三章　天然树脂漆和油脂漆 ·· 152

3.1　Y00-1 清油 ·· 152

3.2　Y00-2 清油 ·· 153

3.3　Y00-3 清油 ·· 154

3.4　Y00-7 清油 ·· 155

3.5　Y00-8 聚合清油 ·· 156

3.6　Y00-10 清油 ·· 157

3.7　T04-15 各色钙脂内用磁漆 ·· 158

3.8　T04-16 银粉酯胶磁漆 ·· 160

3.9　T06-5 铁红、灰酯胶底漆 ·· 161

3.10　T06-37 铁红酯胶烘干底漆 ·· 162

3.11　T07-31 各色酯胶烘干腻子 ·· 163

3.12　T09-1 油基大漆 ·· 164

3.13　T09-2 油基大漆 ·· 165

3.14　T09-6 精制大漆 ·· 166

3.15　T09-11 漆酚清漆 ·· 167

3.16　T09-12 漆酚缩甲醛清漆 ·· 168

3.17　T09-13 耐氨大漆 ·· 169

3.18　T09-16 漆酚环氧防腐漆 ·· 170

3.19　T30-12 酯胶烘干绝缘漆 ·· 171

3.20　T35-12 酯胶烘干硅钢片漆 ·· 172

3.21　T40-33 松香防污漆 ·· 174

3.22　T44-81 铁红酯胶船底漆 ·· 175

3.23　T50-32 各色酯胶耐酸漆 ·· 176

3.24　T53-30 锌黄酯胶防锈漆 ·· 177

3.25　T98-1 松香铸造胶液 ·· 178

3.26　T01-13 钙脂清漆 ·· 179

3.27　T01-18 虫胶清漆 ·· 180

3.28　T01-34 酯胶烘干贴花清漆 ·· 181

3.29　T01-36 酯胶烘干清漆 ·· 182

3.30　T04-1 各色酯胶磁漆 ·· 184

3.31　T04-13 铁红虫胶磁漆 ·· 185

3.32　Y53-31 红丹油性防锈漆 ·· 186

3.33　Y53-32 铁红油性防锈漆 ·· 188

3.34　Y53-34 铁黑油性防锈漆 ·· 189

3.35　Y53-35 锌灰油性防锈漆 ·· 190

3.36　草绿耐候调合漆 ……………………………………………… 191

3.37　Y02-2 锌白厚漆 ………………………………………………… 192

3.38　Y02-14 各色帆布漆 …………………………………………… 193

第四章　醇酸树脂漆 ………………………………………………… 194

4.1　C01-1 醇酸清漆 ………………………………………………… 194

4.2　C01-7 醇酸清漆 ………………………………………………… 196

4.3　中油度豆油醇酸清漆 …………………………………………… 198

4.4　C01-8 醇酸水砂纸清漆 ………………………………………… 199

4.5　C01-9 醇酸水砂纸清漆 ………………………………………… 201

4.6　灰色耐油醇酸磁漆 ……………………………………………… 202

4.7　红色醇酸烘烤磁漆 ……………………………………………… 203

4.8　黑色醇酸烘干磁漆 ……………………………………………… 203

4.9　蓝色醇酸烘干磁漆 ……………………………………………… 204

4.10　橡胶醇酸底漆 …………………………………………………… 205

4.11　环氧酯醇酸红丹底漆 …………………………………………… 206

4.12　灰色防锈漆 ……………………………………………………… 207

4.13　耐候性桥梁漆 …………………………………………………… 207

4.14　水性醇酸树脂涂料 ……………………………………………… 208

4.15　醇酸树脂导电涂料 ……………………………………………… 211

4.16　绿色水溶性自干磁漆 …………………………………………… 211

4.17　黑色醇酸自干磁漆 ……………………………………………… 212

4.18　蓝色乳化磁漆 …………………………………………………… 213

4.19　C03-1 各色醇酸调和漆 ………………………………………… 214

4.20　银色脱水蓖麻油醇酸磁漆 ……………………………………… 216

4.21　水溶性醇酸树脂 ………………………………………………… 217

4.22　水溶性醇酸树脂漆 ……………………………………………… 222

4.23　醇酸树脂水性涂料 ……………………………………………… 227

4.24　醇酸树脂 ………………………………………………………… 232

4.25　乙烯基化醇酸树脂 ……………………………………………… 237

4.26　C04-2 各色醇酸磁漆 …………………………………………… 238

4.27　C04-4 各色醇酸磁漆 …………………………………………… 240

4.28　C04-42 各色醇酸磁漆 ………………………………………… 241

4.29　长油度亚麻仁油醇酸磁漆 ……………………………………… 243

4.30　C04-45 灰醇酸磁漆（分装） …………………………………… 246

4.31　C04-63 各色醇酸半光磁漆 …………………………………… 248

4.32　C04-64 各色醇酸半光磁漆 …………………………………… 250

4.33　C04-82 各色醇酸无光磁漆 ……………………………………………… 252

4.34　C04-83 各色醇酸无光磁漆 ……………………………………………… 255

4.35　C04-86 各色醇酸无光磁漆 ……………………………………………… 257

4.36　C06-1 铁红醇酸底漆 ……………………………………………………… 259

4.37　C06-10 醇酸二道底漆 …………………………………………………… 262

4.38　C06-12 铁黑醇酸烘干底漆 ……………………………………………… 263

4.39　C06-15 白色醇酸二道底漆 ……………………………………………… 264

4.40　C06-32 锌黄醇酸烘干底漆 ……………………………………………… 265

4.41　C07-5 各色醇酸腻子 ……………………………………………………… 266

4.42　环氧酯醇酸腻子 …………………………………………………………… 268

4.43　环氧改性亚桐油醇酸腻子 ………………………………………………… 269

4.44　C17-51 各色醇酸烘干皱纹漆 …………………………………………… 271

4.45　C30-11 醇酸烘干绝缘漆 ………………………………………………… 273

4.46　C32-39 各色醇酸抗弧磁漆 ……………………………………………… 274

4.47　C32-58 各色醇酸烘干抗弧磁漆 ………………………………………… 276

4.48　C33-11 醇酸烘干绝缘漆 ………………………………………………… 278

4.49　醇酸晾干绝缘漆 …………………………………………………………… 279

4.50　C36-51 醇酸烘干电容器漆 ……………………………………………… 280

4.51　C37-51 醇酸烘干电阻漆 ………………………………………………… 281

4.52　环氧改性醇酸绝缘漆 ……………………………………………………… 282

4.53　C42-32 各色醇酸甲板防滑漆 …………………………………………… 284

4.54　C43-31 各色醇酸船壳漆 ………………………………………………… 286

4.55　C43-32 各色醇酸船壳漆 ………………………………………………… 288

4.56　C43-33 各色醇酸船壳漆 ………………………………………………… 290

4.57　960 氯化橡胶醇酸磁漆 …………………………………………………… 291

4.58　C53-31 红丹醇酸防锈漆 ………………………………………………… 292

4.59　C53-32 锌灰醇酸防锈漆 ………………………………………………… 294

4.60　中油度醇酸锌黄底漆 ……………………………………………………… 295

4.61　环氧改性亚桐油醇酸锌黄底漆 …………………………………………… 296

4.62　C53-33 锌黄醇酸防锈漆 ………………………………………………… 298

4.63　C54-31 各色醇酸耐油漆 ………………………………………………… 299

4.64　C61-51 铝粉醇酸烘干耐热漆（分装） ………………………………… 301

4.65　硅铬酸铅醇酸防锈漆 ……………………………………………………… 302

4.66　磷铬盐醇酸防锈漆 ………………………………………………………… 303

4.67　中油度醇酸耐热漆 ………………………………………………………… 304

4.68　醇酸树脂面漆 ……………………………………………………………… 305

4.69　酸固化氨基醇酸清漆 ……………………………………………………… 306

4.70　醇酸树脂家具漆 ·· 307

4.71　糠油酸醇酸树脂漆 ·· 307

4.72　C-954 醇酸磁漆 ··· 308

4.73　醇酸调和底漆 ·· 308

第五章　酚醛树脂漆 ··· 310

5.1　F01-1 酚醛清漆 ·· 310

5.2　F01-14 酚醛清漆 ·· 311

5.3　F01-15 纯酚醛清漆 ··· 313

5.4　F01-16 酚醛醇溶清漆 ·· 314

5.5　F01-36 醇溶酚醛烘干清漆 ··································· 315

5.6　耐强酸酚醛漆 ·· 316

5.7　膨胀型酚醛防火漆 ·· 317

5.8　纯酚醛电泳涂料 ··· 318

5.9　短油酚醛清漆 ·· 318

5.10　脱水蓖麻油酚醛清漆 ··· 320

5.11　酚醛缩丁醛烘干清漆 ··· 321

5.12　石油树脂改性酚醛漆 ··· 322

5.13　硅烷酚醛浸漆 ··· 323

5.14　绝热酚醛涂料 ··· 324

5.15　金属防腐底漆 ··· 325

5.16　磁性红丹防锈漆 ··· 325

5.17　F03-1 各色酚醛调和漆 ······································ 326

5.18　F04-1 各色酚醛磁漆 ··· 328

5.19　F04-11 各色纯酚醛磁漆 ···································· 331

5.20　F04-13 各色酚醛内用磁漆 ································· 333

5.21　白色水陆两用酚醛磁漆 ······································ 335

5.22　F04-14 酚醛防虫磁漆 ······································· 337

5.23　F04-60 各色酚醛半光磁漆 ································· 338

5.24　F04-89 各色酚醛无光磁漆 ································· 340

5.25　F06-1 红灰酚醛底漆 ··· 341

5.26　F06-8 锌黄、铁红、灰酚醛底漆 ························ 343

5.27　F06-9 锌黄、铁红纯酚醛底漆 ··························· 345

5.28　F06-12 铁黑酚醛烘干底漆 ································· 347

5.29　F06-13 灰色酚醛二道底漆 ································· 348

5.30　F06-15 铁红酚醛带锈底漆 ································· 349

5.31　F07-2 铁红酚醛腻子 ··· 351

5.32 F11-54 各色酚醛油烘干电泳漆 ………………………………… 352

5.33 F11-95 各色酚醛油烘干电泳底漆 ……………………………… 353

5.34 F14-31 红棕酚醛透明漆 …………………………………………… 355

5.35 F17-51 各色酚醛烘干皱纹漆 …………………………………… 357

5.36 F23-11 醇溶酚醛罐头烘干漆 …………………………………… 359

5.37 F23-13 酚醛烘干罐头漆 ………………………………………… 360

5.38 F23-53 白酚醛烘干罐头漆 ……………………………………… 361

5.39 F30-12 酚醛烘干绝缘漆 ………………………………………… 362

5.40 F30-17 酚醛烘干绝缘漆 ………………………………………… 363

5.41 F30-31 酚醛烘干绝缘漆 ………………………………………… 364

5.42 F34-31 酚醛烘干漆包线漆 ……………………………………… 366

5.43 F35-11 酚醛烘干硅钢片漆 ……………………………………… 367

5.44 F37-11 酚醛烘干电位器漆 ……………………………………… 368

5.45 F41-31 各色酚醛水线漆 ………………………………………… 369

5.46 草绿色酚醛甲板漆 ………………………………………………… 371

5.47 F42-31 各色酚醛甲板漆 ………………………………………… 373

5.48 船底铝粉打底漆 …………………………………………………… 375

5.49 F43-31 各色酚醛船壳漆 ………………………………………… 376

5.50 F50-31 各色酚醛耐酸漆 ………………………………………… 377

5.51 F52-11 酚醛环氧酯烘干防腐漆 ………………………………… 379

5.52 F53-31 红丹酚醛防锈漆 ………………………………………… 380

5.53 F53-32 灰酚醛防锈漆 …………………………………………… 382

5.54 F53-33 铁红酚醛防锈漆 ………………………………………… 383

5.55 F53-34 锌黄酚醛防锈漆 ………………………………………… 385

5.56 F53-38 铝铁酚醛防锈漆 ………………………………………… 387

5.57 F53-39 硼钡酚醛防锈漆 ………………………………………… 389

5.58 F80-31 酚醛地板漆 ……………………………………………… 391

5.59 F83-31 黑酚醛烟囱漆 …………………………………………… 394

5.60 F84-31 酚醛黑板漆 ……………………………………………… 395

5.61 酚醛磷化底漆 ……………………………………………………… 396

5.62 铁红酚醛沥青船底漆 ……………………………………………… 397

第六章 硝基漆和沥青漆 ………………………………………………… 399

6.1 Q01-1 硝基清漆 …………………………………………………… 399

6.2 Q01-4 硝基清漆 …………………………………………………… 400

6.3 Q01-11 硝基电缆清漆 …………………………………………… 401

6.4 Q01-16 硝基书钉清漆 …………………………………………… 403

6.5　Q01-18 硝基皮尺清漆 ………………………………………… 404

6.6　Q01-19 硝基软性清漆 ………………………………………… 405

6.7　Q01-20 硝基铝箔清漆 ………………………………………… 407

6.8　Q01-21 硝基调金漆 …………………………………………… 408

6.9　外用硝基清漆 …………………………………………………… 409

6.10　外用硝基磁漆 ………………………………………………… 410

6.11　纤维素罩光漆 ………………………………………………… 411

6.12　硝基松香酯清漆 ……………………………………………… 412

6.13　硝基皮革透布油清漆 ………………………………………… 413

6.14　硝基车用磁漆 ………………………………………………… 414

6.15　Q04-2 各色硝基外用磁漆 …………………………………… 416

6.16　Q04-3 各色硝基内用磁漆 …………………………………… 417

6.17　Q04-17 各色硝基醇酸磁漆 ………………………………… 419

6.18　Q04-37 各色硝基画线磁漆 ………………………………… 420

6.19　Q04-62 各色硝基半光磁漆 ………………………………… 422

6.20　Q06-4 硝基底漆 ……………………………………………… 423

6.21　Q06-5 灰硝基二道底漆 ……………………………………… 424

6.22　Q06-6 硝基底漆 ……………………………………………… 426

6.23　Q07-5 各色硝基腻子 ………………………………………… 427

6.24　Q14-31 各色硝基透明漆 …………………………………… 429

6.25　Q20-2 硝基铅笔漆 …………………………………………… 431

6.26　Q23-1 硝基罐头漆 …………………………………………… 432

6.27　Q32-31 粉红硝基绝缘漆 …………………………………… 433

6.28　Q63-1 硝基涂布漆 …………………………………………… 435

6.29　Q98-1 硝基胶液 ……………………………………………… 436

6.30　Q98-3 硝基胶液 ……………………………………………… 437

6.31　硝基抗水清漆 ………………………………………………… 438

6.32　硝基球桌面罩光清漆 ………………………………………… 439

6.33　硝基草帽清漆 ………………………………………………… 440

6.34　硝基防腐清漆 ………………………………………………… 440

6.35　L01-1 沥青清漆 ……………………………………………… 441

6.36　L01-6 沥青清漆 ……………………………………………… 443

6.37　L01-13 沥青清漆 …………………………………………… 444

6.38　L01-17 沥青清漆 …………………………………………… 445

6.39　L01-20 沥青清漆 …………………………………………… 446

6.40　L01-22 沥青清漆 …………………………………………… 447

6.41　L01-23 沥青清漆 …………………………………………… 448

6.42　L01-32 沥青烘干清漆 ·· 449

6.43　L01-34 沥青烘干清漆 ·· 451

6.44　L01-39 沥青烘干清漆 ·· 452

6.45　L04-1 沥青磁漆 ·· 453

6.46　L06-33 沥青烘干底漆 ·· 455

6.47　L30-19 沥青烘干绝缘漆 ·· 456

6.48　L31-3 沥青绝缘漆 ··· 457

6.49　L33-12 沥青烘干绝缘漆 ·· 459

6.50　L38-31 沥青半导体漆 ·· 460

6.51　L44-81 铝粉沥青船底漆 ·· 461

6.52　L44-82 沥青船底漆 ·· 462

6.53　L50-1 沥青耐酸漆 ··· 464

6.54　L82-31 沥青锅炉漆 ·· 465

6.55　L99-31 沥青石棉膏 ·· 466

6.56　沥青聚酰胺防腐涂料 ·· 468

6.57　沥青橡胶防水涂料 ·· 469

6.58　沥青防潮涂料 ·· 469

6.59　沥青鱼油酚醛防水涂料 ·· 470

6.60　沥青聚烯烃防水涂料 ·· 471

6.61　强防水涂料 ·· 472

6.62　沥青再生橡胶防水涂料 ·· 473

参考文献 ··· 474

第一章 环氧树脂涂料

1.1 H01-1环氧清漆（分装）

1. 产品性能

H01-1环氧清漆（Epoxy resin varnish H01-1）又称668#环氧加成物清漆，由环氧树脂、增塑剂、混合溶剂复配而成。该漆对金属腐蚀性小，具有良好的附着力，常温干燥，耐水性、抗潮性较好。

2. 技术配方 （质量，份）

组分 A（清漆）：

601#环氧树脂	80.0
乙酸乙酯	24.0
丁醇	24.0
甲苯	72.0

组分 B（固化剂）：

己二胺（50%的乙醇溶液）	10.8

3. 工艺流程

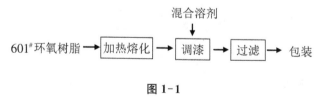

图 1-1

注：该工艺流程为组分 A 的工艺流程。

4. 生产工艺

将组分 A 中的601#环氧树脂加热熔化，然后加入混合溶剂，搅拌调漆，过滤得清漆组分 A。将己二胺溶于乙醇中，过滤得固化剂组分 B。组分 A、组分 B 分别包装。使用时 100 份组分 A 与 5.4 份组分 B 混合调匀，立即使用。

5. 产品标准

外观		透明无机械杂质	
涂-4 黏度/s		15～25	12～16
干燥时间/h			
	(150±2)℃	≤2	≤1
	(25±1)℃	≤24	≤24
硬度		≥0.5	≥0.5
冲击强度/（kg·cm）		50	50
柔软性/mm		≤3	≤3
附着力/级		≤2	≤3
耐水性/h		24	24

6. 产品用途

主要用于镁、铝等金属制品的打底。稀释剂：30％的丙酮、30％的乙二醇单乙醚、40％的甲苯，或者70％的甲苯、20％的丙酮、10％的乙二醇单乙醚。

1.2　H01-6 环氧酯清漆

1. 产品性能

H01-6 环氧酯清漆（Epoxy ester varnish H01-6）又称619#环氧酯清漆、环氧气干清漆、环氧酯清漆、H01-36 环氧酯清漆，由619#环氧树脂、醇酸树脂、氨基树脂、溶剂、催干剂组成。该漆膜附着力好，柔韧性、耐潮性、耐酸碱性较一般油基清漆、醇酸清漆好。常温干燥。

2. 技术配方　（质量，份）

619#环氧树脂（50％）*	88.58
钴催干剂	0.09
二甲苯	11.33

＊619#环氧树脂的技术配方：

E-12环氧树脂	25.00
脱水蓖麻油酸	20.00
桐油酸	5.00
氧化锌	0.05
丁醇	10.00
双戊二烯	20.00
二甲苯	20.00

3. 生产工艺

先将 E-12 环氧树脂与脱水蓖麻油酸、桐油酸在氧化锌存在下经高温酯化，再与丁醇、二甲苯混合溶解，加入双戊二烯得 50％的 619# 环氧树脂，再将 50％的 619# 环氧树脂与溶剂二甲苯混合，加入钴催干剂催干得 H01-6 环氧酯清漆。

4. 产品标准

外观及透明度	透明无机械杂质
黏度/s	60～90
含固量	≥40％
干燥时间/h	
表干	≤8
实干	≤24
柔韧性/mm	1
硬度	≥0.25
冲击强度/（kg·cm）	50

注：产品标准符号 Q/HQJ 1.40。

5. 产品用途

可供不能烘烤的设备罩光。施工以喷涂为主，也可刷涂、浸涂，使用量为 60～70 g/m²。以二甲苯作稀释剂。

1.3　H01-38 环氧酯醇酸烘干清漆

1. 产品性能

H01-38 环氧酯醇酸烘干清漆又称 H01-8 环氧酯醇酸烘干清漆（Epoxy ester alkyd baking varnish H01-8）、365 调金清漆，由高分子环氧树脂与植物油酸（蓖麻油酸、桐油酸）高温酯化制得的环氧酯与醇酸树脂、三聚氰胺甲醛树脂、钴催干剂和溶剂调制而得。漆膜附着力好、坚韧、耐磨，耐候性较好。适宜烘干。

2. 技术配方 （质量，份）

E-12 环氧树脂	7.5
脱水蓖麻油酸	6.0
桐油酸	1.5
氧化锌	0.015
二甲苯	6.0
丁醇	3.0

双戊二烯	6.0
中油度脱水蓖麻油醇酸树脂	42.0
三聚氰胺甲醛树脂	10.0
钴催干剂	1.0
200# 溶剂	17.0

3. 工艺流程

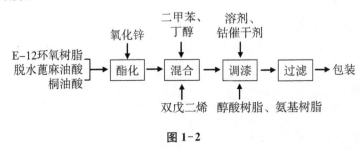

图 1-2

4. 生产工艺

先将 E-12 环氧树脂与脱水蓖麻油酸、桐油酸在氧化锌作用下加热酯化，然后加入二甲苯、丁醇和双戊二烯，制得含固量 50% 的 619# 环氧酯，再与溶剂、中油度脱水蓖麻油醇酸树脂、三聚氰胺甲醛树脂、钴催干剂（干燥剂）混合均匀，过滤即得成品。

5. 产品标准

外观	透明无机械杂质
黏度（黏度计，25 ℃）/s	20～40
干燥时间 [（120±2）℃]/h	≤1
含固量	≥40%
柔韧性/mm	≤1
冲击强度/（kg·cm）	≥50

6. 产品用途

该清漆适合与铝粉、铜粉调成银粉漆、金粉漆，供透明烘漆下层打底用，也可供其他金属打底或罩光用。

1.4 环氧氨基醇酸清烘漆

1. 产品性能

该漆由环氧树脂、氨基树脂、醇酸树脂及溶剂调配而成，漆膜坚硬、耐磨性好、附着力强。

2. 技术配方 （质量，份）

环氧树脂	30.8
丁醇醚化三聚氰胺甲醛树脂（50%）	42.8
中油度蓖麻油醇酸树脂（50%）	64.0
1%的硅油溶液	1.0
环己酮	34.4
二甲苯	26.4

3. 工艺流程

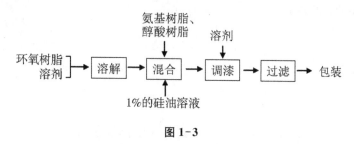

图 1-3

4. 生产工艺

将溶剂投入调漆罐，加入环氧树脂溶解后，加入氨基树脂、醇酸树脂及1%的硅油溶液，搅拌均匀，用溶剂调节黏度（涂-4黏度计，25 ℃）至30～50 s，然后过滤、包装即得。

5. 产品标准

外观	透明无机械杂质
黏度（涂-4黏度计，25 ℃）/s	30～50
含固量	≥40%
干燥时间 ［（150±2）℃］/h	≤1
硬度	≥0.5
柔韧性/mm	≤1
冲击强度/（kg·cm）	50

6. 产品用途

本产品类似于H01-35环氧醇酸烘干清漆，用于钟表外壳、铜管乐器及其他五金零件罩光涂饰，也可用于水砂纸表面涂覆，黏结沙子。

1.5　环氧杀菌漆

1. 产品性能

该漆技术配方简单，具有杀菌性能，由环氧树脂与钇化物、铌化物调配而成。引自日本专利公开 JP 286203。

2. 技术配方　（质量，份）

3 μm 粒度的褐钇铌矿粉	15
环氧树脂	50

3. 工艺流程

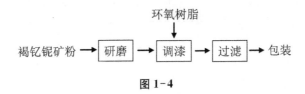

图 1-4

4. 生产工艺

首先将褐钇铌矿粉研磨至 3 μm，然后 3 μm 粒度的褐钇铌矿粉与环氧化树脂充分搅拌调匀，过滤、包装即得。

5. 产品用途

本品适用于制冷食品贮存器的涂饰保护，可刷涂或喷涂。

1.6　耐蚀水性环氧漆

1. 产品性能

该漆膜具有良好的硬度、弹性、附着力、耐化学品性及耐腐蚀性，由流体环氧树脂、增韧剂、腐蚀抑制剂及颜料等组成。引自联邦德国公开专利 DE 3827488。

2. 技术配方　（质量，份）

流体环氧树脂	63.0
增韧剂	6.0
颜料	47.8

助剂	8.8
腐蚀抑制剂（有机锌盐）	2.0
防锈颜料（多相硼酸锌）	20.0
聚酰胺-聚胺水溶液（50%）	60.0
水	52.4

3. 生产工艺

将液态环氧树脂与增韧剂、颜料、助剂、防锈颜料、腐蚀抑制剂和水混合均匀，再与50%的聚酰胺-聚胺水溶液混合，用水稀释至黏度（涂-4黏度计）为25 s后，过滤、包装即得。

4. 产品用途

用于聚氨酯涂料罩面及实验室家具涂饰。刷涂或喷涂。

1.7　水性环氧树脂磁漆（分装）

1. 产品性能

该磁漆为水乳胶双组分涂料，涂膜具有瓷砖光泽表面，形成的漆膜坚硬、耐磨、耐化学品。涂膜6.5 h表干，7 d内完全固化。

2. 技术配方　（kg/t）

组分A：

双酚A型环氧树脂（黏度0.5~0.7 Pa·s）	38.0~40.0
壬基酚聚氧乙烯醚 {m[壬基酚聚氧乙烯醚（$n=40$）]：m[壬基酚聚氧乙烯醚（$n=44$）]=4:3}	1.3~2.0
豆油卵磷脂	0.2~0.3
丁基溶纤剂	4.0~5.4
硅酮消泡剂	0.4~0.8
惰性颜料	0~30.0
精制水	加至100.0

组分B：

改性聚酰胺-胺和聚酰胺-胺混合物	75.0~85.0
丁基溶纤剂	1.0~8.0
精制水	加至100.0

3. 生产工艺

在调漆罐中，加入100 L 30~36 ℃的温水、1.37 kg硅酮消泡剂、2.741 kg壬基酚聚氧乙烯醚（$n=40$）、2.054 kg 壬基酚聚氧乙烯醚（$n=44$）、1.028 kg 豆油卵磷脂和7.191 kg 丁基溶纤剂。搅拌均匀后，添加 7.191 kg 丁基溶纤剂，然后加入 143.45 kg 双酚 A 型环氧树脂（Araldite Gy 9513），搅拌下再加 3.767 kg 丁基溶纤剂，得无色的漆料。根据颜色需要，可添加二氧化钛（白色）、氧化铁黄、氧化铁红、铬氧化物等惰性颜料，并连续搅拌均匀，过滤得有色漆料（组分 A）。

组分 B 最好使用含 59.0%～85.0% 的水可乳化改性聚酰胺-胺和 15.0%～40.0% 的水可乳化聚酰胺-胺混合物。改性聚酰胺-胺是由亚麻油脂肪酸和脂肪族二胺（如己二胺）制得，相对分子质量 2000～18 000；聚酰胺-胺是由二聚脂肪酸（C_{36}）和脂肪二胺制得，相对分子质量 2000～15 000。组分 A、组分 B 分装。

4. 产品用途

用于地板、阳台、地下室、洗澡间、油盒、汽车库、机器、金属物件、木质板条、水泥面、玻璃纤维等涂装。使用时，将组分 A 和组分 B 等体积混合，混合后放置 25 min即可使用。25 ℃涂料使用期为 4 h，适当延长使用期，涂料不会胶化。

1.8　H04-1 各色环氧磁漆（分装）

1. 产品性能

用中等分子量环氧树脂，加入颜料、体质颜料混合研磨，以线型环氧树脂或邻苯二甲酸二辛酯为增塑剂，将漆料和增塑剂溶于二甲苯、丁醇等有机溶剂为组分 A；己二胺环氧加成物或己二胺乙醇溶液为组分 B。该漆具有良好的附着力，耐碱、耐油，抗潮性能好，能常温固化。

2. 技术配方　（质量，份）

组分 A：

	白色	绿色	银色
E-20 环氧树脂（50%）	78	72	85
三聚氰胺甲醛树脂	2	2	—
钛白粉	20	—	—
氧化铬绿	—	19	—
铝粉浆	—	—	15
滑石粉	—	7	—
混合溶剂 [V（二甲苯）：V（丁醇）$=8:2$]	适量	适量	适量

组分 B：

己二胺乙醇溶液（50%）	5.0	4.5	5.5

3. 工艺流程

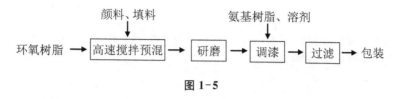

图 1-5

4. 生产工艺

将颜料、填料与5%的 E-20 环氧树脂经高速搅拌预混后研磨，研磨达规定细度后，加入三聚氰胺甲醛树脂和适量稀释剂，充分调匀至规定黏度后，过滤包装得组分 A。

将己二胺溶于乙醇中得组分 B（固化剂），组分 A、组分 B 分装。

5. 产品标准

	南京 Q/3201-NQJ-064	津 Q/HG-3855
外观	符合标准样板及色差范围，平整光滑	
黏度/s	25～50	—
细度/μm	≤30	≤35
干燥时间/h		
表干	≤6	≤6
实干	—	≤24
硬度	≥0.5	≥0.6
柔韧性/mm	≤1	≤1
冲击强度/（kg·cm）	50	50
耐水性/h	—	24
耐汽油性［（25±1）℃］/h	—	24

6. 产品用途

适用于大型化工设备、管道、贮槽及混凝土表面涂装。

1.9　H04-56 各色环氧酯烘干磁漆

1. 产品性能

H04-56 各色环氧烘干磁漆（All colors epoxy ester baking paint H04-56）又称 HA-2 各色环氧酯烘干磁漆、H05-6 各色环氧烘干磁漆、白环氧管道面漆，由高分子量环氧树脂与植物油酸制得的环氧酯、低醚化度三聚氰胺甲醛树脂、颜料、有机溶剂组成。漆膜坚硬，附着力强，有良好的耐潮、耐汽油及耐化学腐蚀性能。

2. 技术配方 （质量，份）

（1）配方一

40％的油度豆油亚麻油酸［n（豆油酸）：n（亚麻油酸）＝1：1］环氧脂（50％）	56.5
低醚化度三聚氰胺甲醛树脂（60％）	23.5
炭黑	4.0
丁醇	7.5
二甲苯	8.0
甲基硅油（1％）	0.5

注：该配方所得磁漆为黑色。

（2）配方二

低醚化度三聚氰胺甲醛树脂（60％）	22.0
40％油度豆油亚麻油酸［n（豆油酸）：n（亚麻油酸）＝1：1］环氧酯（50％）	53.0
钛白	19.4
炭黑	0.2
中铬黄	0.3
酞菁蓝	0.1
二甲苯	2.5
丁醇	2.0
甲基硅油（1％）	0.5

注：该配方所得磁漆为灰色。

（3）配方三

40％油度豆油亚麻油酸［n（豆油酸）：n（亚麻油酸）＝1：1］环氧酯（50％）	55.2
低醚化度三聚氰胺甲醛树脂（50％）	23.0
铁红	11.8
中铬黄	3.2
炭黑	1.0
丁醇	3.0
二甲苯	2.3
有机硅油（1％）	0.5

注：该配方所得磁漆为棕色。

3. 生产工艺

将颜料与适量环氧酯混合均匀，研磨分散至细度小于 30 μm，加入其余的环氧酯、氨基树脂、溶剂和硅油，充分调和均匀得 H04-56 环氧酯烘干磁漆。

4. 产品标准

外观	符合标准样板及其色差范围，漆膜平整
黏度（涂-4 黏度计）/s	40～70
细度/μm	≤30
干燥时间/［（120±2）℃］/h	≤1.5
光泽	≥80%
硬度	≥0.50
柔韧性/mm	≤1
冲击强度/（kg·cm）	≥50
耐水性（浸水 96 h）	不起泡，有轻微变化
耐汽油性（浸 SY 1027-67 橡胶溶剂油 48 h）	不起泡、不脱落

注：该产品符号沪 HG 14-424 标准。

5. 产品用途

可供在湿热带气候条件下使用的电机、仪表、五金零件、五金制品表面的涂装，也可供化工管道表面涂装。使用量 70～80 g/m²。

1.10 H04-57 环氧醇酸烘干磁漆

1. 产品性能

H04-57 环氧醇酸烘干磁漆又称 H04-57 各色环氧醇酸烘干磁漆、黑色环氧氨基醇酸磁漆、环氧黑磁漆，由 E-20 环氧树脂、短油蓖麻油改性醇酸树脂、丁醇改性三聚氰胺树脂、颜料及溶剂调配而成。漆膜坚硬耐磨，机械强度高，丰满度好，防潮、耐水性能较氨基烘漆好，且具有抗化学品腐蚀性能。

2. 技术配方 （质量，份）

E-20 环氧树脂	9.655
二甲苯	6.759
丁醇	2.896
短油蓖麻油改性醇酸树脂（60%）	48.270
丁醇改性三聚氰胺甲醛树脂（50%）	19.310
醋酸乙二醇酯	10.450
炭黑	2.660

3. 工艺流程

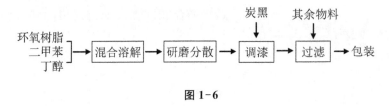

图 1-6

4. 生产工艺

将二甲苯、丁醇投入配料罐中,加入环氧树脂,水浴加热溶解,制得 50% 的环氧树脂溶液。将炭黑与环氧树脂溶液高速混合后研磨分散,研磨合格后与短油度蓖麻油改性醇酸树脂、丁醇改性三聚氰胺甲醛树脂、醋酸乙二醇酯混合调漆,过滤后包装。

5. 产品标准

外观	符合标准样板,漆膜平整
黏度/(涂-4 黏度计)/s	40~70
细度/μm	≤30
干燥时间 [(120±2)℃]/h	≤1.5
硬度	≥0.5
柔韧性/mm	≤1
冲击强度/(kg·cm)	≥50

注:该产品符合 Q/GHTC 157 标准。

6. 产品用途

适用于湿热带气候条件下使用的电机、电器仪表、金属及轻金属表面涂装。使用量(二道)60~90 g/m² 。可用 V(二甲苯):V(丁醇)=4:1 的混合溶剂稀释。

1.11　H04-79 各色环氧酯半光烘干磁漆

1. 产品性能

H04-79 各色环氧酯半光烘干磁漆(All colors epoxy ester semigloss baking enamel H04-79)又称 H05-9 各色环氧酯半光烘干漆、各色半光环氧氨基烘干漆,由环氧酯、氨基树脂、颜料、体质颜料、溶剂及催干剂组成。漆膜坚硬,耐磨性好,附着力强,有较好的三防性能和耐温变性。漆膜光泽不大,反光较弱。

2. 技术配方 （质量，份）

	黑色	灰色
40%的油度豆油亚麻油酸 [n（豆油酸）：n（亚麻油酸）＝1∶1] 环氧酯（50%）	51.0	37.5
低醚化度三聚氰胺甲醛树脂（60%）	17.0	13.5
沉淀硫酸钡	12.5	12.7
轻质碳酸钙	5.0	—
滑石粉	—	7.0
炭黑	3.0	0.2
钛白	—	20.0
中铬黄	—	0.1
丁醇	5.0	2.0
二甲苯	6.0	4.0
甲基硅油（1%）	0.5	0.5
环烷酸钴	—	0.5
环烷酸锰	—	1.0
环烷酸铅	—	1.0

3. 工艺流程

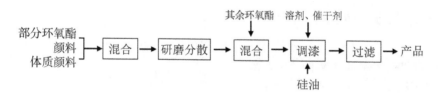

图 1-7

4. 生产工艺

将颜料、体质颜料与适量环氧酯混合均匀，经研磨分散至细度小于 40 μm，再加入其余的环氧酯、氨基树脂、溶剂、催干剂及硅油，充分调和均匀，过滤得 H04-79 环氧酯半光烘干磁漆。

5. 产品标准

外观	符合标准样板及色差范围，漆膜平整
黏度（涂-4 黏度计）/s	40～70
细度/μm	≤40
干燥时间 [（120±2）℃] /h	≤1.5
光泽	31%～60%
硬度	≥0.5

柔韧性/mm	≤3
冲击强度/（kg·cm）	50
耐水性（48 h）	不起泡，允许轻微变化
耐汽油（浸于 SY 1027-67 橡胶溶剂油中 48 h）	不起泡，不脱落

6. 产品用途

用于仪表、测量工具、照相机等要求光泽不大的器械表面涂装。喷涂。用 V（二甲苯）：V（丁醇）＝4：1 的混合溶剂稀释。

1.12　H04-94 各色环氧酯无光烘干磁漆

1. 产品性能

H04-94 各色环氧酯无光烘干磁漆（All colors epoxy ester flat baking enamel H04-94）又称 HA-3 各色无光环氧氨基烘干磁漆、H05-4 各色环氧酯无光烘干磁漆，由环氧树脂和植物油酸制得的环氧酯、氨基树脂、颜料、体质颜料、溶剂和催干剂等组成。漆膜坚硬，耐磨性好，附着力强，具有较好的防潮、防霉性能。

2. 技术配方　（质量，份）

	军绿色	黑色
40%的油度豆油亚麻油酸 [n（豆油酸）： n（亚麻油酸）=1：1] 环氧酯（50%）	30.0	25.0
低醚化度三聚氰胺树脂（60%）	5.0	5.0
沉淀硫酸钡	13.4	17.0
轻质碳酸钙	—	17.0
滑石粉	12.0	4.0
铁黄	15.0	
铁红	1.0	
中铬黄	8.0	
炭黑	0.6	3.0
二甲苯	10.0	20.7
丁醇	2.5	7.0
甲基硅油（1%）	0.5	0.5
环烷酸钴（2%）	0.4	—
环烷酸锰（2%）	0.8	0.8
环烷酸铅（10%）	0.8	

3. 工艺流程

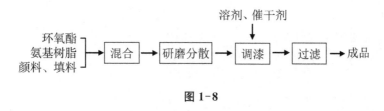

图 1-8

4. 生产工艺

将全部颜料、填料、环氧酯和氨基树脂混合均匀，经研磨分散至细度小于 50 μm，再加入溶剂、催干剂、甲基硅油，充分调和均匀，过滤得 H04-94 各色环氧酯无光烘干磁漆。

5. 产品标准

外观	漆膜平整，符合标准样板及色差范围
黏度（涂-4 黏度计）/s	≥40
细度/μm	≤50
干燥时间［（120±2）℃］/h	≤1
光泽	≤10%
硬度	≥0.50
柔韧性/mm	≤3
冲击强度/（kg・cm）	50
耐水性（浸 96 h）	不起泡，允许有轻微变化
耐汽油性（浸于 NY-120# 橡胶溶剂油中 48 h）	不起泡，不脱落

注：该产品符合 ZBG 51047 标准。

6. 产品用途

用于各种要求光泽不大的机械、器械、仪器仪表、照相机等表面涂装。可用 V（二甲苯）：V（丁醇）＝4：1 的混合溶剂稀释。

1.13　HA-2 各色环氧酯烘干磁漆

1. 产品性能

HA-2 各色环氧酯烘干磁漆又称 H05-6 各色环氧酯烘干磁漆（All colors epoxy ester baking enamel H05-6），由高分子量环氧树脂与植物油酸经高温酯化得的环氧酯、氨基树脂、颜料、有机溶剂调配而成。该漆漆膜坚硬耐磨、附着力强，较氨基烘漆有良好的耐潮、耐汽油及耐化学品腐蚀的性能，但丰满度、光泽不及氨基烘漆好。

2. 技术配方 （质量，份）

（1）配方一

脱水蓖麻油酸环氧酯（50%）	69.0
三聚氰胺甲醛树脂（50%）	15.3
大红粉	7.0
钛白粉	0.5
甲基硅油（1%）	0.2
环烷酸锌（4%）	1.0
混合溶剂[V(二甲苯)：V(丁醇)＝4：1]	7.0

（2）配方二

616# 环氧酯*	63.0
582# 氨基树脂	20.8
炭黑	4.0
丁醇	8.2
乙酸丁酯	4.0

＊616# 环氧酯的技术配方：

606# 环氧树脂	30.0
亚麻仁油酸	10.0
豆油酸	10.0
200# 溶剂汽油	40.0
丁醇	7.0
二甲苯	3.0

3. 工艺流程

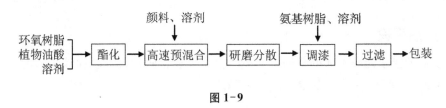

图 1-9

4. 生产工艺

将环氧树脂、植物油酸（脱水蓖麻油酸或亚麻仁油酸、豆油酸）与溶剂投入酯化反应釜，加热，约150 ℃树脂熔化，开动搅拌，升温至200～205 ℃保温酯化。2 h后取样分析，当酸值降至5 mgKOH/g以下，停止加热，冷却，将酯化物抽入稀释罐，用混合溶剂［V（二甲苯）：V（丁醇）＝7：3］稀释至含固量50%，60 ℃过滤得环氧酯。将环氧酯与颜料经高速搅拌预混合，研磨至细度在20 μm以下，加入氨基树脂，用溶剂调节黏度至40～80 s得环氧酯烘干磁漆。

— 16 —

5. 产品标准

	沪 Q/GHTC 156	重 QCYQG 51129
外观	符合标准样板及色差范围，漆膜平整光滑	
黏度/s	40～70	40～70
细度/μm	≤30	≤20
干燥时间〔(120±2)℃〕/h	≤1.5	≤1.5
光泽	≥80%	—
硬度	≥0.5	≥0.5
柔韧性/mm	≤1	≤1
冲击强度/（kg·cm）	≥50	≥50
耐水性/h	96	96
耐汽油性/h	48	48

6. 产品用途

可供在湿热带气候条件下使用的电机、仪表、电器及五金制品表面涂装，也可供化工器材表面涂装。使用量为 70～80 g/m²。

1.14　环氧酯红丹底漆

该底漆具有优良的耐潮、耐盐水和防锈性能，漆膜坚硬、耐磨、附着力好。主要用于黑色金属材料（桥梁、车辆、船壳等）表面打底防锈。

1. 技术配方 （质量，份）

510# 环氧酯液（50%）	26.6
红丹	65.0
环烷酸锰液（3%）	0.3
滑石粉	3.0
沉淀硫酸钡	2.0
二甲苯	2.0
硬脂酸铝	0.1
丁醇	1.0

2. 生产工艺

将各原料混合搅拌均匀，经球磨机研磨至细度为 50 μm 后，调稀，过滤，包装。

3. 使用方法

喷涂或刷涂于经去锈去污后的金属表面、黏度（涂-4 黏度计，25℃）50～80 s，漆膜平整，呈橙色。干燥时间：表干 6 h，实干 20 h。

1.15　环氧氨基红丹底漆

该底漆具有优异的耐水性和耐化学试剂腐蚀性且防锈力强，附着力好。主要用于防水及防化学试剂腐蚀等金属物件表面的打底。

1. 技术配方 （质量， 份）

环氧氨基底漆料* （55%）	49.00
红丹	36.70
氧化铁红	2.10
滑石粉	2.40
混合稀料 [V （二甲苯） : V （丁醇） : V （醋酸乙基二醇） =2 : 1 : 1]	适量

*环氧氨基底漆料的技术配方：

601# 环氧树脂	38.55
丁醇	8.65
三聚氰胺甲醛树脂 （50%）	33.00
二甲苯	19.8

2. 生产工艺

将 601# 环氧树脂用稀料溶解含固量 58%，再按比例加入三聚氰胺甲醛树脂制成环氧氨基底漆料。将颜料用研磨机磨至细度 50 μm，加入漆料内调和均匀，过滤包装。

3. 使用方法

刷涂于金属物件表面。

1.16　环氧氨基醇酸底漆

该底漆附着力极好，且耐水性和耐化学试剂腐蚀性优良；漆膜平滑、耐磨、防锈性好，主要用于金属物件表面防锈。

1. 技术配方 （质量， 份）

三聚氰胺甲醛树脂液 （50%）	11.75
601# 环氧树脂液 （50%）	8.80
氧化铁红	8.45
中油度蓖麻油醇酸树脂液 （50%）	38.00
氧化锌	5.50
滑石料	7.50
锌黄	20.00

2. 生产工艺

将601#环氧树脂用溶剂溶化，再与醇酸液、三聚氰胺甲醛树脂混合均匀，制成底漆料；然后将颜料、体质颜料加入底漆料中搅匀，于研磨机中磨至细度为 5 μm 以下。过滤包装。

3. 使用方法

涂刷于金属物件表面。

1.17　环氧氨基醇酸黑磁漆

该磁漆适用于金属及轻金属表面的涂饰，具有优良的附着力及良好的耐水性和耐化学试剂腐蚀性，且光泽、机械强度和耐候性都较好。

1. 技术配方　(质量，份)

短油度蓖麻油改性醇酸树脂（60%）	48.27
丁醇改性三聚氰胺甲醛树脂液（50%）	19.31
601#环氧树脂液（50%）	2.66
醋酸乙基二醇	10.45
炭黑	2.66

2. 生产工艺

将环氧树脂加入化料罐内，投入等量溶剂 [V（二甲苯）：V（丁醇）＝7：3)] 水浴上溶化后，调整为含固量为50%的溶液。再将环氧树脂液，氨基树脂、醇酸树脂液配成漆料。取部分漆料加入颜料，于研磨机磨至细度为 30 μm，加入余下漆料，搅拌均匀，过滤包装。

3. 使用方法

在涂有底漆的金属表面采用刷涂或喷涂。常温干燥：表干 5 h，实干 5 h；或者 60~70 ℃烘 3 h。所形成漆膜好，平整光滑。

1.18　硅环氧酚醛清漆

该清漆附着力好，具有良好的耐水性、耐腐蚀性和抗污损性，主要用于各种金属或管道涂装，以防止污物沉积。

1. 技术配方 （质量， 份）

284# 酚醛树脂液（50%）	19.9
609# 环氧树脂液（40%）	65.1
有机硅树脂液（97%）	0.1
环己酮	10.9
双戊烯	4.0

2. 生产工艺

将环己酮、284# 酚醛树脂液、有机硅树脂液混合均匀后，加入 609# 环氧树脂液和双戊烯即可包装。

3. 使用方法

刷涂于物件表面，黏度（涂-4 黏度计，25 ℃）40～60 s，漆膜坚韧、耐磨。

1.19　环氧氨基清漆

该清漆耐水性优良，附着力强，硬度高，具有良好的耐酸碱性和耐腐蚀性。主要用于钢铁构件表面防腐、防潮涂装。

1. 技术配方 （质量， 份）

601# 环氧树脂液（50%）	75
三聚氰胺甲醛树脂液（50%）	25

2. 生产工艺

将上述原料混合搅拌均匀，过滤后包装。

3. 使用方法

刷涂于金属物件表面。

1.20　高固体分环氧树脂涂料

该涂料是由双酚 A 二缩水甘油醚用斑鸠菊油改性后，再与不饱和脂肪酸反应制得的性能优异的改性环氧树脂涂料。引自美国专利 US 5227453。

1. 技术配方 （质量，份）

双酚 A 二缩水甘油醚	223.00
斑鸠菊油	150.00
三苯基磷乙酸乙酯	0.38
双酚 A	127.00
亚麻油脂肪酸	125.00
抗氧化剂	5.00

2. 生产工艺

将双酚 A 二缩水甘油醚、斑鸠菊油、双酚 A、抗氧化剂、三苯基磷乙酸乙酯一起加热 208 min 后，加入亚麻油脂肪酸，在铝配合物作用下加热至反应物酸值为 4.0 mgKOH/g，并于 77 ℃进一步与乙酰乙酸叔丁酯反应，反应完成后蒸出叔丁醇，再加入甲基丙基酮后，即得高固体分环氧树脂涂料。

3. 产品用途

与一般环氧树脂涂料相同。

1.21　耐腐蚀汽车面漆

1. 产品性能

该面漆具有优异的耐腐蚀性，硬度高，耐化学试剂性好，成膜烘烤温度低，并含有阳离子基料的填料层。引自欧洲专利公开 EP 537697。

2. 技术配方 （质量，份）

双酚 A 环氧树脂	2878
壬基酚	1497
甲基异丁基酮	3000
1,6-己二醇	1547
乙氧基丙醇	1800
甲酸（50%）	442
乙二醇单丁醚	500
流动改进剂	142
三甲基六亚甲基二异氰酸酯	5453
丁酮肟封闭的二环己基甲烷-4,4′-二异氰酸酯三聚体（83%）	3130
1,2-乙二胺	1225
水	19 600

3. 生产工艺

先将双酚 A 环氧树脂、壬基酚和 1,2-乙二胺制成 70% 的阳离子树脂溶液，将该溶液脱水后取出 5100 份备用。再将甲基异丁基酮、1，6-己二醇和三甲基六亚甲基二异氰酸酯 $[\omega(NCO) = 11\%]$ 调配均匀，取该溶液 2120 份与上述备好的阳离子树脂溶液混合，80 ℃加热至无游离 NCO 存在，用真空气提法脱除甲基异丁基酮，再用乙氧基丙醇稀释，浓缩至含固量 73%（胺值 50）。取该溶液 10 000 份，再加入甲酸（50%）、乙二醇单丁醚、流动改进剂、丁酮肟封闭的二环己基甲烷 4,4-二异氰酸酯三聚体（83%）和水，调配成均匀混合物，即得耐腐蚀性汽车面漆。

4. 使用方法

将该涂料涂刷于金属板表面，于 130 ℃烘烤 20 min，干膜厚 26 μm，所形成涂膜埃里克森压痕 7.8 mm，耐甲乙酮来回擦拭≥100 次。

1.22   防腐蚀改性环氧树脂涂料

该涂料主要用于钢板表面的涂装，具有优良的防腐蚀性且附着力好，为胺改性的环氧树脂涂料。引自日本公开专利 JP 05-43833。

1. 技术配方 （质量，份）

（1）配方一

环氧树脂（Epikote 828）	235.7
双酚 A	139.4
六亚甲基二异氰酸酯	8.2
二乙醇胺	2.0
胶体二氧化硅（NPC-ST）	100.0
3-氨基-1,2,4-三唑	2.0

（2）配方二

磷酸三正丁基酯	1.72
对甲苯磺酸溶液	0.95
双酚 A 二缩水甘油醚树脂溶液	200

2. 生产工艺

（1）配方一的生产工艺

先将环氧树脂在 LiCl 存在下，于 140 ℃用双酚 A 处理；再在 65 ℃与六亚甲基二异氰酸酯作用；然后于 65 ℃与二乙醇胺作用，制得固体分 35% 的溶液（平均分子量

5500)。取该溶液 286 份，与胶体二氧化硅和 3-氨基-1,2,4-三唑混合磨细，制得防腐蚀胺改性环氧树脂涂料。

（2）配方二的生产工艺

先将 400 份双酚 A 二缩水甘油醚树脂溶于 600 份混合溶剂中，制得双酚 A 二缩水甘油醚树脂溶液。取 200 份双酚 A 二缩水甘油醚，再将 1.72 份磷酸三正丁基酯和 0.95 份对甲苯磺酸（异丙醇的 40% 溶液）加入其中，搅拌分散均匀，即得防腐蚀环氧涂料。该涂料用有机磷酸酯作添加剂，改进环氧涂料的防腐蚀性。主要用于金属表面的涂饰，防腐蚀效果好。

3. 使用方法

（1）配方一的使用方法

刷涂于钢板表面，于不高于 150 ℃烘烤，形成 3 μm 厚涂层。

（2）配方二的使用方法

刷涂于经磷化处理过的钢板上，所得涂层经盐雾试验 500 h 后，塑性变形评级为 3。

1.23　耐划伤聚环氧树脂涂料

该涂料具有优异的耐划伤性，耐溶剂性良好，且硬度大，光亮透明。主要用于马口铁板、听罐外壁的涂饰。引自欧洲公开专利 EP 515161。

1. 技术配方　（质量，份）

聚碳化二亚胺树脂	57.10
二溴化锌	0.25
双酚 A 二缩水甘油醚树脂	66.60
Bu₄NI	0.37
丙酮（溶剂）	适量

2. 生产工艺

将聚碳化二亚胺树脂（PhNCO 封端的二苯甲烷二异氰酸酯均聚物）、双酚 A 二缩水甘油醚树脂及其余各物料按配方量混合后，研磨、搅拌分散均匀制得耐划伤聚环氧化树脂涂料。

3. 使用方法

涂刷于马口铁板上，于 100 ℃铅笔硬度 2H 下干燥 30 min，形成约 20 μm 厚、无色平整的透明涂层。

1.24 热炼改性环氧树脂涂料

为了改善一般环氧树脂涂料的耐热和耐候性差及黏度大的不足，本涂料采用热炼改性的环氧树脂作为成膜高聚物。

1. 技术配方 （质量，份）

桐油	100
邻苯二甲酸二丁酯	15
松香水	100
热炼改性环氧树脂	100
二甲苯	100
苯二甲胺	适量

2. 生产工艺

将桐油置于锅内，升温至 160 ℃脱水，再升温至 220 ℃，然后缓慢加入热炼改性环氧树脂，不断搅拌；升温至 270 ℃时，加入邻苯二甲酸二丁酯搅拌、保温，直至可拉出长达数米的细丝即可降温。当温度降至 140 ℃时，停止加热（切断电源或火源），加入二甲苯搅拌，加入松香水搅拌混匀，冷却澄清、去渣即得热炼改性环氧树脂涂料。

3. 说明

①松香水又称白醇，是无色透明的液体石油产品。它是一种介于汽油和煤油的中间馏分，主要成分是脂肪烃，还有一部分是芳烃化合物。在涂料工业中常用它代替松节油。

②因所用原材料为易燃、易爆物质，炼制时应注意安全。

③使用时，加入适量苯二甲胺调匀后即可进行施工。苯二甲胺用量为环氧树脂量的15％左右。

④该涂料也可与其防锈防腐涂料配合使用。

⑤热炼改性环氧树脂是用松香和甘油对环氧树脂进行改性制得的。具体的制法：将100 份松香置于锅内，缓慢加热至 160 ℃，脱水，捞去上层杂质，然后缓慢加入 100 份E-44 双酚 A 环氧树脂，升温至 210 ℃，将 5 份甘油在 1 h内加完，并使温度升至 230 ℃。然后再缓慢加入 2 份甘油，并将温度升至 270 ℃，再快速升至 280 ℃，冷却至室温，得热炼改性环氧树脂。

4. 产品用途

与一般环氧树脂涂料相同，直接涂刷。

1.25　含氯环氧树脂无溶剂涂料

1. 产品性能

本涂料为不含溶剂而具有良好附着力的涂料，抗腐蚀性和抗起泡性能强，无有机溶剂的污染，是近来很有发展前途的一种涂料。

2. 技术配方 （质量，份）

含 0.022％氯的双酚 A 二缩水甘油醚（含氯环氧树脂）	56.4
间亚二甲苯基二胺加成物	29.8
滑石粉	27.0
二氧化钛	18.0
抗液滴剂	1.0
硫酸钡	8.0

3. 生产工艺

与一般油漆涂料的生产工艺相同，即将各原料按配方量混匀后，经三辊机或砂磨机研磨成稀涂料浆。

4. 使用方法

与一般涂料相同，可手涂或涂料于物件表面。可经受在 3％的 NaCl 溶液中浸泡6个月的耐腐蚀性和在 30～60 ℃的水中泡 250 h 不起泡的检验。

1.26　光固化环氧清漆

1. 产品性能

该清漆由丙烯酸环氧树脂、不饱和酸树脂、增塑剂等组成，漆膜在高压汞灯紫外光辐射下固化，具有优良的柔软性和耐冲击性，漆膜表面平整光亮。

2. 技术配方 （质量，份）

丙烯酸环氧树脂	24.4
顺丁烯二酸酐松香季戊四醇树脂	0.75
苯乙烯	19.9
乙基纤维素	0.1
安息香乙醚	1.2
邻苯二甲酸二丁酯	3.65

3. 生产工艺

将各物料按配方量混合均匀，研磨后过滤即得。

4. 产品用途

用作光固化的流水线生产中的木器清漆。涂膜厚度 0.2 mm，于相距 19 cm 的 500 W 高压汞灯辐射下 4~5 min 固化。

1.27　辐射固化环氧树脂涂料

1. 产品性能

该树脂具有良好的机械性能和电性能，适用于涂料和光敏抗蚀剂，制成涂料后所得涂层有优异的耐焊性和附着力。引自欧洲公开专利 EP 471151。

2. 技术配方　（质量，份）

2-丙烯酰氧乙基-3-异氰酸根合甲苯基的氨基甲酸酯溶液（70%）	887.0
线型酚醛环氧树脂与乳酸溶液［70%，m（线型酚醛树脂）：m（乳酸）=1.0：1.2］	860.0
双酚 A 线型环氧树脂	615.0
丙烯酸	219.0
光引发剂	3.5
苯基咪唑	0.1
稀释剂	8.0
丁二酸酐	300.0
颜料	12.9
流动调节剂	0.5

3. 生产工艺

将 70% 的 2-丙烯酰氧乙基-3-异氰酸根合甲苯基的氨基甲酸酯溶液与 70% 的线型酚醛环氧树脂与乳酸溶液［m（线型酚醛树脂）：m（乳酸）=1.0：1.2］于 60 ℃ 加热 1 h，制得环氧树脂组合物。然后取 35 g 由双酚 A 线型酚醛环氧树脂丙烯酸和丁二酸酐形成的反应产物 70% 的溶液，与 40 g 环氧树脂组合物混合，再加入光引发剂、颜料、苯基咪唑、流动调节剂经 3 次研磨，再和稀释剂充分搅拌均匀，制得辐射固化环氧树脂涂料。

4. 使用方法

将所制得涂料涂覆在镀铜电路板上，干燥，覆以屏蔽膜并暴露在紫外线中，然后揭去屏蔽膜用紫外线照射，再于 120~150 ℃ 固化，形成附着力和耐焊性优异的不黏涂层。

1.28　环氧酚醛氨基醇酸清漆

1. 产品性能

该清漆以 E-12 环氧树脂为主要成膜剂，同时含酚醛树脂、三聚氰胺甲醛树脂和中油度醇酸树脂及溶剂。该漆具有优良的附着力、柔软性和耐冲击性，且耐腐蚀性优良。

2. 技术配方　（质量，份）

E-12 环氧树脂	21.3
纯酚醛树脂	2.7
中油度醇酸树脂	5.6
三聚氰胺甲醛树脂	5.5
丁醇	31.2
二甲苯	18.3
甲苯	15.6

3. 工艺流程

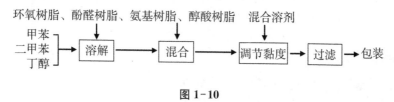

图 1-10

4. 生产工艺

将环氧树脂、酚醛树脂、氨基树脂、醇酸树脂溶于混合溶剂，然后调节黏度至（涂-4 黏度计，25 ℃）30～50 s，过滤后包装。

5. 产品用途

用于钢铁件表面防腐蚀涂装。

1.29　环氧硅酚醛烘干清漆

1. 产品性能

该清漆由 E-03 环氧树脂、284# 酚醛树脂、有机硅树脂及溶剂等调配而成，附着力强，耐水性能优良。

2. 技术配方 （质量，份）

E-03 环氧树脂 （40%）	65.1
284# 酚醛树脂 （50%）	19.9
有机硅树脂 （97%）	0.1
环己酮	10.9
双戊二烯	4.0

3. 工艺流程

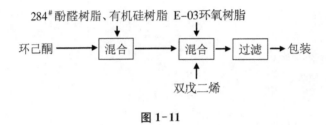

图 1-11

4. 生产工艺

将 50% 的 284# 酚醛树脂液与环己酮混合，加入有机硅树脂混合均匀后，加入 E-03 环氧树脂、双戊二烯，混匀后过滤、包装。

5. 产品标准

黏度 （涂-4 黏度计，25 ℃） /s	40~60
干燥时间 ［（150±2）℃］ /h	≤1
柔韧性 /mm	≤1
冲击强度 / （kg·cm）	≥50

6. 产品用途

用于各种金属或管道表面涂装。

1.30 耐候性环氧树脂涂料

1. 产品性能

该环氧树脂漆含有聚合酸酐固化剂和磷化合物催化剂，可用于汽车外表的涂饰。其漆膜具有优异的耐候性、耐酸碱性。引自欧洲公开专利 EP 355043。

2. 技术配方 （质量，份）

苯乙烯-甲基丙烯酸丁酯-衣康酸聚合物	4352.0
甲基六氧邻苯二甲酸酐	575.0
丙烯酸丁酯-甲基丙烯酸共聚物	1743.0
环氧树脂	2381.0
氯化三苯基苄基膦	167.3
丙醇	501.7
光稳定剂	333.0

3. 生产工艺

先将氯化三苯基苄基膦溶于丙醇中制成 25％的溶液，再与其余物料混合均匀，过筛后得到耐候性环氧树脂涂料。

4. 使用方法

用喷涂法施漆于上过底漆的金属（如汽车外表）表面。

1.31 快固化环氧树脂涂料

1. 产品性能

该涂料含有环氧树脂、邻甲苯甲酰基缩二胍、2-巯基苯并噻唑、流动改进剂及无机填料，具有固化成膜速度快、表面光泽好等特点。引自日本公开特许公报 JP 02-219815。

2. 技术配方 （质量，份）

环氧树脂	100.0
邻甲苯甲酰基缩二胍	3.5
二氧化钛	15.0
2-巯基苯并噻唑	1.0
氧化锌	5.0
流动改进剂	1.0

3. 生产工艺

将环氧树脂、添加剂和填料混合后，经三辊机研磨过筛后得快速固化环氧树脂涂料。

4. 使用方法

与一般环氧树脂漆相同，直接涂刷。

1.32 耐腐蚀环氧多层涂膜

1. 产品性能

该涂料具有良好的耐侵蚀性和耐温度变化性能，可用于热交换器内壁的保护。主要含有双酚 A 环氧树脂、叔丁基酚-甲醛树脂、溶剂和无机填料。引自波兰专利 PL 134476。

2. 技术配方 （质量，份）

双酚 A 环氧树脂（环氧值0.42）	150
叔丁基酚-甲醛树脂（用乙醇醚化）	370
丁酮	230
铁红颜料	150
滑石粉	100

3. 生产工艺

将两种树脂混合后加入溶剂和无机填料，分散均匀后得耐腐蚀环氧多层涂膜。

4. 使用方法

金属表面脱脂洗净后，用金刚砂喷丸除去氧化层，用该涂料涂 3 次（层），第 1 次（层）和第 2 次（层）分别在 160 ℃固化 30 min，第 3 次层在 200 ℃固化 30 min，每涂 1 次固化后都需在室温下干燥 12 h。得到的抗腐蚀环氧多层涂膜耐腐蚀（373 K）3000 h 以上。

1.33 改性环氧树脂聚酰胺漆

1. 产品性能

该涂料含有环氧树脂、氨基甲酸酯改性环氧树脂、聚酰胺等，具有良好的抗撕裂性能，常用于减振、振动部件的表面保护。引自日本公开特许公报 JP 02-227477。

2. 技术配方 （质量，份）

环氧树脂	80
氨基甲酸酯改性环氧树脂	25
煤焦油（80%）	110
聚酰胺	95

滑石粉	320
有机溶剂	110

3. 生产工艺

将环氧树脂、氨基甲酸酯改性环氧树脂、煤焦油、聚酰胺和有机溶剂按配方量加热混合，加入滑石粉分散均匀，经研磨过筛得改性环氧树脂聚酰胺漆。

4. 使用方法

直接刷涂于已预处理的物件表面。

1.34　硅氧烷环氧树脂涂料

1. 产品性能

该涂料用于与水接触的钢材或水泥砂浆表面的防腐保护。其中含 3-（缩水甘油氧）丙基三甲氧基硅烷、环氧树脂、改性聚酰胺等，在水中具有良好的固化性能，形成的涂膜对保护表面具有很好的附着性。引自日本公开特许公报 JP 02-251577。

2. 技术配方 （质量，份）

3-（缩水甘油氧）丙基三甲氧基硅烷	5
顺-5-降冰片烯-1，3-二羧酸钠	30
环氧树脂	500
氧化钛	45
滑石粉	450
改性聚酰胺	200

3. 生产工艺

将各物料按配方量加热混合，经研磨后过筛得硅氧烷环氧树脂涂料。

1.35　电沉积改性环氧树脂涂料

1. 产品性能

该涂料形成的涂层无气孔，并有良好的泳透力，其中含双酚 A 环氧树脂、甲苯二异氰酸酯-N,N-二甲基乙醇胺加成物等。引自联邦德国公开专利 DE 3908875。

2. 技术配方 （质量，份）

双酚 A 环氧树脂（环氧当量约为 260）	2262.0
四氢化邻苯二甲酸单 [2-（甲基丙烯酰氧基）乙基] 酯	2453.0
加成物[n（甲苯二异氰酸酯）：n（N,N-二甲基乙醇胺）=1：1]（70%）	3262.0
对苯二酚	0.8
二甘醇甲醚	2023.0
醋酸	186.3
水	36 439.0

3. 生产工艺

将环氧当量为 260 左右的双酚 A 环氧树脂、四氢化邻苯二甲酸单 [2-（甲基丙烯酰氧基）乙基] 酯、对苯二酚和二甘醇二甲醚在 100～110 ℃加热反应，当酸值＜8 mgKOH/g 时，加入 70% 的 [n（甲苯二异氰酸酐）：n（N,N-二甲基乙醇胺）=1：1] 加成物溶液，得到 56% 的基料。再加入醋酸和水，混合后渗析两天，得到电导率为 200 μs/cm，pH 值为 5.6 的电沉积涂料。

4. 使用方法

电沉积于磷化的金属板上。

1.36　环氧树脂-聚氨酯电泳漆

1. 产品性能

在有机锡交联催化剂作用下，通过基料中异氰酸酯基解封后发生交联反应，得到的电泳漆具有良好的槽液稳定性、可交联性、防腐蚀性和耐候性。引自美国专利 US 4904361。

2. 技术配方 （质量，份）

双酚型环氧树脂（6071）	930.0
聚己内酯二醇	550.0
双酚型环氧树脂（Y2600）	380.0
二甲基苄胺乙酸酯	2.6
壬基乙醇胺甲基异丁基酮胺	71.0
对壬基酚	79.0
二乙醇胺	105.0
乙二醇单丁醚	246.0
乙二醇单乙醚	589.0

聚酯单体（80%）	104.0
甲基丙烯酸-2-羟乙酯	69.3
苯乙烯	111.0
甲基丙烯酸丁酯	13.9
偶氮双异丁腈	11.1
有机锡	17.2
醋酸（10%）	86.5
2,2'-偶氮双-二-（2,4-甲基戊腈）	14.0
色浆、水	适量
异氰酸酯	498.0
醋酸铅	28.6

3. 生产工艺

将两种环氧树脂、聚己内酯二醇、二甲基苄胺乙酸醇、壬基乙醇胺甲基异丁基酮胺、对壬基酚按配方量混合后，加热至 150 ℃，搅拌 2 h，加入二乙醇胺、180 份乙二醇单丁醚和 525 份乙二醇单乙醚，在 80～90 ℃加热 3 h，得到 75%的改性环氧树脂。另将 104 份聚酯单体、69.3 份甲基丙烯酸-2-羟乙酯、111 份苯乙烯、13.9 份甲基丙烯酸丁酯、11.1 份偶氮双异丁腈，于 5 h 内加入 72 份乙二醇单丁醚中，在 130 ℃加热 2 h，于 2 h 内加完 14 份乙二醇单丁醚和 14 份 2,2'-偶氮双-二-（2,4-甲基戊腈），在 130 ℃加热 2 h，加入 64 份乙二醇单丁醚，得到 62%树脂液。将两种树脂液、498 份异氰酸酯、28.6 份醋酸铅、86.5 份 10%的醋酸、17.2 份二苯甲酸二丁基锡混合，加入适量水配成固体分为 32%的水乳液，然后再与适量色浆混合得环氧树脂-聚氨酯电泳漆。

4. 使用方法

电沉积在磷化处理的钢板上。

1.37 环氧树脂绝缘粉末涂料

1. 产品性能

该涂料含有双酚 A 型环氧树脂、端羧基聚酯、固化剂和填料等，可形成具有良好的冲击强度和附着力的涂层。引自日本公开特许公报 JP 02-102274。

2. 技术配方 （质量，份）

环氧树脂（$M=2900$）	650
甲酚酚醛环氧树脂（$M=1180$）	250
环氧树脂（$M=1600$）	100
丙烯酸酯聚合物	3

端羧基聚酯	150
固化剂	25
氧化铁红	2
四氧化三铁	4

3. 生产工艺

将各物料按配方量混合后研细得环氧树脂绝缘粉末涂料。

4. 使用方法

用流化床工艺在 180～260 ℃，涂装于物件上。

1.38　肼改性环氧树脂底漆

1. 产品性能

该底漆双酚 A 含环氧树脂、水合肼、富马酸二乙酯和环烷酸盐等，具有很好的防腐蚀作用。引自日本公开特许公报 JP 02-163123。

2. 技术配方　（质量，份）

双酚 A 环氧树脂（环氧当量 475）	475.0
水合肼	33.3
富马酸二乙酯	83.8
环烷酸铅	8.1
异丙醇（溶剂）	适量

3. 生产工艺

将环氧当量为 475 的双酚 A 环氧树脂与水合肼在 60～90 ℃反应，制得固体分 66.7%、环氧当量为 744.5 的改性环氧树脂，然后与富马酸二乙酯、环烷酸铅混合，再用异丙醇稀释得肼改性环氧树脂底漆。

4. 使用方法

喷涂或刷涂于钢板上。

1.39　硅烷环氧树脂防腐漆

1. 产品性能

这种防腐漆形成的漆膜，在靠近海洋的地区暴露 3 年涂层未受腐蚀，且几乎没有粉化。该漆主要由双酚 A 型环氧树脂、甲基硅氧烷、环氧树脂固化剂及防腐蚀颜料组成。引自日本公开特许公报 JP 02-132165。

2. 技术配方 （质量，份）

双酚 A 型环氧树脂	7.8
四氧化三铅	51.0
甲基硅氧烷	9.1
膨润土	0.2
滑石粉	5.0
硫酸钡	3.0
有机溶剂	29.1
聚酰胺	9.2
苯甲基二甲基胺	0.08
硅氧烷基胺	2.6

3. 生产工艺

将 9.2 份聚酰胺、0.08 份苯甲基二甲胺与 6.1 份有机溶剂混合制得环氧树脂固化剂。7.8 份双酚 A 型环氧树脂、9.1 份甲基硅氧烷与 23 份有机溶剂混合后，加入 51 份四氧化三铅、0.2 份膨润土、5.0 份滑石粉和 3 份硫酸钡，混合后经球磨研细，然后与固化剂及硅氧烷基胺混合得硅烷环氧树脂防腐漆。

4. 使用方法

刷涂或喷涂于钢板上形成约 80 μm 厚的漆膜。

1.40　抗静电防雾涂料

1. 产品性能

该涂料可形成具有柔软触感的无光绒面外观，其中含改性环氧树脂、竹粉及添加剂、填料。引自日本公开特许公报 JP 02-222465。

2. 技术配方 （质量，份）

氨基甲酸酯改性的环氧树脂溶液	430
合成树脂粉末	60
白炭黑	30
竹粉（粒度 20～30 μm）	100
分散剂、消泡剂	20
二甲苯	50

| 丁醇 | 100 |
| 改性脂肪族多胺（固化剂） | 20 |

3. 生产工艺

将环氧树脂、分散剂、消泡剂与二甲苯和丁醇混合，然后加入粉末物料，混合均匀后，再与固化剂混合，陈化 30 min，用二甲苯稀释至黏度（涂-4 黏度计，20 ℃）为 20 s即得。

4. 使用方法

喷涂后，70 ℃干燥 60 min。

1.41　聚酰胺环氧底漆

这种底漆含有环氧树脂、脲醛树脂、聚酰胺树脂，具有良好的附着力和防腐性能。

1. 技术配方　（质量，份）

组分 A：

环氧树脂（75%二甲苯溶液）	27.00
脲醛树脂	0.61
丁醇	4.00
二甲苯	4.00
氧化铁	3.64
硅酸铬铅盐	47.40
改性膨润土	1.10
硅藻土	2.91
甲醇溶液 [V（甲醇）：V（水）＝95：5]	0.36

组分 B：

改性膨润土	1.09
丁醇	7.64
二甲苯	7.64

组分 C：

聚胺树脂	6.8
二甲苯	4.0
丁醇	4.0

2. 生产工艺

将组分 A 中的环氧树脂（4,4-异丙基二酚与1-氯-2,3-环氧丙烷的聚合物）、脲醛树脂、固体添加料和溶剂混匀，在球磨机内研磨。然后加入组分 B 物料的混合物，再次进行研磨。最后加入组分 C 过滤得含固量为 45％、颜料体积浓度为 37％的底漆。

3. 产品用途

用作金属件（如钢铁件）的底漆。经表面处理后，刷涂或者喷涂。

1.42　无溶剂环氧甲苯树脂漆

这种涂料由含 2 个以上环氧基的双酚 A 型环氧树脂（环氧当量 250）、甲醛–甲苯树脂、颜料、填料和胺固化剂组成，由于不含溶剂，故可减少环境污染。引自日本公开特许公报 JP 03-277673。

1. 技术配方　（质量，份）

双酚 A 型环氧树脂（Epiclon 830，环氧当量 250）	10.0
甲醛–甲苯树脂（相对分子质量 296）	0.5
二氧化钛	3.5
硫酸钡	5.0
胺固化剂	5.0

2. 生产工艺

将各物料按配方量混合均匀，研磨过筛后得无溶剂环氧甲苯树脂漆。

3. 产品用途

与一般环氧树脂漆类似。

1.43　环氧粉末涂料

1. 产品性能

在环氧树脂、聚酯、丙烯酸和聚氨酯等粉末涂料中，产量较大的应为环氧粉末涂料，该涂料具有优良的附着力、耐磨性、硬度和耐化学品性。涂料工业发展目标之一是用省能源、高性能和无污染的粉末涂料品种取代传统的溶液（溶剂型）涂料，因此，环氧粉末涂料已引起人们普遍重视。

2. 技术配方　（质量，份）

（1）配方一

环氧树脂（PT810）	42.0
对苯二甲酸–偏苯三酸–新戊二醇聚酯（P2400）	558.0

流平剂	6.0
二苯基乙醇酮	2.0
钛白	392.0

用挤压法制造,该技术配方涂料形成的涂层具有良好的耐腐蚀性、耐热性、耐光性和耐候性。

(2) 配方二

E-12 环氧树脂	100.0
膨润土	3.0~4.0
钛白粉	16.0
三聚氰胺树脂	4.0
流平剂	适量

该技术配方所得产品为白色环氧粉末涂料。

(3) 配方三

环氧树脂 (E-12)	58.0
聚乙烯醇缩丁醛	3.5
联苯胺	1.0
双氰胺	2.5
炭黑	3.0
轻质碳酸钙	34.0

该技术配方所得产品为黑色环氧粉末涂料。将各物料于 130 ℃混熔,挤压成片,粉碎后过 180 目筛。

(4) 配方四

环氧树脂 ($M=2900$)	65.0
环氧树脂 ($M=1600$)	10.0
甲酚酚醛环氧树脂 ($M=1180$)	25.0
丙烯酸酯聚合物	0.3
端羧基聚酯	15.0
固化剂	2.5
氧化铁红	0.2
四氧化三铁	0.4

该粉末涂料采用挤压法制造。使用时,用流化床工艺于 180~260 ℃时涂装在金属物件表面,形成的漆膜具有良好的耐冲击性和附着力。

(5) 配方五

双酚 A 环氧树脂 (环氧当量 183)	16.13
聚酯 [酸值 (40±5) mgKOH/g]	45.50
对苯二甲酸	4.87
苯偶姻	0.50
流平剂	3.00
钛白	30.00

该环氧聚酯粉末涂料形成的漆膜光泽度高，耐磨性好。引自联邦德国公开专利 DE 3908031。将环氧当量为 183 的双酚 A 环氧树脂、玻璃化温度为 52 ℃的聚酯（200 ℃时黏度 4～6 Pa·s）和其余物料混合，挤压成片，冷却后粉碎，得平均粒度为 50 μm 的粉末涂料。用电晕放电喷枪喷涂于物件表面，于 190 ℃烘 15 min，形成 50 μm 厚的涂膜。

（6）配方六

双酚 A 环氧树脂	100.0
六氢邻苯二甲酸酐	7.0
乙烯基三乙氧基硅烷	1.0
胺催化剂	1.0
炭黑	3.0
二氧化硅球粒	100.0

该粉末涂料具有良好的黏接性和抗热冲击性。堆积密度 0.70 g/cm³，30％的粒径≤12 μm。适用于电子部件的涂装。

（7）配方七

E-12 环氧树脂	74.0
聚乙烯醇缩丁醛	4.0
轻质碳酸钙	17.0
苯胺黑	2.0
酞菁蓝	0.3
双氰胺	2.5

3. 工艺流程

环氧树脂 其余物料 ━→ 混合 ━→ 挤压 ━→ 冷却 ━→ 粉碎 ━→ 过筛 ━→ 包装

图 1-12

4. 生产工艺

将环氧树脂与其余物料按配方比混合均匀，然后经计量槽和螺旋进料器送入粉末涂料螺旋挤出机，挤出机加热温度控制在 120 ℃左右，挤压成薄片，冷却后，用微粉机粉碎，过筛后包装。

5. 产品标准

粉末细度（过 180 目筛余物）	≤5％
粉末熔融水平流动性/mm	25.0～28.5
干燥时间 [（180±2）℃/min]	≤30
冲击强度/（kg·cm）	≥40
柔韧性/mm	≤2
附着力/级	≤2

6. 产品用途

适用于金属器件的涂装。可采用热喷涂、静电喷涂或流化床工艺施涂。

1.44　H05-53 白环氧粉末涂料

1. 产品性能

该涂料由 E-12 环氧树脂、颜料、增塑剂、固体流平剂等组成。漆膜光亮坚硬，附着力强，具有优良的机械性能和耐腐蚀性。

2. 技术配方　（质量，份）

E-12 环氧树脂	56.5
取代双氰胺	3.0
固体流平剂	5.0
增塑剂	0.5
钛白粉	20.0
沉淀硫酸钙	10.0
轻质碳酸钙	5.0

3. 工艺流程

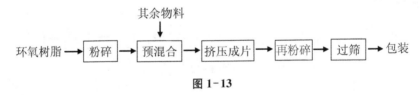

图 1-13

4. 生产工艺

将 E-12 环氧树脂粉碎后，与其余物料预混合，通过计量槽和螺旋进料机送入粉末涂料螺旋挤出机，挤出机加热温度控制在 120 ℃，挤出物压制成薄片，冷却后打成碎片，再经微粉机粉碎筛分后包装。

5. 产品标准

粉末状态	均匀、无结块
粉末细度（180 目筛余物）	≤5%
粉末熔融水平流动性/mm	25.0～28.5
粉末胶化时间/min	4.5～6.0
干燥时间 ［（180±2）℃/min］	≤30

光泽	≤80%
柔韧性/mm	≤2
冲击强度/（kg·cm）	≥40
附着力/级	≤2
耐盐水性（浸96 h）	无变化
耐水性［浸入（40±1）℃水中，48 h］	无变化

6. 产品用途

适用于仪器、仪表、家用电器及其他钢铁制件的表面涂饰。以高压静电喷涂为主，也可采用流化床浸涂，烘烤温度为180 ℃。

1.45　H06-2环氧酯各色底漆

1. 产品性能

H06-2环氧酯各色底漆又称环氧铁红、环氧锌黄、环氧铁黑底漆，由环氧酯漆料、颜料、催干剂、环氧漆稀释剂调配而成。其漆膜坚韧耐久，附着力强，若与磷化底漆配套使用，可提高耐潮、耐盐雾和防锈性能。

2. 技术配方　（质量，份）

	铁红	锌黄	铁黑
铁红	23.0	—	—
锌黄	5.0	21.0	5.0
铁黑	—	—	20.0
滑石粉	5.0	9.0	8.0
氧化锌	10.0	10.0	10.0
沉淀硫酸钡	8.0	11.0	8.0
环氧酯漆料	41.0	41.0	41.0
环氧漆稀释剂	5.0	5.0	5.0
环烷酸钴（2%）	0.5	0.5	0.5
环烷酸铅（10%）	1.5	1.5	1.5
环烷酸锰（2%）	1.0	1.0	1.0

3. 工艺流程

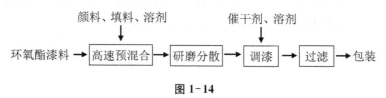

图 1-14

4. 生产工艺

先将环氧酯漆料与颜料、填料和部分溶剂高速搅拌预混合，经研磨机磨至细度合格，再加入催干剂、助剂及剩下的环氧漆稀释剂，充分搅拌调匀，过滤、包装。

5. 产品标准

漆膜外观	色调不定、漆膜平整
黏度/s	≤50
细度/μm	
铁红、铁黑	≤60
锌黄	≤50
干燥时间/h	
实干	≤24
烘干 [（120±2）℃]	≤1
柔韧性/mm	1
冲击性/cm	50
耐盐水性	
锌黄 96 h	不起泡、不生锈
铁红、铁黄 48 h	不起泡、不生锈

注：产品符合 ZBG 51048 标准。

6. 产品用途

H06-2 锌黄环氧酯漆适用于涂覆轻金属表面；H06-2 铁红、铁黑环氧酯底漆适用于涂覆黑色金属表面，还用于沿海地区、湿热带气候地区和湿热带气候地区的金属材料表面的打底。与磷化底漆配套使用，可提高其耐潮、耐盐雾和防锈性能。

涂漆前，应除锈迹、油污，再涂一层磷化底漆。用二甲苯和丁醇混合溶剂稀释。喷涂、刷涂均可。漆膜干燥后打磨、涂覆面漆。

1.46　H06-4 环氧富锌底漆（分装）

1. 产品性能

该漆以中等分子量环氧树脂液与防锈力很强的金属锌粉等为组分 A，聚酰胺树脂固化剂为组分 B。防锈能力很强，具有阴极保护作用和能渗入焊接缝隙处，并能耐溶剂腐蚀，在阳光下耐气候性稳定。易产生沉淀，施工工艺要求较高。

2. 技术配方 （质量，份）

组分 A：

双酚 A 型固态环氧树脂（环氧当量 500）	3.5
乙酸乙二醇乙醚酯	3.5
锌粉	83.0
碳酸钙（经过表面处理）	1.0
甲基异丁基酮	2.9
二甲苯	2.9

组分 B：

聚酰胺树脂（100%，胺值约 200）	2.0
二甲苯	0.6
甲基异丁基酮	0.6

3. 工艺流程

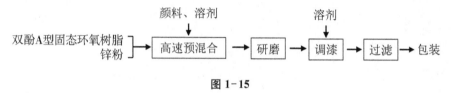

图 1-15

注：该工艺流程为组分 A 的工艺流程。

4. 生产工艺

将双酚 A 型固态环氧树脂、锌粉、碳酸钙、溶剂等经高速搅拌预混合后，研磨分散，调整黏度至 20～60 s，过滤，包装得组分 A、组分 B 分装。

5. 产品标准

外观	灰色，漆膜平整
黏度/s	20～60
干燥时间/h	
表干	≤1
实干	≤24
冲击强度/（kg·cm）	≥40

注：该产品符合 QJ/DQ 02H05-90 标准。

6. 产品用途

适用于造船行业水下金属表面涂装及化工防锈蚀部件打底。将组分 A、组分 B 按 m（组分 A）：m（组分 B）＝96.8：3.2 混合调匀，放置 20～30 min 后使用。以 V（二甲苯）：V（丁醇）＝2：1的混合溶剂为稀释剂。

1.47 H06-8锌黄环氧聚酰胺底漆（分装）

1. 产品性能

该漆料以环氧树脂、防锈颜料、体质颜料、铝粉浆及溶剂调配为漆料，以聚酰胺树脂溶液为固化剂。该漆膜对铝合金表面具有较好的附着力，且有优良的耐热、耐潮、耐有机溶剂性能。

2. 技术配方 （质量，份）

组分 A：

E-20 环氧树脂（601#，环氧值0.20）	17.18
柠檬铬黄	12.12
铝粉浆（含固量60%）	5.50
氧化锌	7.45
滑石粉	2.72
锌铬黄	9.92
二甲苯	12.46
丁醇	5.34

组分 B：

聚酰胺树脂（胺值200）	11.50
二甲苯	8.05
丁醇	3.45

3. 工艺流程

图 1-16

4. 生产工艺

将 E-20 环氧树脂、颜料、填料、铝浆粉混合研磨至细度小于 30 μm，用溶剂调整黏度，过滤后包装得组分 A。将聚酰胺树脂溶于二甲苯和丁醇的混合溶剂中得组分 B。组分 A、组分 B 分别包装。

5. 产品标准

黏度/s	70～100
附着力（划圈法）/级	2
干燥时间/h	
表干	≤1
实干	≤24
冲击强度/（kg·cm）	≥50

6. 产品用途

用于铝合金、镁合金表面涂装。常温干燥或烘干。

1.48 H06-33 铁红、锌黄环氧烘干底漆

1. 产品性能

该漆由 E-20 环氧树脂、短油度豆油醇酸树脂、三聚氰胺甲醛树脂与防锈颜料研磨分散后，用溶剂调配而成。该漆具有良好的耐化学药品性能及耐水性，并有优越的附着力。

2. 技术配方 （质量，份）

	铁红	锌黄
E-20 环氧树脂（50%）	8.0	8.0
短油度豆油醇酸树脂	37.0	37.5
三聚氰胺甲醛树脂	12.0	12.0
氧化铁红	8.5	—
锌黄	25.5	25.5
浅铬黄	—	8.0
滑石粉	8.0	8.0
混合溶剂[V(二甲苯)∶V(丁醇)＝4∶1]	1.0	1.0

3. 工艺流程

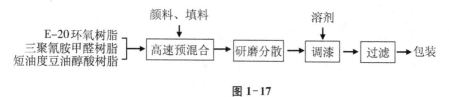

图 1-17

4. 生产工艺

在混合罐中，将 E-20 环氧树脂、三聚氰胺甲醛树脂、短油度豆油醇酸树脂与相应的颜料、填料高速预混合，研磨至细度小于 $50~\mu m$，用溶剂调整黏度，过滤、包装。

5. 产品标准

外观	铁红、锌黄色，漆膜平整光滑
黏度/s	45～70
细度/μm	≤50
干燥时间[(120±2)℃]/h	≤1.5
柔韧性/mm	1
冲击强度/（kg·cm）	50
附着力/级	1
耐水性/h	96

6. 产品用途

适用于能烘烤的各种金属表面，作底漆，其中铁红色用于钢铁材质表面，锌黄色用于铝合金表面。使用量 70～90 g/m^2。

1.49　H06-43　锌黄、铁红环氧酯烘干底漆

1. 产品性能

H06-43 锌黄、铁红环氧酯烘干底漆（Zinc yellow、iron red epoxy ester baking primer H06-43）又称 H06-43 锌黄、铁红环氧酯烘干底漆，H06-43 锌黄、铁红环氧酯氨基底漆，由高分子量环氧树脂与脱水蓖麻油酸形成的环氧酯、氨基树脂、颜料、催干剂和溶剂调配而成。漆膜坚韧耐久，附着力强，具有良好的耐化学品性和耐水性，若与磷化底漆配套使用，可提高漆膜的防潮、防盐雾和防锈性能。

2. 技术配方 （质量，份）

	锌黄	铁红
脱水蓖麻油酸环氧酯（0.4 当量，50%）	50.0	41.40
丁醇醚化三聚氰胺甲醛树脂（50%）	5.0	4.60
滑石粉	3.0	8.25
铁红	—	9.90
锌黄	20.0	6.65
氧化铅	—	0.14
氧化锌	7.0	4.13

轻质碳酸钙	5.0	—
环烷酸锌 [ω (Zn) ＝3％]	1.0	—
环烷酸钴 [ω (Co) ＝3％]	0.2	0.60
环烷酸钙 [ω (Ca) ＝2％]	2.0	0.60
二甲苯	6.8	23.73

3. 工艺流程

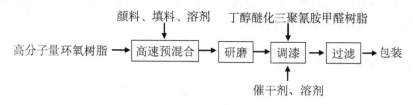

图 1-18

4. 生产工艺

将高分子量环氧树脂、颜料、填料及溶剂高速搅拌预混合后，研磨至细度小于50 μm，然后与丁醇醚化三聚氰胺甲醛树脂、催干剂和溶剂充分混匀，用溶剂调整黏度 50～100 s，过滤，包装。

5. 产品标准

	京 Q/H12034	大连 QT/DQ02H07
黏度/s	50～80	60～100
细度/μm	≤60	≤50
干燥时间/h		
(115±2) ℃	≤1	—
(120±2) ℃	—	≤1
硬度	≥0.4	≥0.4
冲击强度/ (kg·cm)	50	50
柔韧性/mm	1	1
附着力/级	2	—
耐盐水性	—	不起泡、不生锈

6. 产品用途

适用于黑色金属或有色金属表面打底。常用于湿热带气候的电工、化工器材、仪表、机床、汽车及缝纫机等打底。铁红色多用于黑色金属表面打底，锌黄色专用于轻金属表面打底。使用量为 60～70 g/m²。

1.50　各色环氧酯腻子

1. 产品性能

H07-5 各色环氧酯腻子又称 H07-5 各色环氧烘干腻子、环氧腻子（烘干）、环氧腻子（自干），由环氧树酯漆料、植物油酸、体质颜料、颜料、催干剂、溶剂调配而成。H07-5 为自干型，H07-34 为烘干型。

2. 技术配方　（质量，份）

	H07-5	H07-34
环氧酯漆料	14	16.0
氧化锌	12	12.0
沉淀硫酸钡	30	—
重晶石粉	—	12.0
滑石粉	5	15.0
炭黑	—	0.1
水磨石粉	—	36.4
黄丹	0.5	0.5
石膏粉	10	—
水	—	4.0
环氧漆稀释剂	3	2.0
环烷酸钴（2%）	0.5	0.5
环烷酸锰（2%）	0.5	0.5
环烷酸铅（10%）	1	1.0

3. 工艺流程

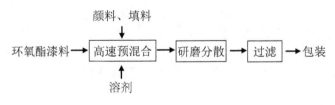

图 1-19

4. 生产工艺

将环氧酯漆料、颜料、催干剂、溶剂等全部原料高速搅拌混匀，经三辊机或轮碾机研磨均匀后，即可包装。

5. 产品标准

	H07-5	H07-34
外观	开桶后，无结皮和搅不开的硬块	
腻子膜外观	色调不定、涂刮后应平整、无明显粗粒、无擦痕、无气泡、无裂纹	
稠度/cm	10～12	
干燥时间/h	24（自干）	1（烘干）
涂刮性	易涂刮、不产生卷边现象	
柔韧性/mm	≤50	≤50
冲击性	—	≥15
耐硝基漆性	漆膜不膨胀、不起皱、不渗色	

注：该产品符合 ZBG 5/050 标准。

6. 产品用途

供各种预先涂有底漆的金属表面填平用。与底漆有良好的结合力，经打磨表面光洁。可适量加入二甲苯或双戊烯稀释。刮灰厚度≤0.5 mm。填补预先涂有底漆的金属表面。烘干型，于 60～65 ℃烘干。

1.51　H08-1 各色环氧酯烘干电泳漆

1. 产品性能

H08-1 各色环氧酯烘干电泳漆又称 H11-51 各色环氧酯烘干电泳漆、9061 各色环氧酯电泳漆，具有不燃性，漆膜具有良好的附着力、防腐性、耐水性和机械强度，便于施工机械化、自动化，由环氧树脂、干性油脂肪酸、顺丁烯二酸酐、助溶剂、颜料调配而成。

2. 技术配方 （质量，份）

	紫红色	军绿色	黄色	中灰色	棕色	黑色
甲苯胺紫红	14.4	—	—	—	—	—
钛白	0.6	—	4.0	43.6	—	—
酞菁蓝	—	1.2	—	1.0	—	—
中铬黄	—	30.6	20	—	—	—
氧化铁红	—	—	1.6	—	30	—
炭黑	—	0.2	0.4	1.4	2	6
601# 水溶性环氧酯	178.6	164.0	170.0	152.0	164.0	188.0
蒸馏水	6	4	4	2	4	6

3. 工艺流程

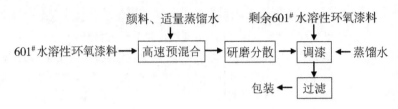

图 1-20

4. 生产工艺

将部分 601# 水溶性环氧漆料与颜料及适量蒸馏水高速搅拌进行预混合，然后研磨分散至细度合格，再加入剩余的 601# 水溶性环氧漆料和蒸馏水，充分搅拌调匀，过滤、包装。

5. 产品标准

外观	在其色差范围内平整无露底
含固量	≥48%
细度/μm	≤50
漆液 pH 值	7.5～9.0
漆液泳透力/cm	≥8
漆液导电率/$\mu\Omega^{-1}$/cm	≤2×10³
干燥时间 [(160±2)℃]/h	≤1
附着力/级	≤2
柔韧性/mm	1
冲击性/（kg·cm）	50
光泽	
黑色	80%
其他色	50%
耐盐水性(3% 的 NaCl 溶液,25 ℃)/h	32

6. 产品用途

用于黑色金属表面，作底漆，或非装饰性的内用表面，作面漆。使用时，加入蒸馏水，将漆冲稀至 10%～20% 的含固量进行电泳。只能将水倒入漆中！

电泳条件：

色调	电泳时要求含固量	溶漆需蒸馏水/倍	电压/V	时间/min
银色	15%～20%	3～4	15～30	1～3
军绿色	15%～20%	3～4	15～30	1～3

| 黑色 | 8%～10% | 6.5～8.5 | 30～50 | 1～2 |
| 灰色 | 20% | 3 | 20～40 | 2～3 |

被涂件应无锈、无油、无尘、无酸、无碱。在漆液中，严禁加入醇类、苯类有机溶剂。

1.52 H08-4 各色环氧酯半光烘干电泳漆

1. 产品性能

H08-4 各色环氧酯半光烘干电泳漆又称 H11-65 各色环氧酯半光烘干电泳漆，该漆使用方便、安全、无毒、不燃，漆膜均匀半光，附着力优良，具有一定的防锈性和耐水性，有利于施工机械化。该漆由环氧树脂、颜料、体质颜料和蒸馏水调配而成。

2. 技术配方 （质量，份）

	草绿色	灰尘色	黑色
炭黑	0.6	0.6	8.0
中铬黄	18.0	—	—
酞菁蓝	0.6	0.2	—
氧化铁红	4.0	—	—
钛白粉	—	24.0	—
滑石粉	8.0	8.0	12.0
601#水溶性环氧酯	92.0	92.0	92.0
蒸馏水	76.6	75.2	76.0

3. 工艺流程

图 1-21

4. 生产工艺

将部分 601# 水溶性环氧酯、颜料、填料及部分水混合，高速搅拌均匀，研磨分散后加入剩余的 601# 水溶性环氧酯及蒸馏水，搅拌均匀，过滤、包装。

5. 产品标准

外观	平整、半光、无油点露底、色调不定
细度/μm	≤50
干燥时间 [（150±2）℃] /h	≤1
冲击性能/（kg·cm）	50
柔韧性/mm	1
附着力/级	≤1
含固量	≥40%
pH 值	8~9
耐盐水（3%的 NaCl 溶液）/h	24

6. 产品用途

用于钢铁、铝、铝镁合金表面的涂覆。采用泳涂。将漆用蒸馏水稀释至含固量8%~14%。加水应缓慢加入，并用 120 目筛网过滤后使用。施工工艺：金属表面除油→酸洗除锈→中和→水洗→磷化→水洗→烘干→电泳→水洗→烘干。该漆有效贮存期为1 年。

1.53 H08-5 铁红环氧酯半光烘干电泳漆

1. 产品性能

H08-5 铁红环氧酯半光烘干电泳漆又称 H11-95 铁红环氧酯烘干电泳底漆、9601 铁红环氧酯电泳漆，由 601# 水溶性环氧酯、铁红颜料、体质颜料及蒸馏水调配而成。漆膜均匀光滑，具有良好的附着力，防腐性强，耐水性及机械强度好。

2. 技术配方 （质量，份）

氧化铁红	20
沉淀硫酸钡	20
滑石粉	10
601# 水溶性环氧酯	60
蒸馏水	90

3. 工艺流程

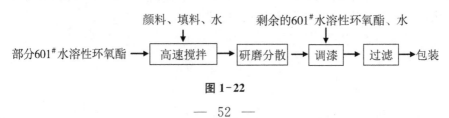

图 1-22

4. 生产工艺

将部分 601# 水溶性环氧酯、颜料、填料及适量水混合，高速搅拌，经磨漆机研磨分散至细度合格，然后加入剩余的 601# 水溶性环氧酯和水搅拌调配均匀，过滤、包装。

5. 产品标准

外观	在色差范围内漆膜平整、无针孔
干燥时间[(150±2)℃]/h	≤1
含固量	48%～50%
柔韧性/mm	1
冲击强度/（kg·cm）	50
原漆 pH 值	7.5～8.4
耐盐水性/h	24

6. 产品用途

用于钢铁工件、小五金及金属零部件的涂装。采用电泳施工，用蒸馏水调整施工黏度。涂装后于 150 ℃烘烤。该漆有效贮存期为 1 年。

1.54 H11-52 各色环氧酯烘干电泳漆

1. 产品性能

H11-52 各色环氧酯烘干电泳漆是由 601# 水溶性环氧酯、酚醛树脂改性的醇酸树脂、颜料、填料和蒸馏水调配而成。漆膜具有良好的物理机械性能，附着力好，耐水性和防锈性优良。

2. 技术配方 （质量，份）

（1）配方一（黑色）

601# 水溶性环氧酯	64.0
水溶性酚醛改性醇酸树脂	30.0
炭黑	3.0
蒸馏水	3.0

（2）配方二（灰色）

601# 水溶性环氧酯	51.0
水溶性酚醛改性醇酸树脂	25.0
炭黑	0.7
酞菁蓝	0.5

钛白粉	21.8
蒸馏水	1.0

(3) 配方三（军绿）

炭黑	0.1
中铬黄	15.3
酞菁蓝	0.6
601# 水溶性环氧酯	55.0
水溶性酚醛改性醇酸树脂	27.0
蒸馏水	2.0

(4) 配方四（铁红）

601# 水溶性环氧酯	55.0
水溶性酚醛改性醇酸树脂	27.0
氧化铁红	16.0
蒸馏水	2.0

3. 工艺流程

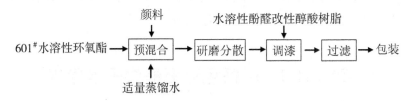

图 1-23

4. 生产工艺

将 601# 水溶性环氧酯（干性植物油脂肪酸如桐油酸和顺丁烯/二酸酐改性的环氧酯）、颜料和适量蒸馏水高速搅拌预混合，研磨至细度小于 60 μm，然后与水溶性酚醛改性醇酸树脂和适量蒸馏水调漆，过滤、包装。

5. 产品标准

外观	符合标准样板色差范围，漆膜平整
含固量	≥70%
细度/μm	≤60
pH 值	7~8
漆液电导率/($\mu\Omega^{-1}$/cm)	≤2×10³
漆液泳透力/cm	≥8.5
干燥时间 [（180±2）℃]/h	≤1
柔韧性/mm	1
冲击强度/(kg·cm)	50

| 附着力/级 | ≤2 |
| 耐盐水性[(25±1)℃3%的 NaCl 溶液,17 h] | 不起泡,无锈点 |

6. 产品用途

用于经磷化处理的黑色金属表面涂装,采用电泳涂装法施工,烘干。

1.55　胺化环氧树脂电泳漆

1. 产品性能

该漆形成的漆膜附着力强,具有良好的柔韧性、耐石击性和耐蚀性。引自联邦德国公开专利 DE 3918511。

2. 技术配方　(质量,　份)

胺化环氧树脂液* (71.4%)	91.13
六亚甲基二异氰酸酯三聚物-二丁胺加成物 (69.5%)	22.54
甲苯二异氰酸酯-三羟甲基丙烷加成物 (69.8%)	25.76
聚丙二醇衍生物	8.96
消泡剂	0.22
乙酸	0.57
乙酸 (10%)	0.49
色浆	92.66
水	567.6

*胺化环氧树脂液技术配方:

双酚 A 型环氧树脂 (环氧当量 490)	13.59
氨基甲酸乙酯	8.94
十二烷基酚	1.82
二乙醇胺	1.02

3. 工艺流程

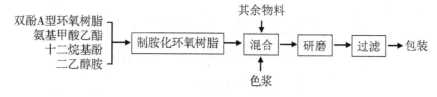

图 1-24

4. 生产工艺

先将 13.59 kg 双酚 A 型环氧树脂（环氧当量为 490）、8.94 kg 氨基甲酸乙酯、1.82 kg 十二烷基酚和 1.02 kg 二乙醇胺混合制得 71.4% 的胺化环氧树脂。然后按技术配方比，将胺化环氧树脂、两种加成物、聚丙二醇衍生物、消泡剂、乙酸及部分水（191 kg/t）混合，研磨分散后，与已研磨至一定细度的颜料浆混合，加入 10% 的乙酸和剩下的 376.6 kg/t 水混合调漆得胺化环氧电泳漆。

5. 产品用途

适用于钢铁、铝合金和导电底材的涂装。电泳电压 270 V，漆膜厚度 35 μm。

1.56　阳离子型环氧电泳漆

1. 产品性能

该电泳漆由阳离子型环氧树脂、改性丙烯酸共聚物、异氰酸酯、颜料、溶剂及水组成，具有优良的耐候性和防腐蚀性能。引自日本公开特许 JP 90-229869。

2. 技术配方 （质量，份）

阳离子型环氧树脂（50%）	92.6
改性丙烯酸共聚物（40%）	20.0
钛白	40.0
炭黑	2.0
甲乙酮肟封闭的异佛尔酮二异氰酸酯	25.0
甲乙酮	2.78
乙酸（90%）	1.8
去离子水	550.8

3. 工艺流程

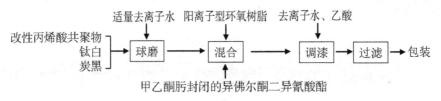

图 1-25

4. 生产工艺

先将改性丙烯酸共聚物、钛白、炭黑和 38 份去离子水混合均匀后经球磨机研磨 20 h，至粒径 8 μm 得色浆。将色浆与其余物料充分混匀得电泳漆。

5. 产品用途

用于钢铁表面防腐涂装，也可用作双层或单层防腐涂装的底漆的腻子。电泳涂装后于 170 ℃烘烤 30 min，漆膜厚度 20 μm。

1.57　环氧聚酰胺电泳涂料

1. 产品性能

该涂料由环氧聚酰胺、颜料、填料及稀释剂组成，形成的漆膜附着力强，具有优良的防腐性和抗冲击性。引自日本公开特许 JP 90-279773。

2. 技术配方 （质量，份）

	（一）	（二）
环氧聚酰胺	100.0	100.0
钛白	20.0	22.0
黏土	5.0	—
醋酸铅	1.0	—
氧化铁红	—	8.0
稀释剂	适量	适量

3. 工艺流程

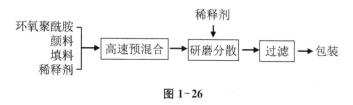

图 1-26

4. 生产工艺

将环氧聚酰胺、颜料、填料和适量稀释剂经高速搅拌预混合后，研磨分散至粒径≤10 μm，加入稀释剂，充分调匀后过滤得环氧聚酰胺电泳涂料。

5. 产品用途

用于钢铁构件和导电底材的防腐涂装。

1.58 环氧丙烯酸底漆

1. 产品性能

该底漆由环氧树脂、丙烯酸树脂、酚醛树脂、异氰酸酯、颜料、填料和溶剂组成，形成的漆膜坚韧、附着力强，具有良好的耐候性，引自法国公开专利 FR 2633632。

2. 技术配方 （质量，份）

环氧树脂（环氧当量 180～200）	31.8
环氧树脂（环氧当量 1500～2000，50%的乙二醇单乙醚溶液）	278.5
甲基丙烯酸树脂（40%二甲苯溶液）	19.5
57%的丁醇醚化酚醛树脂 [V（二甲苯）：V（丁醇）＝2：1] 溶液	27.1
异氰酸酯（11.5% NCO基）	10.8
二氧化钛	216.8
铬酸锶	21.7
二氧化硅	2.2
有机混合溶剂	391.6

3. 工艺流程

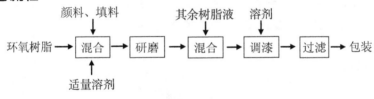

图 1-27

4. 生产工艺

将环氧树脂液与颜料、填料及适量溶剂混合均匀，研磨分散，研磨至细度小于 50 μm，然后与其余树脂溶液及混合溶剂充分调匀，过滤得环氧丙烯酸底漆。

5. 产品用途

用作底漆，适用于金属器件表面的涂装。

1.59 环氧酚醛清漆

1. 产品性能

环氧酚醛清漆（Epoxy phenol-formaldehyde varnish）由环氧树脂、改性酚醛树脂

及有机溶剂调配而成。配方一引自日本公开特许 JP 02-215873，具有良好的耐冷却性能，漆膜有良好的耐蚀性；配方二漆膜附着力好、坚硬，具有良好的耐酸、耐碱、耐化学品性能。

2. 技术配方　(质量，份)

(1) 配方一

E-06 环氧树脂 (607)	100.0
二苯醚型酚醛树脂	40.0
丁醇	32.0
二甲苯	128.0

(2) 配方二

E-06 环氧树脂 (607)	6.0
环己酮	3.0
二酚基丙烷甲醛树脂 (40%)	5.0
二丙酮醇	3.0
二甲苯	3.0

3. 工艺流程

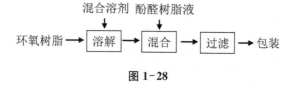

图 1-28

4. 生产工艺

将环氧树脂投入混合溶剂中，加热溶解后，与酚醛树脂液混合均匀，过滤后包装得环氧酚醛清漆。

5. 产品标准(参考)

外观	透明，无机械杂质
黏度 (涂-4 黏度计，25 ℃) /s	15～30
干燥时间[(180±2)℃]/min	≤40
硬度	≥0.6
耐盐水性(5%的 NaCl 溶液,3 个月)	不起泡、不脱落
耐碱性(25%的 NaOH 溶液,3 个月)	不起泡、不脱落
耐汽油性 (3 个月)	不起泡、不脱落

6. 产品用途

配方一的清漆主要适用于制冷机马达的涂装保护；配方二的清漆适用于防护酸、碱农药及有机溶剂腐蚀的金属物体表面涂装。喷涂、刷涂、浸涂均可。使用 V（二甲苯）：V（环己酮）＝1∶1 的混合溶剂稀释剂稀释，烘干。

1.60 环氧带锈防锈漆（分装）

1. 产品性能

环氧带锈防锈漆（又称带锈底漆），它能将钢铁表面的铁锈转化成铁的络合物或螯合物，然后靠成膜液将已转化的锈蚀层（转化层）黏附在金属表面上，达到带锈涂漆的目的。

2. 技术配方 （质量，份）

组分 A：

6101#环氧树脂（E-44）	42.0
铬酸二苯胍	0.5~2.0
氧化铁红	12.6
氧化锌	3.0~6.0
轻质碳酸钙	4.2
磷酸锌	2.0~5.0
碳酸钙	0.8
四盐基锌黄	1.0~3.0
重晶石粉	8.4
滑石粉	4.2
二甲苯和丁醇混合溶剂 [V（二甲苯）：V（丁醇）＝4∶1]	15~20.0

组分 B：

300#聚酰胺（固化剂）	10.0~20.0

3. 工艺流程

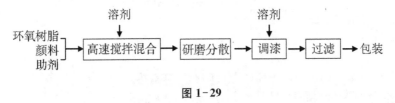

图 1-29

注：该工艺流程为组分 A 的工艺流程。

4. 生产工艺

将 6101#环氧树脂、颜料、填料、助剂及适量溶剂高速搅拌预混合，研磨分散至细度小于 50 μm，研磨料用溶剂调整黏度 30～80 s，过滤，包装得到组分 A。

组分 A、组分 B 分别包装。使用时以 m（组分 A）：m（组分 B）＝100：15 的比例混合。

5. 产品标准

黏度（涂-4 黏度计，25 ℃）/s	30～80
细度/μm	≤50
干燥时间/h	
表干	≤4
实干	≤24
使用量/（g/m²）	70

6. 产品用途

适合于无彻底除锈的油罐或旧罐的重涂，用作油罐内壁防腐涂料。本漆在锈层不超过 30 μm 条件下，可以取得较好的效果。

1.61　H23-12 环氧酯烘干罐头漆

1. 产品性能

H23-12 环氧酯烘干罐头漆又称 H23-2 环氧酯烘干罐头漆、617# 环氧酯清漆（抗酸）。该漆具有良好的机械性能和附着力，且耐酸，由环氧树脂、豆油酸及有机溶剂调配而成。

2. 技术配方　（质量，份）

604# 环氧树脂（E-12）	60
乙酸丁酯	16
豆油酸	40
丁醇	16
二甲苯	68

3. 工艺流程

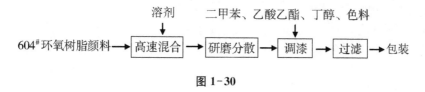

图 1-30

4. 生产工艺

将 604# 环氧树脂和豆油酸投入反应锅内混合，加热熔化，在搅拌下加入二甲苯 6 份，升温至 210～220 ℃进行酯化，当黏度合格即降温至 140 ℃，再加入二甲苯、乙酸乙酯、丁醇及色料，研磨后，过滤、包装。

5. 产品标准

外观	一级透明，无机械杂质
含固量	≥45%
黏度/s	30～60
细度/μm	≤25
柔韧性/mm	≤1
酸值/（mgKOH/g）	≤4
耐酸性（3%的 HAc，回流）/h	2

6. 产品用途

用于涂装含酸的水果、番茄等罐头内壁；可与氧化锌-617#环氧酯浆混合作耐酸涂料，供海产、家禽、肉食品等罐头内壁涂装。以辊涂为主。施工前，加入 20%～30% 的 X-1 硝基稀释剂稀释。第一道于 170～180 ℃烘 30 min（第一道），第二道于 185～190 ℃ 烘 30 min。

1.62 H23-16 环氧酚醛罐头烘漆

1. 产品性能

H23-16 环氧酚醛罐头烘漆又称 H23-6 环氧酚醛罐头烘漆，由高分子环氧树脂、醇溶性酚醛树脂、溶剂等调配而成。漆膜附着力强，耐制罐操作时冲压而不脱落，抗酸性、抗高硫性良好，耐蒸煮且无异味。

2. 技术配方 （质量，份）

604# 环氧树脂	31.5
醇溶性纯酚醛树脂液（50%）	27.0
环氧酚醛稀释剂	31.5
乙醇	4.0
环己酮	6.0

3. 工艺流程

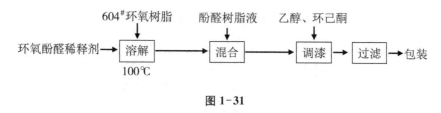

图 1-31

4. 生产工艺

将环氧酚醛稀释剂投入溶解罐中，搅拌下加入 604# 环氧树脂（E-12），加热升温至 100 ℃左右搅拌溶解，溶解完全后降温，80 ℃时加入酚醛树脂液，搅拌 0.5 h，然后加入环己酮和乙醇，调整黏度 140～200 s，充分调匀后，过滤包装。

5. 产品标准

外观（漆液）	棕黄色透明液体，无机械杂质
漆膜外观	透明，平整光滑，无针孔
含固量	≥45%
干燥时间 [（150±2）℃] /h	≤2

6. 产品用途

用于一般抗硫、抗酸的食品罐头内壁涂装。使用量 20～25 g/m²，烘干。

1.63 H30-2 环氧酯烘干绝缘漆

1. 产品性能

H30-2 环氧酯烘干绝缘漆又称 H30-12 环氧酯烘干绝缘漆（Epoxy ester baking in-sulating paint H30-12），由 604# 环氧树脂、干性油酸、氨基树脂及溶剂调配而成。具有优良的附着力和耐热性，耐油性和柔韧性较好，可耐腐蚀性气体，属 B 级绝缘材料。

2. 技术配方 （质量，份）

604# 环氧树脂	47
亚油酸	44.6
丁醇	10
三聚氰胺甲醛树脂	17.4
环烷酸钴（2%）	0.2
二甲苯	80.8

3. 工艺流程

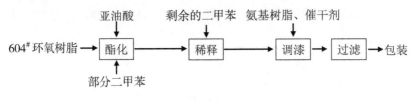

图 1-32

4. 生产工艺

先将亚油酸和 604# 环氧树脂投入反应罐中，加热熔化，加入部分二甲苯，升温至 210~220 ℃搅拌酯化。反应完毕降温至 140 ℃，加入其余的二甲苯稀释，降温至 80 ℃以下，加入环烷酸钴、氨基树脂及丁醇，充分搅拌，过滤、包装。

5. 产品标准

外观	黄褐色、透明度不大于 2 级，无杂质
含固量	≥45%
黏度/s	20~35
酸值/（mgKOH/g）	≤5
干燥时间 [（120±2）℃] /h	≤2
耐热性 [漆膜干后在（150±2）℃弯曲 3 mm] /h	50
吸水率	≤1.5%
击穿强度/（常态，kV/mm）	≥70
体积电阻系数/（Ω·cm）	
常态	≥1×10^{14}
浸水后	≥1×10^{13}
厚层干透性	通过试验

6. 产品用途

适用于浸渍湿热带及化工防腐电机绕组和电信器材，也适用于涂覆金属、层压制品表面，作防腐蚀、抗潮、绝缘之用。

可采用真空浸渍、压力浸渍、沉浸渍和浇注浸渍等浸渍法浸渍，也可以刷涂或喷涂法覆于制件表面。以二甲苯或二甲苯与丁醇的混合溶剂作稀释剂。

1.64 H30-13 环氧聚酯酚醛烘干绝缘漆

1. 产品性能

H30-13 环氧聚酯酚醛烘干绝缘漆又称 H30-3 环氧聚酯酚醛烘干绝缘漆、6340 环氧聚酯酚醛烘干绝缘漆，由 E-42 环氧树脂、己二酸聚酯、丁醇醚化二甲酚甲醛树脂及混合溶剂调配而成。漆膜坚韧，具有耐热、耐化学品腐蚀、防潮、防霉和防盐雾性能。

2. 技术配方 （质量，份）

E-42 环氧树脂	23.87
己二酸聚酯*	11.13
氯苯	14.0
环己酮	10.5
丁醇	10.5
丁醇醚化二甲酚甲醛树脂	30.0

*己二酸聚酯技术配方：

己二酸	82.58
乙二醇	8.71
甘油	8.71

3. 工艺流程

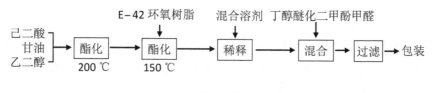

图 1-33

4. 生产工艺

将己二酸、甘油和乙二醇投入酯化反应釜中，搅拌下逐渐升温至 195～200 ℃，保温酯化至酸值达 340～360 mgKOH/g 时，即为终点得己二醇聚酯。得到的己二酸聚酯与 E-42 环氧树脂（634# 环氧树脂）混合，搅拌，加热至（150±5）℃，保温 3～4 h，当反应物料酸值降至 15 mgKOH/g 以下时为终点。降温至 120 ℃，加入氯苯、丁醇和环己酮，充分混匀得环氧聚酯。

常温下，将得到的环氧聚酯液和丁醇醚化二甲酚甲醛树脂充分混合，调整黏度至 40～90 s，过滤得 H30-13 环氧聚酯酚醛烘干绝缘漆。

5. 产品标准

原漆外观	黄褐色，无机械杂质
酸值/（mgKOH/g）	≤15
黏度（涂-4黏度计，25℃）/s	40～90
干燥时间［（130±2）℃］/h	≤1.5
含固量	≥40%
耐油性［（150±2）℃，10#变压器油］/h	24
击穿强度/（kV/mm）	
常态	≥70
浸水后	≥40
体积电阻系数/（Ω·cm）	
常态	≥1×10^{14}
浸水后	≥1×10^{12}
耐热性[漆膜干燥后,在(150±2)℃经80 h弯曲3 mm]	通过试验

注：①该产品符合 HG 2-653 标准。②检验耐热性、耐油性、击穿强度、体积电阻系数等性能时，漆膜在（130±2）℃干燥 6 h 后测定。

6. 产品用途

本漆为 B 级绝缘材料，用于浸渍电机、电器及变压器线圈绕组，烘干。

1.65　H30-19 环氧无溶剂烘干绝缘漆（分装）

1. 产品性能

H30-19 环氧无溶剂烘干绝缘漆又称 H43-1 环氧无溶剂烘干绝缘漆、H30-9 环氧无溶剂烘干绝缘胶，为双组分绝缘清漆（浸渍型），具有硬度高、固化快、三防性能好、收缩率小、吸水性小、黏结牢固等特点。

2. 技术配方 （质量，份）

组分 A：

E-51 环氧树脂	56.0
二缩水甘油醚	24.0

组分 B：

桐油酸-顺丁烯二酸酐（酸酐油）	99.0
DMP-30	1.0

3. 生产工艺

组分 A、组分 B 分别混合均匀，分别包装。其组分 B 中的酸酐油由桐油酸和顺丁烯二酸酐经反应脱水制得，酸值为 150 mgKOH/g。

4. 产品标准

外观	透明液体，无机械杂质
挥发分 [（160±2）℃]	≤5%
固化时间 [（150±2）℃] /h	≤2
固化后外观	透明固体
吸水率（浸水 24 h）	≤1%
击穿强度/（kV/mm）	
常态	≥80
浸水（24 h）	≥40
体积电阻系数/（Ω·cm）	
常态	≥1×10¹⁴
浸水后（24 h）	≥1×10¹³
耐热性(直径 3 mm 柱,150 ℃)/h	≥96

5. 产品用途

适用于浇注湿热带的电机线圈。组分 A、组分 B 以 m（组分 A）：m（组分 B）＝8：10 的比例混合，放置 5～10 min 后使用，烘干。

1.66　H31-31 灰环氧酯绝缘漆

1. 产品性能

H31-31 灰环氧酯绝缘漆又称 H31-1 灰环氧酯绝缘漆、1361 灰环氧酯绝缘漆，由 604# 环氧酯与脱水蓖麻油酸、桐油酸制得的环氧酯、颜料、溶剂研磨后调配而得。漆膜坚韧、光滑、强度高，能耐化学气体腐蚀。

2. 技术配方 （质量， 份）

604# 环氧树脂	25.50
脱水蓖麻油酸	19.60
桐油酸	4.90
钛白粉	19.53
炭黑	0.31
二甲苯	77.30
丁醇	6.25
环烷酸钴（2%）	1.25
环烷酸铅（10%）	1.56

3. 工艺流程

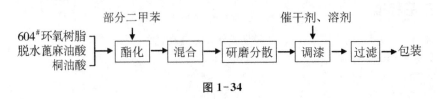

图 1-34

4. 生产工艺

将 25.5 份 604# 环氧树脂、4.9 份桐油酸、19.6 份脱水蓖麻油酸和 4 份二甲苯投入酯化反应釜,加热熔化,搅拌下升温至 200～205 ℃,保温酯化 2 h 左右,当酸值降至 5 mgKOH/g 以下,停止加热、冷却,130 ℃ 以下加入 46 份二甲苯稀释,60 ℃ 过滤得环氧酯。将环氧酯、颜料(必要时加适量二甲苯)混匀后研磨分散,研磨至细度小于 30 μm,加入催干剂、溶剂,充分调匀,过滤,包装。

5. 产品标准

外观	符合标准样板及其色差范围,漆膜平整光滑
黏度(涂-4 黏度计,25 ℃)/s	40～80
细度/μm	≤30
干燥时间(实干)/h	≤24
耐热性[漆膜干燥后,在(150±2)℃经 3 h 弯曲 3 mm]	通过试验
击穿强度/(kV/mm)	
常态	≥30
浸水后	≥10
体积电阻系数/(Ω·cm)	
常态	$\geq 1 \times 10^{11}$
浸水后	$\geq 1 \times 10^{9}$

注:该产品符合 ZBG 15011 标准。

6. 产品用途

适用于电机、电器线圈绕组的表面涂覆。

1.67　H31-32 灰环氧酯绝缘漆

1. 产品性能

H31-32 灰环氧酯绝缘漆又称 H31-2 灰环氧酯绝缘漆、1361T 防霉覆盖绝缘漆,漆膜坚韧、光滑、强度高,能耐化学气体,三防性能好,是 B 级绝缘材料。

2. 技术配方 （质量，份）

604#环氧树脂	17.42
桐油酸	3.38
脱水蓖麻油酸	13.52
钛白粉	7.00
立德粉	11.00
炭黑	0.10
酸性柳硫汞液	2.50
二甲苯	42.40
环烷酸钴（2%）	0.20
环烷酸锰（2%）	0.30
环烷酸锌（4%）	1.00
环烷酸铅（10%）	1.00

3. 工艺流程

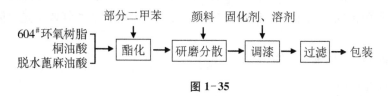

图 1-35

4. 生产工艺

将 17.42 份 604#环氧树脂、3.38 份桐油酸、13.52 份脱水蓖麻油酸和 1.4 份二甲苯投入酯化反应釜，搅拌下逐渐加热至 200～205 ℃，保温酯化 2 h 至酸值小于 5 mgKOH/g，降温于 130 ℃加入 33.1 份二甲苯稀释得环氧酯，得到的环氧酯与颜料混合，研磨至细小于 30 μm，加入固化剂和 7.9 份二甲苯调漆，充分混合后过滤，包装即得成品。

5. 产品标准

外观	符合标准样板及色差范围漆膜平整光滑
黏度（涂-4 黏度计）/s	40～80
细度/μm	≤30
干燥时间（实干）/h	≤24
耐热性[漆膜干燥后,(150±2)℃经 3 h,弯曲 3 mm]	通过试验
击穿强度/（kV/mm）	
常态	≥30
浸水后	≥10
体积电阻系数/（Ω·cm）	
常态	$\geqslant 1 \times 10^{11}$

浸水后	$\geqslant 1 \times 10^9$
耐霉菌性/级	$\leqslant 1$

注：检验击穿强度、体积电阻系数二项指标时，浸第一道漆滴干后，再反方向浸第二道漆，并在 (25 ± 1) ℃、相对湿度 (65 ± 5) % 条件下，干燥 72 h 后进行试验。

6. 产品用途

用于湿热带的电机、电器、精密仪表等绕组表面涂覆，起抑制霉菌生长的作用。

1.68 H31-54 灰环氧酯烘干绝缘漆

1. 产品性能

H31-54 灰环氧酯烘干绝缘漆（Gray epoxy ester baking insulating paint H31-54）又称 H31-4 灰环氧酯烘干绝缘漆、8363 环氧防霉覆盖漆，由环氧树脂与亚油酸形成的环氧酯、三聚氰胺甲醛树脂、干燥剂、溶剂及防霉剂、颜料调配而成。具有良好的耐霉性和附着力，且耐油性、耐湿热性和机械性能优良，并可耐腐蚀性气体，是三防用漆。

2. 技术配方 （质量，份）

604# 环氧树脂亚油酸酯（50%）	73.0
三聚氰胺甲醛树脂	6.5
钛白	15.0
炭黑	0.1
酸性柳硫汞	2.5
环烷酸钴（2%）	0.2
环烷酸铅（10%）	0.5
环烷酸锌（4%）	0.5
二甲苯	1.7

3. 工艺流程

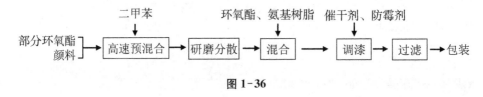

图 1-36

4. 生产工艺

将部分环氧酯、钛白粉、炭黑和二甲苯经高速搅拌预混合后，研磨分散至细度小于 30 μm，然后与剩余的环氧酯、三聚氰胺甲醛树脂、催干剂和酸性柳硫汞（防霉剂）充分混合调漆，过滤、包装得 H31-54 灰环氧酯烘干绝缘漆。

5. 产品标准

外观	符合标准样板及其色差范围漆膜平整光滑
黏度（涂-4 黏度计）/s	40～70
含固量	≥55%
细度/μm	≤30
干燥时间［（120±2）℃］/h	≤2
耐油性（浸于 GB 2536-81 的 10# 变压器油中 24 h）	通过试验
耐热性［漆膜干燥后(150±2)℃、10 h,弯曲 3 mm]	通过试验
吸水率（浸于蒸馏水中 24 h 后增重）	≤3%
击穿强度/（kV/mm）	
常态	≥50
浸水后	≥20
体积电阻系数/（Ω·cm）	
常态	$\geq 1\times 10^{12}$
浸水后	$\geq 1\times 10^{11}$
耐霉菌性/级	≤1

注：该产品符合 ZBG 15013 标准。

6. 产品用途

适用于涂覆湿热带的电机、电器、精密仪表等绕组外层，也可涂覆机器零件。可采用喷涂、浸渍或刷涂法施工，烘干。

1.69　H36-51 各色环氧烘干电容器漆

1. 产品性能

H36-51 各色环氧烘干电容器漆又称 H36-1 各色环氧烘干电容器漆（Epoxy baking paints for condenser H36-1），由 601# 环氧树脂亚油酸酯、三聚氰胺甲醛树脂、颜料、催干剂和溶剂调配而成，具有绝缘、防潮、耐温变性。

2. 技术配方 （质量，份）

	红色	黄色	灰色	绿色
601# 环氧树脂亚油酸酯	72.0	63.0	67.0	70.0
三聚氰胺甲醛树脂	10.0	6.0	6.0	7.0
氧化铬绿	—	—	—	15.0

大红粉	10.0	—	—	—
中铬黄	—	25.0	—	—
钛白粉	—	—	20.0	—
炭黑	—	—	0.4	—
二甲苯	4.8	3.8	4.4	4.8
丁醇	2.0	1.0	1.0	2.0
环烷酸铅（10%）	0.5	0.5	0.5	0.5
环烷酸锌（4%）	0.5	0.5	0.5	0.5
环烷酸钴（2%）	0.2	0.2	0.2	0.2

3. 工艺流程

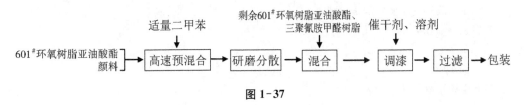

图 1-37

4. 生产工艺

将部分 601# 环氧树脂亚油酸酯、颜料和适量二甲苯经高速搅拌预混合后研磨分散，研磨至细度小于 25 μm，加入其余 601# 环氧树脂亚油酸酯、三聚氰胺甲醛树脂，混合均匀，加入催干剂、溶剂调和均匀，过滤、包装。

5. 产品标准

外观	符合标准样板，平整半光
黏度（涂-4黏度计）/s	50～100
细度/μm	≤25
干燥时间［（120±2）℃］/h	≤2
柔韧性/mm	≤3
硬度	≥0.4
防潮性［（40±2）℃、相对湿度 95%～98%］/h	≥400
耐温变性［-（60±5）℃，30 min；（25±1）℃，15 min；（85±2）℃，30 min；（25±1）℃，15 min 循环 4 次］	漆膜不开裂、脱落和凸起

注：①该产品符合 ZBG 51086 标准。②防潮性、耐温变性二项为生产保证项目。③检验防潮性、耐温变性时，漆膜厚度为（50±5）mm，漆膜须在（120±2）℃烘烤 4 h 后测定，待试验结束后 0.5 h 检验。

6. 产品用途

适用于涂刷陶瓷体的电容表面，同时可作标志电容器元件之用，烘干。

1.70 H52-3各色环氧防腐漆（分装）

1. 产品性能

H52-3各色环氧防腐漆（分装）又称H52-33各色环氧防腐漆（分装）、冷固化环氧涂料、自干型草绿环氧防腐蚀漆。该漆具有良好的耐盐雾和湿热性能，漆膜坚韧，耐水、耐碱、耐盐、耐稀酸腐蚀，有一定的耐强溶剂能力，由6101#环氧树脂、颜料、体质颜料、增塑剂及混合溶剂调配而成。使用时再加入分装的H-1环氧漆固化剂。

2. 技术配方 （质量，份）

漆料	铁红色	灰色	黑色
铁红	28	—	—
钛白粉	—	20	—
炭黑	—	0.2	10
滑石粉	44	44	44
沉淀硫酸钡	36	44	54
6101#环氧树脂	80	80	80
二丁酯	6	6	6
环氧漆稀释剂	6	5.8	6
固化剂			
己二胺	2	95％的乙醇	2

3. 工艺流程

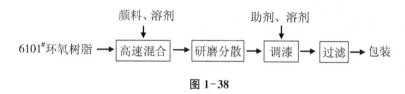

图 1-38

4. 生产工艺

将6101#环氧树脂、颜料与溶剂高速搅拌预混合，研磨分散至细度合格，过滤、包装。

5. 产品标准

黏度/s	30～80
细度/μm	≤50
表干/h	5～6
实干/h	≤24

含固量	50%～65%
柔韧性/mm	≤1
冲击性/（kg·cm）	50
硬度	≥0.5
耐碱性/d	180
耐盐水性/h	24

6. 产品用途

用于工业、钢铁设备、管道、水泥面的防化学腐蚀和饮用水系统及水处理设备，作防护涂料。

本漆分听包装。施工时以 m（漆料）：m（固化剂）＝10：1 的比例调配，随配随用，在 1.5 h 内用完。刷涂、喷涂用二甲苯调稀，有效贮存期为 1 年。

1.71　H52-11 环氧酚醛烘干防腐漆

1. 产品性能

H52-11 环氧酚醛烘干防腐漆又称 H52-1 环氧酚醛烘干防腐漆、耐酸耐碱耐腐蚀环氧酚醛清漆、609# 环氧抗腐清漆，由高分子量环氧树脂、丁醇醚化酚醛树脂、609# 环氧酯及混合剂调配而成。该漆具有突出的耐酸、耐碱、耐溶剂及耐化学品腐蚀性能。

2. 技术配方　（质量，份）

604# 环氧树脂蓖麻油酸酯漆料	8.0
丁醇醚化二甲酚甲醛树脂	34.6
609# 环氧树脂液	142.8
二甲苯	7.4
环己酮	7.2

3. 工艺流程

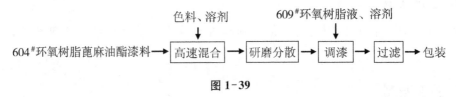

图 1-39

4. 生产工艺

将树脂（色料）与溶剂混合，研磨分散后，加入其余物料，充分搅拌，过滤、包装。

5. 产品标准

外观	透明，无机械杂质
黏度/s	15～30
干燥时间 [（180±2）℃] /min	≤40
硬度	≥0.6
耐盐水（5%的 NaCl）/d	180
耐硫酸（50%）/d	180
耐氢氧化钠（25%）/d	180
耐汽油/d	180

6. 产品用途

用于能烘烤的化工设备、电机、管道、贮罐等表面的涂装。底材最好用喷砂处理。用前搅拌均匀。可喷涂、刷涂或浸涂。用二甲苯与环己酮混合溶剂稀释。每道为 15～20 μm，前数道于 160 ℃烘 40 min，最后一道于 180 ℃烘 1 h。

1.72　H53-3 红丹环氧防锈漆

1. 产品性能

H53-3 红丹环氧防锈漆又称 H53-33 红丹环氧防锈漆、环氧胺固化红丹底漆，分听包装，由 634# 环氧树脂液、防锈颜料、体质颜料调配而成，使用时加入一定比例的固化剂。该漆具有优良的防锈、耐水、附着、坚韧及耐溶剂性能。

2. 技术配方 （质量，份）

漆料	
三聚氰胺甲醛树脂	1
红丹	120
滑石粉	10
634# 环氧树脂（50%）	54
沉淀硫酸钡	10
防沉剂	1
环氧漆稀释剂	4
固化剂	
己二胺	10
乙醇	10

3. 工艺流程

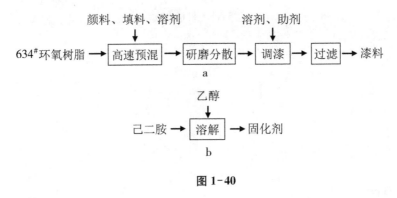

图 1-40

4. 生产工艺

将 634$^{\#}$ 环氧树脂与颜料、填料和溶剂高速搅拌进行预混合，经磨漆机研磨分散，加入三聚氰胺甲醛树脂，充分调匀，过滤、包装得漆料。己二胺溶于乙醇即得固化剂。

5. 产品标准

外观	橘红色，漆膜允许，略有刷痕
干燥时间/h	
表干	≤5
实干	≤24
细度/μm	≤50
含固量	≥ （80±2）%
冲击性/cm	50

注：该产品符合津 Q/HG 3862 标准。

6. 产品用途

适用于钢铁表面防腐、防锈，油罐、贮槽内壁打底，也可供长期浸在水中的机械设备防锈用。刷涂、喷涂均可。用 X-7 环氧稀释剂。使用时按比例加入固化剂，搅拌均匀，放置 2～3 h 方可使用，随配随用（当天用完）。

1.73　金属用水性树脂涂料

1. 产品性能

该涂料具有优异的附着性且光泽度和硬度均好，易于施工，为施工性好的水性涂料，由酚醛树脂和共轭二烯在含有带羧基的自乳化改性环氧树脂的介质水中制得。引自日本公开特许公报 JP 04-122766。

2. 技术配方 （质量，份）

1010# 环氧树脂	120.00
甲基丙烯酸	25.00
丁醇	130.00
苯乙烯	11.25
丙烯酸乙酯	2.00
二甲基乙醇胺	4.00
丁二烯	5.00
过氧化苯甲酰	3.13
去离子水	260.00
EP560 酚醛树脂	0.65

3. 生产工艺

将 1010# 环氧树脂溶于丁醇中，加入 25 g 甲基丙烯酸、10 g 苯乙烯、2 g 丙烯酸乙酯、3 g 过氧化苯甲酰和 10 g 丁醇混合，于 100 ℃ 加热 4 h，制得含羧基的自乳化改性环氧树脂的溶液，固体分为 58%。取 100 g 该溶液与 4 g 二甲基乙醇胺和 260 g 去离子水混合，于 100 ℃ 时加热，并沸腾以蒸发除去丁醇和水，制得固体分 25% 的溶液，再将 100 g 该溶液、5 g 丁二烯、1.25 g 苯乙烯和 0.13 g 过氧化苯甲酰于 50 ℃ 时加热，制得共聚物（固体分为 29.0%，黏度可稳定大于 20 d）。取 100 g 该共聚物与 0.65 g 酚醛树脂 EP560 混合，制得金属用水性树脂涂料。

4. 使用方法

涂覆于金属表面即可。

1.74　水性环氧树脂罐头烘干漆

1. 产品性能

这种新型水性树脂涂料附着力强，加工性和内装物保鲜性优异。经加热杀菌处理，漆膜不损坏。漆膜耐热性优良。

2. 技术配方 （kg/t）

	（一）	（二）
含羧基改性环氧树脂*	79.0	43.0
羟甲基苯酚烯丙基醚	10.0	15.0
蒸馏水	133.0	12.25
2-二甲氨基-2-甲基-1-丙醇（80%）	4.4	5.3

氨水（28%）	1.0	—
环氧树脂磷酸酯**	—	14.5

* 含羧基改性环氧树脂技术配方：

1010#环氧树脂（环氧当量 4000）	40.0
二甘醇丁醚	14.0
丁醇	19.0
甲基丙烯酸	6.5
苯乙烯	3.0
丙烯酸乙酯	0.5
过氧化苯甲酰（水分含量 25%）	0.9

** 环氧磷酸酯技术配方：

7050#环氧树脂（环氧当量 2000）	49.5
磷酸（85%）	0.6
二甘醇丁醚	20.0
蒸馏水	1.1

3. 工艺流程

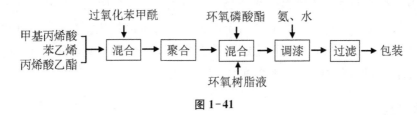

图 1-41

4. 生产工艺

在反应锅中加入 14 kg 二甘醇丁醚、19 kg 丁醇，加热至 100 ℃，搅拌下加入粉碎的 40 kg 1010#环氧树脂（环氧当量 4000），溶解完全后，于 115～117 ℃保温反应。在溶解锅中，加入 6.5 kg 甲基丙烯酸、3 kg 苯乙烯、0.5 kg 丙烯酸乙酯、0.9 kg 水分含量 25%的过氧化苯甲酰和 3 kg 二甘醇丁醚，混合均匀得单体溶液。将单体溶液缓慢滴加到上述装有环氧树脂溶液的反应器中，于 115～117 ℃保温反应 3 h，冷却至室温，得含羧基改性的环氧树脂（不挥发分 58%，酸值 87 mgKOH/g）。

环氧磷酸酯的制备：将 20 kg 二甘醇丁醚加入酯化反应锅中，加入 49.5 kg 环氧当量为 2000 的 7050#环氧树脂，加热溶解后，加热至 122 ℃保温。向该树脂液中加入 0.6 kg 85%的磷酸，反应放热，温度升至 125 ℃，在该温度下继续搅拌 0.5 h，15 min 内缓慢加入 1.1 kg 蒸馏水。然后在 120～122 ℃保温反应，继续搅拌 2 h，冷却至室温得环氧磷酸酯（不挥发分 70%，酸值 11 mgKOH/g）。

将含羧基改性环氧树脂溶液投入配漆罐，加入羟甲基苯酚烯丙基醚，混合加热至 80 ℃。然后加入蒸馏水、2-二甲氨基-2-甲基-1-丙醇和氨水的混合液（50 ℃），充分搅拌后得到水性涂料。技术配方（一）含固量为 20%，技术配方（二）含固量为 22%。

5. 产品用途

用于食品罐头内壁的涂装。涂布量为（50±2）mg/dm²（以干膜计），于 205 ℃烘烤 10 min 固化。

1.75　H53-31 红丹环氧酯防锈漆

1. 产品性能

H53-31 红丹环氧酯防锈漆又称 H31-1 红丹环氧酯防锈漆（Red lead epoxy ester anti-rust paint H31-1），由高分子量环氧树脂与干性植物油酸形成的 510# 环氧酯、防锈颜料、体质颜料、催干剂、溶剂调配而成。具有优良的防锈性能，附着力强，可常温干燥。

2. 技术配方 （质量，份）

（1）配方一

510# 环氧酯（50%）	25.0
红丹	60.0
沉淀硫酸钡	5.0
滑石粉	5.0
防沉剂	0.5
混合溶剂[V(二甲苯)：V(丁醇)＝7：3]	4.1
环烷酸钴	0.1
环烷酸锰	0.3

（2）配方二

510# 环氧酯（50%）	26.6
红丹	65.0
沉淀硫酸钡	2.0
滑石粉	3.0
硬脂酸铝	0.1
环烷酸钴	0.1
环烷酸锰	0.3
二甲苯	2.0
丁醇	1.0

（3）配方三

红丹	60.00
510# 环氧酯（50%）*	24.16
硫酸钡	3.00

滑石粉	3.00
碳酸钙	4.00
环烷酸钴（2.5%）	0.20
环烷酸锰（2.0%）	0.30
环烷酸铅（10.0%）	0.50
二甲苯	3.84
丁醇	1.00

* 510# 环氧酯技术配方：

E-12 环氧树脂	25.5
桐油酸	4.9
脱水蓖麻油酸	19.6
二甲苯	50.0

3. 工艺流程

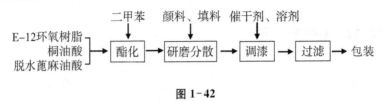

图 1-42

4. 生产工艺

将 25.5 kg E-12 环氧树脂、4.9 kg 桐油酸、19.6 kg 脱水蓖麻油酸和 3 kg 二甲苯投入酯化反应釜，升温 200～205 ℃ 保温反应 2 h，当酸值小于 5 mgKOH/g 时，冷却，于 130 ℃ 加入 47.0 kg 二甲苯稀释剂，60 ℃ 过滤，得 50% 的 510# 环氧酯。

将 501# 环氧酯、颜料、填料及适量混合溶剂高速搅拌预混合，研磨至粒度小于 50 μm，然后加入催干剂及溶剂，混合均匀，过滤、包装。

5. 产品标准

外观	橙色，漆膜平整，允许略有刷痕
黏度（涂-4 黏度计，25 ℃）/s	30～80
细度/μm	≤50
遮盖力/（g/m²）	≤200
干燥时间/h	
表干	≤6
实干	≤20
柔韧性（干燥 48 h）/mm	1
冲击强度（干燥 48 h）/（kg·cm）	50
耐盐水性（浸 72 h）	漆膜表面不应有锈点和起泡剥落现象，允许漆膜颜色变化，起泡于 3 h 内恢复

注：该标准符合甘 Q/HG 2173 标准。

6. 产品用途

供防锈要求较高的桥梁、船壳、车皮、工矿车辆防锈打底用。使用量：每道 120～130 g/m²。喷涂，用 X-7 环氧稀释剂，自干。

1.76 H54-2 铝粉环氧沥青耐油底漆

H54-2 铝粉环氧沥青耐油底漆又称 H54-82 铝粉环氧沥青耐油底漆、834 甲乙环氧铝粉油舱漆，由 601# 环氧树脂、铝粉色浆、聚酰胺、煤焦沥青液按比例混合使用。分听包装。

1. 技术配方 （质量，份）

组分 A：

601# 环氧树脂	57.2
重质苯	40
乙酸丁酯	45.6
铝粉色浆	56.2

组分 B：

煤焦沥青液	178.2
固化剂	10.9

注：固化剂为聚酰胺或多元胺。

2. 工艺流程

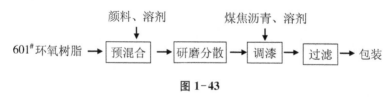

图 1-43

3. 生产工艺

（1）组分 A

首先将 601# 环氧树脂溶解于重质苯和部分乙酸丁酯，加入铝粉浆，研磨分散后，加入剩余的乙酸丁酯调漆，过滤、包装。

（2）组分 B

将煤焦油与固化剂混合，充分调匀，过滤、包装。

4. 产品标准

外观	银灰色，漆膜平整
黏度/s	30~70
干燥时间/h	≤2
固化时间/d	≤7
耐石油性/d	180
耐盐水性（3%的 NaCl）/d	20

注：该产品符合 QCYQG 51034—1991 标准。

5. 产品用途

适用于油槽内壁、船舶油舱、水下电缆及有干湿交替作业的钢架打底。刷涂或喷涂。可用 X-7 环氧漆作稀释剂。涂装一般四道，每道间隔 24 h，末道后至少要 7 d 才可使用。

1.77 H54-31 棕环氧沥青耐油漆（分装）

1. 产品性能

H54-31 棕环氧沥青耐油漆又称 54-1 棕环氧沥青耐油漆（分装）[Brown epoxy coal taryll resistant coaling (Separate package) H54-1]、835 甲乙环氧铁红油舱漆，由环氧树脂与防锈颜料研磨的色浆组成组分 A，煤焦沥青、聚酰胺组成组分 B。使用时按 m（组分 A）：m（组分 B）=1：1 的比例混合。该漆耐油、耐水性优良，能经受海水与石油产品的交替腐蚀。

2. 技术配方 （质量，份）

组分 A：

E-20 环氧树脂	28.4
氧化铁红（325 目）	29.0
乙酸丁酯	23.0
重质苯	19.6

组分 B：

煤焦沥青液	38.3
氧化锌	34.6
聚酰胺固化剂	4.8
重质苯	22.3

3. 工艺流程

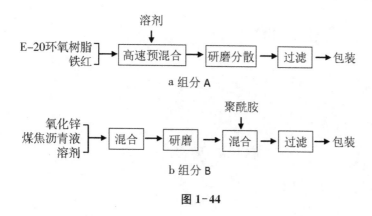

图 1-44

4. 生产工艺

将 E-20 环氧树脂溶解于乙酸丁酯与重质苯的混合溶剂中，然后加入铁红，高速搅拌预混合后，研磨至细度小于 $50~\mu m$，过滤、包装得组分 A。

将煤焦沥青液、重质苯和氧化锌混合均匀，经磨漆机研磨至细度小于 $50~\mu m$，加入聚酰胺固化剂，充分调匀，过滤、包装得组分 B。

5. 产品标准

外观	棕红色，平整光滑
黏度（涂-4 黏度计）/s	30～70
干燥时间（表干）/h	≤2
固化时间/d	≤7
耐油性（涂底一道，罩漆一道，7 d 后浸入柴油）/d	180
耐盐水性（3%的 NaCl）/d	15

6. 产品用途

适用于船舶的油舱部位的涂装，用量 $120~g/m^2$。

1.78 H06-17 环氧缩醛带锈底漆（分装）

1. 产品性能

H06-17 环氧缩醛带锈底漆 [Epoxy acetal resin primer in rust（Separate package）H06-17]，由铁锈转化液与成膜液（环氧树脂、缩丁醛树脂、增塑剂、颜料、溶剂等）双组分按比例混合而成。可通过铁锈转化液将铁锈转化成铁的络合物或螯合物，然后靠成膜液将已转化的锈蚀层（转化层）黏附在金属表面，以达到带锈涂漆的目的。但钢铁表面铁锈不能太多太厚，否则效果不佳。

2. 技术配方 （质量，份）

组分 A：

E-44 环氧树脂	2.854
氧化铁红	3.297
邻苯二甲酸二丁酯	0.854
蓖麻油	1.995
聚乙烯醇缩丁醛	2.000
乙醇	9.000
丁醇	9.000
甘油	1.000

组分 B：

单宁酸	7.420
磷酸（85%）	40.600
乙醇	19.460
丁醇	2.520

3. 工艺流程

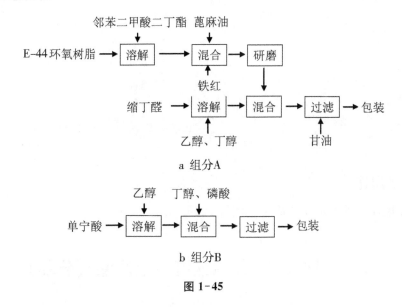

图 1-45

4. 生产工艺

首先将 0.854 份 E-44 环氧树脂与 0.854 份邻苯二甲酸二丁酯混合溶解，然后与 1.995 份蓖麻油、3.297 份氧化铁红混合，研磨分散得铁红浆。将 2 份聚乙烯醇缩丁醛溶于 9 份乙醇和 9 份丁醇的混合溶剂中，再与 2.0 份环氧树脂、1 份甘油混合，加入铁红浆，充分调匀，过滤得组分 A。

将 7.42 份单宁酸溶于 19.46 份乙醇中，然后加入 2.52 份丁醇、40.6 份磷酸，混合均匀，过滤得组分 B（转化液）。组分 A、组分 B 分别包装，使用时组分 A、组分 B 以 m（组分 A）：m（组分 B）＝30：70 的比例混合。

5. 产品标准

外观	铁红色反应呈暗红褐色
转化液	褐黄色乳状液
成膜液	铁红色浆液
黏度（涂-4 黏度计，25 ℃）/s	55～85
干燥时间/h	
表干	≤4
实干	≤24

注：该产品符合甘 Q/HG 2172 标准。

6. 产品用途

一般用于铁锈厚度在 30 μm 以下的钢铁表面防锈涂装（底漆）。使用量≤70 g/m²，将组分 A、组分 B 以 m（组分 A）：m（组分 B）＝30：70 的比例混合，放置 10 min 后刷涂。

1.79　H06-18 环氧缩醛带锈底漆（分装）

1. 产品性能

H06-18 环氧缩醛带锈底漆（分装）由磷酸与亚铁氰化钾的混合液为组分 A，E-44 环氧树脂、聚乙烯醇缩丁醛液、溶剂等为组分 B，使用时将组分 A、组分 B 按比例混合。该漆中的铁氰酸与二价铁作用生成不溶于水的滕氏蓝，而三价铁被磷酸溶解后与亚铁氰酸反应生成难溶于水的普鲁士蓝，同时，还有一定的磷化作用，然后靠成膜液将已转化的锈蚀层黏附在金属表面，以达到带锈涂漆的目的。

2. 技术配方　（质量，份）

组分 A：	（一）	（二）
磷酸	88.0	89.0
亚铁氰化钾	12.0	11.0

组分 B：		
聚乙烯醇缩丁醛液	53.0	8.0
E-44 环氧树脂	6.6	8.0

蓖麻油	6.6	—
乙醇	16.9	42.0
丁醇	16.9	33.5
洗衣粉	—	5.0
二甲苯	—	3.5

3. 工艺流程

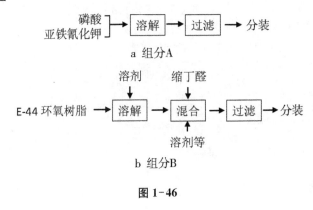

图 1-46

4. 生产工艺

将亚铁氰化钾溶于磷酸中，混合均匀，过滤得组分 A。

将 E-44 环氧树脂溶于混合溶剂中，加入聚乙烯醇缩丁醛液（溶于乙醇、丁醇的溶液）及其他物料，调和均匀，过滤得组分 B。组分 A、组分 B 分别包装，按 m（组分 A）∶m（组分 B）＝1∶1 的比例混合后使用。

5. 产品标准

漆膜颜色	白色反应呈深蓝色
转化液外观	白色乳状液
成膜液	透明溶液
黏度（涂-4 黏度计，25 ℃）/s	55～85
干燥时间/h	
表干	≤4
实干	≤24

6. 产品用途

一般用于铁锈厚度 40 μm 左右的钢铁表面（如船舶水线以上的上层建筑内外壁），作底漆。用量≤80 g/m^2。

1.80　环氧汽车底漆

1. 产品性能

该底漆由环氧树脂、磁性氧化铁及其他颜料、填料、溶剂组成。该漆具有附着力强、干燥成膜快、耐化学品腐蚀、耐盐雾等特点。

2. 技术配方 （质量，份）

E-20 环氧树脂（601#）	16～24
E-12 环氧树脂（604#）	12～16
磁性氧化铁	28～32
硫酸钡	5～10
磷酸锌	8～12
白炭黑	0.4～1.2
滑石粉	6～8
甲苯	8～12
环己酮	8～10

3. 工艺流程

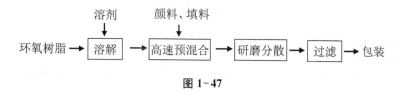

图 1-47

4. 生产工艺

将环己酮、甲苯投入溶解罐中，加入 E-20 环氧树脂、E-12 环氧树脂，搅拌溶解；然后与滑石粉、白炭黑、磷酸锌、硫酸钡、磁性氧化铁高速搅拌预混合，研磨分散至细度小于 40 μm，用适量混合溶剂调整黏度至 30～80 s，过滤，包装得环氧汽车底漆。

5. 产品用途

用作汽车底漆。使用前加入 20%～30% 的无毒改性胺 T31 固化剂，混合均匀，5 min后使用。刷涂或喷涂。常温固化（0 ℃低温也可固化成膜）。

1.81 环氧防酸涂料

1. 产品性能

该涂料具有良好的防酸腐蚀和耐磨性能，由 E-42 环氧树脂、石墨粉、增塑剂等组成。

2. 技术配方 （质量，份）

E-42 型双酚 A 环氧树脂	100.0
石墨粉	10.0
邻苯二甲酸二丁酯	12.0～15.0
乙醇	30.0
苯二甲胺（固化剂）	15～20

3. 工艺流程

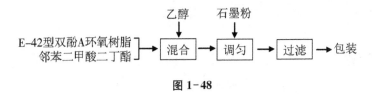

图 1-48

4. 生产工艺

将 E-42 型双酚 A 环氧树脂和邻苯二甲酸二丁酯与乙醇混合，搅拌均匀后加入石墨粉，充分调匀。使用前，加入苯二甲胺。

5. 产品用途

用于防酸腐蚀的部件的涂装，如柠檬酸等有机酸生产设备的防腐涂装。刷涂或喷涂。

1.82 防腐蚀涂料

1. 产品性能

该涂料可形成优异的耐磨性、高硬度涂膜，并具有良好的耐化学性、耐盐性、耐水性和耐阳极辐射性。将涂料涂覆于物件表面，可形成（0.30±0.05）mm 厚的涂膜，其肖氏硬度为 51。涂料贮存稳定性为 6 个月。引自英国公开专利 UK 2242430。

2. 技术配方 （质量， 份）

环氧树脂	100
石油焦	50
溶剂	54
硅酸镁	25
胺（固化剂）	适量

3. 生产工艺

将环氧树脂、石油焦、硅酸镁和溶剂混合，用时加入胺（固化剂），固化剂用量与各组分总量比为 m（固化剂）∶m（各组分总量）＝1∶28，制得 71.27％ 的防腐蚀涂料。

1.83　环氧氨基防腐漆

1. 产品性能

该防腐漆由环氧树脂、氨基树脂、颜料、填料、溶剂调配而成，具有优良的物理性能和机械性能，防腐、耐水、导热性良好。

2. 技术配方 （质量， 份）

E-12 环氧树脂（50％）	45.6
丁醇醚化三聚氰胺甲醛树脂	11.5
铁红（325 目）	13.5
滑石粉（325 目）	5.6
铝粉（＜50 μm）	15.0
三氧化铬（325 目）	6.3
氧化锌（325 目）	2.5
混合溶剂［V（甲苯）∶V（丁醇）∶V（环己酮）＝4∶3∶3］	4.0

3. 工艺流程

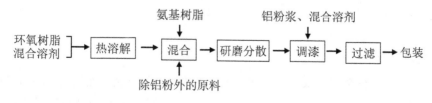

图 1-49

4. 生产工艺

在溶解罐中，加入混合溶剂和环氧树脂，加热回流，使树脂溶解完全，然后与丁醇醚化三聚氰胺甲醛树脂、氧化铁红、滑石粉、三氧化二铬、氧化锌高速搅拌混合，研磨分散至细度小于 50 μm，加入铝粉浆，混合均匀，用混合溶剂调整黏度（涂-4 黏度计，25 ℃）至 40～60 s，过滤、包装。

5. 产品标准（参考）

漆膜外观	平整光滑
黏度（涂-4 黏度计，25 ℃）/s	40～60
干燥时间（实干）/h	≤24
细度/μm	≤50
柔韧性/mm	1
冲击强度/（kg·cm）	50

6. 产品用途

适用于循环冷却水系统的碳钢换热器等设备的涂装。

1.84　耐碱环氧树脂涂料

1. 产品性能

本涂料具有较强的耐碱性，划格法测定其附着力为 100/100。

2. 技术配方　（质量，份）

酚醛树脂（线型）	206
酚醛/环氧树脂	723
氯甲基苯乙烯	320
二甲基亚砜	适量
乙酸聚乙二醇酯	适量
2,4,6-三甲基苄基二苯基膦氧化物	0.15
氢氧化钾	少许
2-乙基-4-甲基咪唑	0.15

3. 生产工艺

将线型酚醛树脂和氯甲基苯乙烯在含 KOH 的二甲基亚砜中加热到 75 ℃，继续加热 200 min，得聚合树脂。再按 m（聚合树脂）：m（ECN-299 可溶性线型酚醛环氧树脂）=3:7 的比例混合，用 2,4,6-三甲基苄基氯稀释到 70%。然后用 10 份树脂与 0.15 份的 2,4,6-三甲基苄基二苯基膦氧化物和 0.15 份的 2-乙基-4-甲基咪唑混合，经研磨得耐碱环氧树脂涂料。

4. 产品用途

用于电子工业印刷电路板上作涂料。将该涂料涂在环氧树脂/玻璃层压板上，在 80 ℃干燥，经紫外线固化 8 s，然后在 150 ℃加热 45 min，即得良好的涂层。此涂层在 10% 的 NaOH 液中浸泡 24 h、70 ℃毫无损伤。

1.85　氨基硅烷改性环氧树脂漆料

这种漆料具有良好的耐水性。

1. 技术配方　（质量，份）

γ-氨丙基三乙氧基硅烷	15
新戊二醇二缩水甘油醚	45
甲醇	90
甲酸水溶液（0.01%）	适量

2. 生产工艺

将前 3 种原料按技术配方量混合，加 0.01% 的甲酸水溶液于该混合液中，迅速搅拌均匀即得此漆。

3. 产品用途

用于环氧树脂、玻璃和铝材的黏结，制造复合板材。先将此漆料涂在玻璃板上在 150 ℃烘烤，用环氧树脂涂覆，在 120 ℃烘烤，沸水中浸 24 h 即成。

1.86　保护滤光片用改性环氧树脂涂料

本涂料涂在有色滤光片上，可形成一层良好的保护膜。

1. 技术配方　（质量，份）

端氨丙基甲基苯基硅氧烷 ［相对分子质量 4000，X-22-1660B n（甲基）：n（苯基）＝2.6：1.0］	15
乙基溶纤剂乙酸酯（I）	适量
环氧树脂	适量
邻甲酚线性酚醛树脂	适量
1-氰乙基-2-乙基-4-甲基咪唑	适量

2. 生产工艺

X-22-1660B 溶于乙基溶纤剂乙酸酯（Ⅰ）中，再将此溶液加入 100 ℃ 的环氧树脂液中，加热到 120 ℃，形成不含凝胶物的溶液中。将此溶液与后两种原料混合搅匀。

3. 产品用途

本涂料涂在有色滤光片上，可形成一层良好的保护膜；涂在有色滤光片上，80 ℃ 干燥，160 ℃ 固化，即可形成良好的保护涂膜层。

1.87 地板层用环氧树脂涂层

1. 产品性能

用作无缝地板，形成的地板覆盖层具有导电率 1.2 RΩ·cm，抗张强度 38.9 mPa，伸长率 8.7%，冲击强度 28.5 RJ/m²，吸水率 0.11%。

2. 技术配方 （质量，份）

环氧树脂（相对分子质量 668）	65.00
硅油	0.01
丙烯酸-2-乙基己酯	35.00
氢醌（150 μg/g）	适量
炭黑	20.00
四亚丙基戊胺（固化剂）	适量
石英玻璃粉	15.00
二氧化钛	2.00

3. 生产工艺

按技术配方将环氧树脂、丙烯酸-2-乙基己酯、炭黑、磨细的石英玻璃粉、二氧化钛、硅油和氢醌（150 μg/g）混合研磨，用时用四亚丙基戊胺固化。

4. 产品用途

用作无缝地板。涂刷作为地板覆盖层，光洁美观。

1.88 黑色环氧粉末涂料

1. 产品性能

该粉末涂料所形成的漆膜具有附着力强、坚固耐磨、光泽强和耐酸耐碱等特点，可以代替黑色氨基烘漆等溶剂型涂料。此外，其漆膜厚度可任意调节，可以回收利用。粉末涂料为无溶剂型涂料，可节省大量有机溶剂，减少臭味刺激，有利于操作人员健康，也便于运输和贮存。

2. 技术配方 （质量，份）

E-12 环氧树脂	74.0
轻质碳酸钙	17.2
缩丁醛（低黏度）	3.5
酞菁蓝	0.3
苯胺黑	2.5
双氰胺	2.5

3. 生产工艺

按技术配方将固体物料研磨粉碎，再加入其他物料，混合均匀，将此混合物料放到熔化罐内在 120～130 ℃中保温熔化成均匀的膏状后放出，冷却后成树脂状的大块。经粉碎后，用万能粉碎机研成细粉，过 200 目筛，所得粉末即为成品。密封包装，严禁受潮或受热（100 ℃以上）。

4. 产品用途

与一般粉末涂料相同。

1.89　环氧酯绝缘烘漆

环氧酯绝缘烘漆由环氧树脂和干性植物油酸经高温酯化、聚合，用二甲苯、丁醇稀释后，加入适量氨基树脂配制而成。

1. 技术配方 （质量，份）

E-12 环氧树脂	23.50
亚油酸	22.30
二甲苯	40.60
丁醇	4.73
582-2 氨基树脂	8.70
萘酸钴	0.09
萘酸铅	0.08

2. 生产工艺

将 E-12 环氧树脂、亚油酸、二甲苯加入反应锅内，升温至 140 ℃左右开始搅拌，升温至 190～200 ℃回流 2 h，再升温至 200～210 ℃回流 2 h。回流结束，升温至 220～

230 ℃保温至酸值（固体）6～7 mgKOH/g、黏度 20～35 s 反应停止，出料稀释。在 90 ℃以下加 582-2 氨基树脂，过滤包装。

3. 产品用途

适用于浸渍湿热带电机电器线圈绕组。耐热温度达 130 ℃。

1.90 减附壁涂料

1. 产品性能

在有机聚合反应等生产中，经常发生聚合物黏附反应容器壁的现象，不但影响传热效果，而且还影响产品质量。经在聚氯乙烯的聚合反应容器使用这种涂料的结果表明，该涂料不但具有很好的耐腐蚀和承受加热温度性能，而且还可大幅减少聚合物的附壁现象的发生。

2. 技术配方 （质量，份）

环氧树脂	1.0
苯胺黑	1.0
松香	1.0
酒精	10.0
丙酮	10.0
二甲苯聚酰胺溶液（50%）	3.5

3. 生产工艺

把丙酮和酒精混合后，将松香加入其中，搅拌、溶解、混匀后，再把环氧树脂加入其中，搅拌均匀。然后，加入苯胺黑，混匀辊磨细即可。

4. 产品用途

用于聚氯乙烯的聚合反应器减附壁涂料。将欲涂刷该涂料的反应容器壁洗净、干燥后，即可进行涂刷，涂层应注意平整光滑。

1.91 快速光固化环氧树脂涂料

1. 产品性能

该涂料由环氧树脂、有机金属化合物和萘醌二叠氮基磺酸酯等成分组成。在紫外光照射下可迅速固化，并且还可在加热条件下快速固化。引自日本专利公开 JP 05-25256。

2. 技术配方 （质量， 份）

环氧树脂	100
三（乙基乙酰乙酸）铝	3
甲苯	30
1,2-萘醌二叠氮基-4-磺酸间甲苯基酯	5

3. 生产工艺

将环氧树脂与三（乙基乙酰乙酸）铝于 80～90 ℃充分搅拌混合均匀，再加入 1，2-萘醌二叠氮基-4-磺酸间甲苯基酯，将混合物在室温下边搅拌边溶于甲苯中，继续搅拌分散均匀，制得快速光固化环氧树脂涂料。

4. 产品用途

主要用于金属表面的涂饰。涂刷于铝板上，紫外光照射固化时间为 30 s。加热时，130 ℃，固化时间 600 s；150 ℃，固化时间 59 s；180 ℃，固化时间 10 s。

1.92　白色粉末涂料

1. 产品性能

本产品主要成分为 E-12 环氧树脂和钛白粉。具有生产操作简单安全、贮运方便、涂料附着力强、耐候性好等特点。

2. 技术配方 （质量， 份）

E-12 环氧树脂	500
膨润土	18
三聚氰胺	20
钛白粉	80

3. 生产工艺

将技术配方中的成分按配方量全部混合，粉碎成粉末，细度 200 目即为产品。

4. 使用方法

用稀释剂稀释拌匀后涂刷；或用静电喷涂，再于高温下烘干。

1.93　热固性粉末涂料

1. 产品性能

这种粉末涂料具有良好的黏接性和抗热冲击性，由含热固性树脂、固化剂和30%～60%的球形填料制得。引自日本公开特许公报 JP 02-251576。

2. 技术配方 （质量，份）

双酚 A 环氧树脂	1000
胺催化剂	10
六氢邻苯二甲酸酐	70
炭黑	30
乙烯基三乙氧基硅烷	10
氧化硅球粒	1000

3. 生产工艺

将各物料按配方量混合制得30%粒径≤12 μm、堆积密度 0.70 g/cm^3、抗粘连性好的热固性粉末涂料。

4. 产品用途

用于电子部件的涂装。以流化床工艺施涂，固化后形成平整、坚韧的涂膜。

1.94　热反应型环氧粉末涂料

1. 产品性能

这种粉末涂料具有优异的机械性能、贮存稳定性、光泽和耐化学品性，由环氧树脂、酸性酯、填料和添加剂组成。引自捷克斯洛伐克专利 CS 265155。

2. 技术配方 （质量，份）

双酚 A 环氧树脂（软化点95 ℃）	1000.0
丙烯酸酯铺展剂	20.0
溴化月桂基二甲基苄基铵	12.3
四氢化邻苯二甲酸酐	163.8
支链 C$_{9\sim11}$酸缩水甘油酯	38.5
季戊四醇	34.7

有机硅油	10.0
乙二醇	0.8

3. 生产工艺

将季戊四醇、乙二醇、四氧化邻苯二甲酸酐在 178 ℃加热 3 h，使酸值达 300～330 mgKOH/g；冷却到 135 ℃，再用支链的 $C_{9～11}$ 羧酸缩水甘油酯和 2.3 份溴化月桂基二甲基苄基铵处理酸值达 230 gKOH/g，冷却并粉碎，得到软化点为 80～90 ℃的固化剂。将固化剂、环氧树脂、丙烯酸酯铺展剂、有机硅油和 10 份溴化月桂基二甲基苄基铵混合，挤压、研磨制得热反应型环氧粉末涂料。

4. 使用方法

静电喷涂，在 180 ℃固化 10 min，接着在 140 ℃固化 30 min，得平滑的漆面，其耐冲击性为 1000/1000 mm，耐弯曲性小于 8 mm，60°光泽为 100%。

1.95　防腐环氧粉末涂料

防腐型粉末涂料品种很多，但其中最重要的是环氧粉末涂料。

1. 技术配方 （质量，份）

E-12 环氧树脂	10.0
促进剂（双氰胺）	0.01～0.10
酚醛树脂	1.0～4.0
轻质碳酸钙	1.5～4.0
聚酯（或聚硫橡胶）	1.0～2.0
着色剂	0.1～0.3
流平剂	0.08～0.10

2. 生产工艺

将固体物料按配方量粉碎后配料，然后预混合后熔融挤出，冷却、粉碎后筛选得成品。

3. 使用方法

该涂料可取代传统的衬胶、衬塑，用于腐蚀严重的工业领域中。静电喷涂或流化床浸漆法施于被涂物面。

第二章 氨基树脂涂料

2.1 A01-1氨基烘干清漆

1. 产品性能

A01-1氨基烘干清漆（Amino alkyd baking varnish A01-1）又称氨基醇酸清烘漆、火石清烘漆，由氨基树脂、醇酸树脂溶于有机溶剂制得。漆膜光亮坚硬，具有优良的附着力、耐水性、耐油性及耐摩擦性。色泽较A01-2深，丰满度较A01-2稍好。

2. 技术配方 （质量，份）

三聚氰胺甲醛树脂（低醚化度）	23.5
短油度豆油醇酸树脂*	64.0
有机硅油（1%）	0.5
丁醇	6.0
二甲苯	6.0

* 短油度豆油醇酸树脂的技术配方：

甘油	12.02
豆油	22.59
苯酐	22.23
黄丹	0.05
二甲苯	43.11

3. 工艺流程

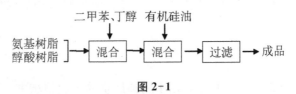

图 2-1

4. 生产工艺

（1）A01-1氨基烘干漆的生产工艺

将三聚氰胺甲醛树脂、短油度豆油醇酸树脂和二甲苯、丁醇投入配漆锅中，混合均匀，再加入有机硅油充分调和，过滤得 A01-1 氨基烘干清漆。

（2）短油度豆油醇酸树脂的生产工艺

将豆油、甘油投入反应锅中，搅拌加热至 100 ℃，加入黄丹，升温至 230 ℃，保温至醇解完全，降温至 200 ℃，加入苯酐和 5.39 份二甲苯，于 190～200 ℃酯化，至酸值和黏度合格，冷却，于 130 ℃，加入苯酐和剩余的二甲苯稀释，过滤得短油度豆油醇酸树脂。

5. 产品标准

原漆色号（Fe-Co 比色）	≤8#
原漆外观和透明度	无机械杂质，透明度 1 级
漆膜外观	平整光亮
黏度（涂-4 黏度计）/s	≥30
干燥时间 [（110±2）℃] /h	≤1.5
光泽	≥95%
硬度（双摆仪）	≥0.50
柔韧性/mm	1
冲击强度/（kg·cm）	50
附着力/级	≤2
耐水性（36 h）	不起泡，允许轻微变化，能于 3 h 复原
耐油性（浸于 10# 变压器油 48 h）	不起泡，不起皱，不脱落，允许轻微变色
耐汽油性（浸于 NY-120 溶剂油 48 h）	不起泡，不起皱，不脱落，允许轻微变色
耐湿热性（7 d）**/级	1
耐盐雾性（7 d）**/级	1

＊＊本指标定为保证项目；本测试应用磷化底漆、环氧酯底漆配套，并在漆膜厚度达到规定后进行。余同。

注：该产品符合 ZBG 51042 标准。

6. 产品用途

多将其调配色漆作罩光用，或用作金属表面涂过各色氨基烘漆或环氧烘漆的罩光。施工以喷涂为主，稀释剂可用 X-4 氨基漆稀释剂或 V（二甲苯）：V（丁醇）＝4：1 的混合溶剂。

2.2　A01-2 氨基烘干清漆

1. 产品性能

A01-2 氨基烘干清漆（Amino alkyd baking varnish A01-2）又称 335 清烘漆、氨基罩光清漆、氨基醇酸清烘漆，组成与 A01-1 基本相同，但氨基含量较 A01-1 稍多。具有优良的附着力、耐水性、耐油性和耐摩擦性。漆膜光亮坚硬，色泽淡，丰满度稍差。

2. 技术配方 （质量，份）

三聚氰胺甲醛树脂（低醚化度）*	34.0
油度蓖麻油醇酸树脂（50%）	51.0
丁醇	7.0
二甲苯	7.5
有机硅油溶液（1%）	0.5

*三聚氰胺甲醛树脂技术配方：

三聚氰胺	126.00
甲醛（37%）	510.00
丁醇	400.00
碳酸镁	0.40
邻苯二甲酸酐	0.44
二甲苯	50.00

3. 工艺流程

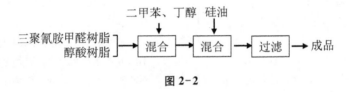

图 2-2

4. 生产工艺

（1）A01-2 氨基烘干清漆的生产工艺

将三聚氰胺甲醛树脂、油度蓖麻油醇酸树脂与二甲苯、丁醇混合均匀后加入有机硅油，充分调匀，过滤得 A01-2 氨基烘干清漆。

（2）三聚氰胺甲醛树脂的生产工艺

将甲醛、丁醇、二甲苯投入反应釜中，搅拌下加入碳酸镁，缓慢加入三聚氰胺，升温至 80 ℃ 至树脂溶液清澈透明、pH 值 6.5～7.0 时，继续升温至 90～92 ℃，保温回流 2.0～2.5 h，冷却，加入邻苯二甲酸酐，待其全溶后，取样测定，pH 值应在 4.5～5.0。然后升温至 90～92 ℃，再保温 1.5～2.0 h，静置分层（1～2 h），尽量分净下层废水（一般可出废水 240 份左右）。上层物料常压加热脱水，随着水分的分离，温度逐步上升，当温度达 104 ℃ 左右，取样测定树脂和纯苯的混溶性，要求 1 份树脂和 4 份（质量份）纯苯混溶透明。再进一步蒸馏回收过量丁醇（约 20 份），取样测树脂对 200# 油漆溶剂汽油的容忍度为 1 份树脂可容忍 3～4 份 200# 油漆溶剂汽油（质量，份），达到容忍度后，待黏度调整至 75 s 左右，冷却过滤得三聚氰胺甲醛树脂。

5. 产品标准

原漆色号（Fe-Co 比色）	≤6#
原漆外观和透明度	无机械杂质，透明度 1 级
漆膜外观	平整光亮
黏度（涂-4 黏度计）/s	≥30
干燥时间［(110±2)℃］/h	≤1.5
光泽	≥95%
硬度（双摆仪）	≥0.50
柔韧性/mm	3
冲击强度/（kg·cm）	≥40
附着力/级	≤2
耐水性（36 h）	不起泡，允许轻微变化，能于 3 h 复原
耐汽油性（浸于 NY-120 溶剂油 48 h）	不起泡，不起皱，不脱落，允许轻微变色
耐油性（浸于 10# 变压器油 48 h）	不起泡，不起皱，不脱落，允许轻微变色
耐湿热性（7 d）/级	1
耐盐雾性（7 d）/级	1

注：该产品符合 ZBG 51042 标准。

6. 产品用途

该漆是用途广泛的装饰性较高的烘干清漆，可用作金属表面涂过各色氨基烘漆，或环氧烘漆的罩光。

2.3　A01-8 氨基烘干清漆

1. 产品性能

A01-8 氨基烘干清漆（Amino alkyd baking varnish A01-8）又称 341 氨基清漆，由 37% 的十一烯酸改性醇酸树脂、氨基树脂和有机溶剂组成。附着力好，漆膜坚硬光亮，丰满度好，不易泛黄，并有良好的耐水、耐油性能。

2. 技术配方 （质量， 份）

低醚化度三聚氰胺树脂（60%）	26.6
十一烯酸醇酸树脂（37%）	64.0
丁醇	4.4
二甲苯	4.5
有机硅油溶液（10%）	0.5

3. 工艺流程

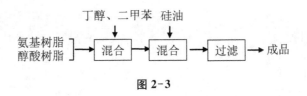

图 2-3

4. 生产工艺

将低醚化度三聚氰胺树脂、37%的十一烯酸醇酸树脂与二甲苯、丁醇混合均匀，加入有机硅油溶液，充分调配均匀，过滤得 A01-8 氨基烘干清漆。

5. 产品标准

漆膜外观	平整光亮
黏度/s	≥30
干燥时间 [（110±2)℃]/h	≤1.5
光泽	≥95%
柔韧性/mm	≤3
冲击强度/（kg·cm）	≥40
耐水性（36 h）	不起泡，允许轻微变色，3 h 复原
耐油性（浸于 10# 变压器油 48 h）	不起泡，不起皱，不脱落

6. 产品用途

可供自行车、缝纫机、金属玩具、文教用具等已涂装有色漆的表面上作罩光。

2.4 A01-9 氨基烘干清漆

1. 产品性能

A01-9 氨基烘干清漆（Amino baking varnish A01-9）又称 339 氨基清漆，由氨基树脂、中油度蓖麻油醇酸树脂、五氯联苯和有机溶剂组成。漆膜坚硬，光亮平滑，耐潮、耐候性好。

2. 技术配方 （质量，份）

中油度蓖麻油醇酸树脂*	33.0
三聚氰胺甲醛树脂	52.0
五氯联苯	7.0
有机硅油溶液（1%）	0.5

丁醇	4.6
二甲苯	2.9

＊中油度蓖麻油醇酸树脂技术配方：

蓖麻油	26.0
甘油	10.6
苯酐	20.2
二甲苯	43.2

3. 工艺流程

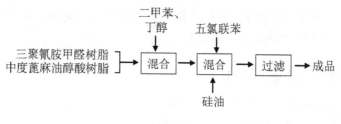

图 2-4

4. 生产工艺

（1）A01-9 氨基烘干清漆的生产工艺

将三聚氰胺甲醛树脂、中油度蓖麻油醇酸树脂和二甲苯、丁醇投入配漆锅中，混匀后加入五氯联苯和有机硅油溶液，充分调和均匀，过滤得 A01-9 氨基烘干清漆。

（2）中油度蓖麻油醇酸树脂的生产工艺

将蓖麻油、甘油和苯酐投入反应锅中，加热搅拌升温至 200 ℃，于 200~210 ℃保温酯化，至酸值和黏度合格，降温，于 130 ℃加入二甲苯稀释，过滤得中油度蓖麻油醇酸树脂。

5. 产品标准

原漆色号（Fe-Co 比色）	≤8#
原漆外观	透明无机械杂质
漆膜外观	平整光亮
黏度（涂-4 黏度计）/s	30~45
干燥时间 [（110±2）℃] /h	≤1.5
光泽	≥100%
硬度	≥0.5
柔韧性/mm	1
耐水性（36 h）	不起泡，允许轻微变色，能于 3 h 复原
耐汽油性（浸于 NY120 溶剂油 36 h）	不起泡，不起皱，不脱落
耐油性（浸于 10# 变压器油 36 h）	不起泡，不起皱，不脱落

6. 产品用途

适用于色漆的表面罩光，主要用于缝纫机、自行车表面罩光。

2.5　A01-12 氨基烘干静电清漆

1. 产品性能

A01-12 氨基烘干静电清漆（Amino electro static varnish A01-12）又称 336 氨基静电清漆，由三聚氰胺甲醛树脂、中油度蓖麻油醇酸树脂、溶剂组成。漆膜坚硬、平整光滑、耐磨，具有良好的耐油、防潮性能。

2. 技术配方　（质量，份）

中油度蓖麻油醇酸树脂	64.0
三聚氰胺甲醛树脂（低醚化度）	32.0
丁醇	3.6
有机硅油（1%）	0.4

3. 工艺流程

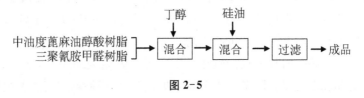

图 2-5

4. 生产工艺

将低醚化度的三聚氰胺甲醛树脂、中油度蓖麻油醇酸与丁醇混合均匀，加入有机硅油，充分调和均匀，过滤得 A01-12 氨基烘干静电清漆。

5. 产品标准

原漆色号（Fe-Co 比色）	≤5#
原漆外观	透明，无机械杂质
漆膜外观	平整光滑
干燥时间（105 ℃）/h	≤1
黏度（涂-4 黏度计）/s	20~30
柔韧性/mm	≤3
硬度	≥0.50
冲击强度/（kg·cm）	≥40

耐水性（浸 48 h）	不起泡
耐汽油性（浸 48 h）	不起泡，不脱落
耐润滑油性（浸 48 h）	不起泡，不脱落
光泽	≥100%
细度/μm	≤20
耐盐水（5%的 NaCl 溶液 80 ℃，1.5 h）	不起泡，不脱落
电阻值/MΩ	<40

注：该产品符合甘 Q/HG 2245 标准。

6. 产品用途

适用于已涂装色漆的表面（如缝纫机、自行车、热水瓶、金属玩具、文教器具的表面）罩光。静电喷涂时，用 X-19 氨基静电漆稀释剂稀释。100～120 ℃，烘烤 2 h 左右为宜。

2.6　741 料氨基烘漆

741 料氨基烘漆是以合成脂肪酸 $C_{10～17}$ 酸和苯甲酸代替豆油、椰子油制得的醇酸漆料，可用于制造各色氨基烘漆。

1. 技术配方　（质量，份）

	红色	黄色	蓝色	绿色	铁红色
741 料* （50%）	78.57	82.50	82.50	82.50	8.25
三聚氰胺树脂（50%）	31.43	27.00	27.00	27.50	27.50
甲苯胺红	13.50	—	—	—	—
深铬黄	—	49.52	—	—	—
铁蓝	—	—	10.56	1.00	—
钛白（A）	—	—	3.88	—	—
中铬绿	—	—	—	15.11	—
铁红	—	—	—	—	17.03
蓖麻油酸锌	—	—	—	—	0.08
稀释剂 [V（重芳烃）：V（醇）=9∶1]	适量	适量	适量	适量	适量
n（氨基树脂）∶n（醇酸）	1.0∶2.5	1∶3	1∶3	1∶3	1∶3

* 741 料的技术配方：（质量，份）

$C_{10～17}$酸	25.6
苯甲酸	9.0
甘油（100%计）	25.7
苯酐	39.7

2. 生产工艺

（1）741 料氨基烘漆的生产工艺

将颜料、填料和部分 741 料混合，搅拌均匀后，经球磨机研磨至细度合格，再加入剩余的 741 料、三聚氰胺树脂、溶剂充分调匀，过滤包装。

（2）741 料的生产工艺

将各物料投入反应釜内，加热至 150 ℃，保温 1 h，再升温至 170 ℃，保温 1 h，继续升至 190 ℃，保温 1.5 h，最后升温至 200～220 ℃酯化 [使黏度达 2.5～2.8 s，稀释 V（二甲苯）：V（丁醇）＝1：6]，测时离火；加入二甲苯稀释即得。

3. 产品用途

用于金属表面涂饰保护，上漆后在 105 ℃干燥 1～2 h 成膜。

2.7 氨基乙烯基涂料

1. 产品性能

这种单包装涂料含氨基树脂、自由基交联乙烯，以十二烷基苯磺酸锰为催化剂。该涂料用作金属表面的保护，漆膜坚硬，其漆层经 1000 h 紫外光曝光后，Tukon 硬度 10.5，60°光泽 87%。引自欧洲专利公开 EP 381657。

2. 技术配方 （质量，份）

羟丙烯酸酯低聚物（M＝1300.80）	240
烷氧基甲基三聚氰胺树脂	160
二甲苯（溶剂）	100
二季戊四醇五丙烯酸酯	160
丙烯酰类低聚物（M＝508）	160
混合物 [V（烯丙基缩水甘油醚）：V（乙二醇）＝10：1]	80
十二烷基苯磺酸锰（含锰 0.6%）溶液	20
环氧封端的十二烷基苯磺酸（20%）	16

3. 生产工艺

将各物料加部分溶剂混合后，经三辊机研磨，达到一定细度，过网得氨基乙烯基涂料。

4. 产品用途

该涂料用于金属表面的保护，涂于金属等表面，干膜厚度 50 μm。

2.8 烷基化氨基树脂涂料

1. 产品性能

该涂料具有良好的施工性能和膜硬度，其中含有低级烷基醚化的氨基共聚物、聚酯、金红石型钛白、溶剂等。引自日本公开特许公报 JP 02-245077。

2. 技术配方 （质量，份）

对苯二甲酸、乙二醇、同苯二甲酸、新戊二醇聚酯	35 827
甲醛	1220
2，4-二氨基-6-环乙三嗪	3140
丁醇	3608
金红石型钛白	2880
对甲苯磺酸	96
稀释剂（溶剂）	22 986

3. 生产工艺

先将甲醛、2，4-二氨基-6-环乙三嗪（也可使用其他氨基三嗪）和丁醇投入反应罐，在 90 ℃和 pH 值为 7 条件下搅拌反应 1 h，再于 pH 值为 5 条件下加热回流反应 4 h，用丁醇稀释至含固量 60% 的树脂液，再用该液与已配制好的 40% 的聚酯混合，加入其余物料，研磨分散，得遮盖力优良的烷基化氨基树脂涂料。

4. 产品用途

用着面漆。

2.9 耐磨氨基树脂涂料

1. 产品性能

该涂料含有氨基树脂、多元醇、纤维素，具有良好的耐磨抗划伤性。引自美国专利 US 4983466。

2. 技术配方 （质量，份）

乙酸纤维素	510
三聚氰胺树脂	1148
羟基新戊酸-3-羟基-2，2-二甲丙酯	383

氯化聚烯烃	119
对甲苯磺酸	44
有机溶剂	2018

3. 生产工艺

将乙酸纤维素、三聚氰胺树脂、羟基新戊酸-3-羟基-2,2-二甲丙酯、对甲苯磺酸和溶剂加热 80 ℃混溶 2 h，经研磨后稀释得耐磨氨基树脂涂料。

4. 产品用途

用着耐磨罩面漆。涂覆后，用聚氨酯罩面。该涂料作为耐磨层涂覆。

2.10　氨基醇酸绝缘漆

1. 产品性能

氨基醇酸绝缘漆由三聚氰胺甲醛树脂、蓖麻油改性醇酸树脂和催干剂组成。漆膜平整光滑，具有较好的耐热、耐油和绝缘性，属 B 级绝缘材料。

2. 技术配方 （质量， 份）

三聚氰胺甲醛树脂（50%）	10.0
蓖麻油改性醇酸树脂（50%）*	90.0
环烷酸钴（2%）	0.01
环烷酸铅（10%）	0.4

* 蓖麻油改性醇酸树脂的技术配方：

精漂蓖麻油	23.70
甘油（95%）	10.50
苯酐	18.12
二甲苯	2.66
混合溶剂（甲苯、二甲苯）	45.03

3. 工艺流程

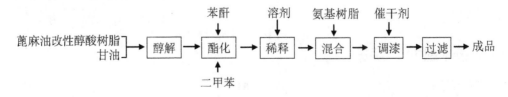

图 2-6

4. 生产工艺

将精漂蓖麻油和 1/2 甘油加入反应釜，于 260 ℃醇解，加入 1/2 苯酐和 0.75 份二甲苯，于 260 ℃脱水反应，然后加入其余的甘油、苯酐和二甲苯，于 200 ℃酯化，酯化完全后，降温于 130 ℃加入混合溶剂，然后于 120 ℃加入三聚氰胺甲醛树脂液，加完后于 110～120 ℃保温 0.5 h，然后冷却，加入催干剂，充分调和均匀，过滤得氨基醇酸绝缘漆。

5. 产品标准

原漆外观和透明度	黄褐色透明液体，无机械杂质
黏度/s	≥25
含固量	≥45%
干燥时间 [（105±2)℃] /h	≤2
耐油性（浸于 10# 变压器油 24 h）	通过试验
吸水率	≤2%
击穿电压/（kV/mm）	
常态	≥84
浸水	≥80

6. 产品用途

用作电机、电器线圈浸渍绝缘漆，浸涂。

2.11　聚酰亚胺绝缘烘漆

1. 产品性能

聚酰亚胺是一种含氮的热塑性杂环聚合物，具有优异的机械性能及电气绝缘性能，特别是具有良好的热稳定性，可在 -148～340 ℃正常工作，能满足长期在 220 ℃、短期在 500 ℃时电机电气的绝缘要求。

2. 技术配方　（质量，份）

（1）配方一

4,4'-二氨基二苯醚	7.8
均苯四甲酸酐	8.2
N,N-二甲基乙酰胺	84.0

（2）配方二

均苯四甲酸酐	5.22

4,4′-二氨基二苯醚	4.78
N,N-二甲基乙酰胺	54.00
二甲苯	18.00
甲苯	18.00

3. 工艺流程

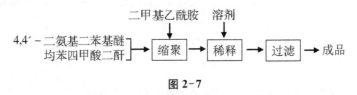

图 2-7

4. 生产工艺

（1）配方一的生产工艺

将 4,4′-二氨基二苯醚和 3/4 的 N,N-二甲基乙酰胺投入缩聚反应釜中，加热条件下加入均苯四甲酸酐，搅拌升温至 140 ℃，保温缩聚，然后加入其余的 N,N-二甲基乙酰胺，再保温至黏度合格，冷却至 100 ℃以下，过滤得到用于漆包线绝缘烘漆。

（2）配方二的生产工艺

将漆料加入二甲苯、甲苯稀释，充分调和均匀得用于玻璃漆布的浸渍漆。

5. 产品标准

外观	棕黄色透明液体，无机械杂质
黏度（格氏管，25 ℃）/s	210～260
含固量	
漆包线漆	16%
浸渍漆	8%～10%
耐热性（220 ℃）	可长期使用

6. 产品用途

用于浸渍电机、电器、电信元件、漆包线及玻璃丝布等，作高温绝缘层。

2.12　无油醇酸氨基烘漆

1. 产品性能

无油醇酸氨基烘漆由无油醇酸树脂、低醚化度三聚氰胺树脂、溶剂及颜料组成。漆膜平整光亮，附着力强。

2. 技术配方 （质量，份）

（1）清漆的技术配方

无油醇酸树脂（50%）	39.5
低醚化度三聚氰胺树脂（60%）	52.0
氯化顺丁烯二酸酐（20%）	2.0
硅油溶液（5%）	0.5
二丙酮醇	3.5
煤焦溶剂（150～200 ℃）	2.5

（2）白磁漆的技术配方

低醚化度三聚氰胺树脂（60%）	18.3
无油醇酸树脂（50%）	51.0
氯代顺丁烯二酸酐溶液（20%）	1.5
钛白	25.0
二丙酮醇	2.5
煤焦溶剂（150～200 ℃）	1.5
硅油溶液（5%）	0.2

3. 工艺流程

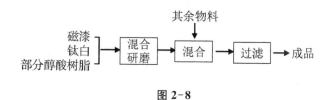

图 2-8

4. 生产工艺

（1）清漆

将各物料混合均匀，过滤即得。

（2）白磁漆

将钛白和适量醇酸树脂混合，研磨分散至细度小于 30 μm，然后加入其余物料，混合均匀，过滤得无油醇酸烘干漆。

5. 产品标准

外观	平整光滑
黏度/s	≥25
干燥时间 [（105±2）℃] /h	≤1
冲击强度/（kg·cm）	50
柔韧性/mm	1

6. 产品用途

用于一般金属表面的涂装，刷涂或喷涂。

2.13 水溶性氨基涂料

1. 产品性能

水溶性氨基涂料由氨基树脂、少量水溶性醇酸树脂、分散剂、颜料和水组成，具有优良的防腐性和稳定性。

2. 技术配方 （质量，份）

甲氧甲基三聚氰胺树脂（70%）	5.00
水溶性醇酸树脂（50%）	1.00
氧化锌	2.00
焦磷酸钠	0.08
β-萘磺酸钠甲醛缩合物（分散剂）	0.04
乙二醇单丁醚	15.00
炭黑	2.00
水	25.88

3. 工艺流程

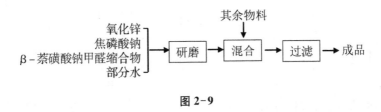

图 2-9

4. 生产工艺

将氧化锌、焦磷酸钠、β-萘磺酸钠甲醛缩合物和 1.88 份水混合研磨（在球磨机中研磨 20 h）得稳定防腐蚀颜料，然后将得到的稳定性防腐蚀颜料与其余物料混合，过滤得水溶性氨基涂料。

5. 产品用途

用于防腐蚀部件表面涂装。喷涂，涂膜于 130 ℃烘 20 min 固化成膜。

2.14 氨基清漆

1. 产品性能

这种氨基清漆以 741 料代替醇酸树脂料,具有低温快干的特点。

2. 技术配方 (质量,份)

741 料 (50%的重芳烃)	66.67
丁醇/二甲苯 (1:1)	5~20
三聚氰胺树脂 (50%)	33.33

3. 生产工艺

将 741 料、三聚氰胺树脂和溶剂充分调匀,磨细、过滤包装。

4. 产品标准

黏度 (涂-4 黏度计) /s	≥30
硬度 (双摆仪)	≥0.5
干燥时间 [(110 ±2)℃] /h	≤1.5
柔软性/mm	≤1
耐冲击强度/ (kg·cm)	≥50
附着力/级	≥2

5. 产品用途

可用于缝纫机、车灯等金属表面涂过漆后的罩光。施漆后 105 ℃,干燥 1 h,形成平整光亮漆膜。

2.15 氨基锤纹漆

这种氨基锤纹漆采用 741 料增稠 (黏度增至 3.0~3.5 s) 的 742 料代替醇酸树脂,其产品标准与 A10-1 氨基锤纹漆相似,但成本低。

1. 技术配方 (质量,份)

742 料 (60%二甲苯)	247.50
三聚氰胺树脂 (50%)	82.50
非浮性银浆 (60%)	15.20
混合溶剂 [V (二甲苯):V (丁醇) =1:1]	适量

2. 生产工艺

将各物料混合，充分搅拌均匀，磨细，过滤包装。742 料的生产工艺见 741 料氨基烘漆，制得的 741 料经增稠（黏度达 3.0～3.5 s）即得 742 料。

3. 产品用途

与常规 A10-1 氨基锤纹漆相同。

2.16　阴极电沉积氨基树脂漆

该漆在≤150 ℃可以固化成耐溶剂的涂膜，其中含羧基改性的水溶氨基树脂、聚环氧化物-胺加合物、催干剂。引自美国专利 US 4980429。

1. 技术配方　（质量，份）

聚环氧化物-二乙醇胺加合物（65%）	235.6
加合物 [V（双酚 A）：V（环氧丙烷）＝1：2]	0.9
三聚氰胺甲醛树脂溶液（80%）	60.3
辛酸铅	8.5
甲酸溶液（90%）	5.3
水	690.3

2. 生产工艺

将聚环氧化物-二乙醇胺加合物、双酚 A-环氧丙烷加合物与三聚氰胺甲醛树脂混合后，加入其余物料，研磨后得阴极电沉积氨基树脂漆。

3. 使用方法

阴极电沉积于磷化物的金属板上，在 120 ℃固化 0.5 h，得具有良好的耐腐蚀性和耐溶剂性的漆膜。

2.17　氨基 741 料绝缘清漆

1. 产品性能

该绝缘清漆的成膜性能、电绝缘性能，与常规醇酸树脂制造的 A30-1 绝缘清漆相似。

2. 技术配方 （质量， 份）

	（一）	（二）
741 树脂料 （50%）	45	60
三聚氰胺树脂 （50%）	15	10
丁醇	1.25	5
二甲苯	1.25	5

3. 生产工艺

将 741 树脂料与三聚氰胺树脂、溶剂混合，充分搅拌均匀得氨基 741 料绝缘清漆。

4. 说明

①以 $C_{10\sim17}$ 酸与苯甲酸制得的 741 树脂料在 200$^{\#}$ 汽油中溶解性差，加入后即析出。二甲苯的溶解性最好，其次是重芳烃、丁醇。生产上忌用松节油和 200$^{\#}$ 汽油。

②用 741 树脂料与油改性醇酸漆料的混溶性能：短油度豆油醇酸料在常温下能以任何比例混合，但与中油度亚麻油醇酸漆料混溶时，后者的混入量不能超过 30%，否则，漆膜发混影响光泽；与长油度豆油季戊四醇漆料不能相混。

③741 漆料制的氨基漆，其漆膜厚度对性能有明显影响，应注意。

5. 产品用途

用于电器设备，涂刷后烘干。

2.18　A05-11氨基无光烘漆

1. 产品性能

用 $C_{5\sim9}$ 酸与 $C_{10\sim17}$ 酸代替豆油醇酸制造的 A05-11 氨基无光烘漆，具有良好的性能，特别是白色烘漆的白度比豆油制的漆好，经二次烘烤白度变化不大。

2. 技术配方 （质量， 份）

	白色	黑色
721 料* （50%）	129.9	156.8
三聚氰胺树脂 （50%）	35.1	38.2
钛白粉	53.13	—
炭黑 （硬质）	—	7.07
白炭黑 （橡胶用）	17.74	47.04
偏硼酸钡	25.26	68.87

滑石粉（325目）	17.74	47.04
群青	0.26	—
蓖麻油酸锌	0.45	0.98
混合溶剂 [V（二甲苯）∶V（丁醇）＝1∶1]	适量	适量

* 721料的技术配方：（质量，份）

$C_{5\sim9}$酸	346.18
$C_{10\sim17}$酸	113.76
三羟甲基丙烷（95%）	558.72
苯酐	568.80
顺丁烯二酐	29.95
二甲苯	1487.60
硅油（100%）	0.007

3. 生产工艺

（1）A05-11氨基无光烘漆的生产工艺

将颜料、填料和部分721料混合，搅拌均匀，经辊磨或砂磨机研磨至细度合格，再加其余721料、三聚氰胺树脂、溶剂，充分调匀包装。

（2）721料的生产工艺

将 $C_{5\sim9}$酸、$C_{10\sim17}$酸、苯酐、三羟甲基丙烷、顺丁烯二酐和80.4份二甲苯放入反应釜内，加热至150℃，保温1 h；再升温至170℃，保温1 h；再升温至190℃，保温1.5 h，最后升温至220℃酯化至黏度达1.8~2.0、树脂酸值（50%溶液）10 mgKOH/g以下，色号5#~8#。整个过程需通CO_2气体保护。最后加入1407.2份二甲苯及硅油得721料。其油度38.2%、过量醇15%、含固量（50±2）%。

4. 产品用途

主要用于仪器、仪表等要求无光的金属的表面作装饰保护涂料。涂刷（或喷涂）后，白色（105±2）℃干燥1~2 h；深色（120±2）℃干燥1~2 h。

2.19　水溶性氨基醇酸树脂烘漆

1. 产品性能

水溶性氨基醇酸树脂烘漆由甲氧甲基三聚氰胺树脂、蓖麻油脂肪酸改性的苯二甲酸酯树脂、颜料等组成。涂膜坚硬、光亮，耐候性好，且不泛黄，附着力强。

2. 技术配方 （质量，份）

甲氧甲基三聚氰胺树脂*	36.4
蓖麻油脂肪酸改性的苯二甲酸酯树脂	3.6
水	60.0
二氧化钛	40.0
硅油（1%）	0.5

* 甲氧甲基三聚氰胺树脂的技术配方：

甲醛（37%）	60.0
三聚氰胺	12.6
甲醛（多聚甲醛）	62.0
甲醇	12.0
盐酸（37%）	7.0

3. 工艺流程

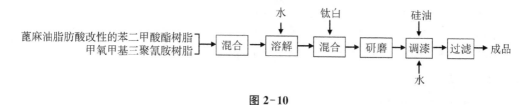

图 2-10

4. 生产工艺

（1）水溶性氨基醇酸树脂烘漆的生产工艺

将用蓖麻油脂肪酸改性的苯二甲酸酯树脂（苯二甲酸含量 59%、脂肪酸含量 41%）的二甲基乙醇胺溶液与甲氧甲基三聚氰胺树脂于 60 ℃以下混合，得到高黏度的固体合成树脂（它可在水中无限溶解）。将该固体合成树脂用水溶解，然后加入钛白，研磨分散后，加入硅油，用水调整黏度（福特杯）2～40 s 得水溶性氨基醇酸树脂烘漆。

（2）甲氧甲基三聚氰胺树脂的生产工艺

将甲醛水溶液用 30% 的 NaOH 调整 pH 值至 9～10，加热至 90 ℃，加入三聚氰胺，溶解后于 90 ℃保温 20 min，然后减压浓缩至原体积的 2/3，冷却至室温，加入多聚甲醛。再加入由甲醇和浓盐酸组成的混合溶剂（15 ℃）进行醚化。0.5 h 后，反应物料变澄清，用无水碳酸钠调整 pH 值至 7～8，20 min 后，滤去氯化钠，并真空蒸尽水和甲醇，得透明的无色低黏度甲氧甲基三聚氰胺树脂。

5. 产品用途

用作金属工件的烤漆，也可用作热固性的黏结剂和层压材料。喷涂或浸涂、辊涂。于 150 ℃烘烤 30 min。

2.20　水溶性氨基醇酸平光烘漆

1. 产品性能

水溶性氨基醇酸平光烘漆由水溶性三聚氰胺树脂、水溶性醇酸树脂、颜料、体质颜料、醇和水组成。漆膜平整光滑，电泳涂装，烘干。

2. 技术配方　（质量，份）

（1）配方一

水溶性三聚氰胺树脂	12.0
水溶性醇酸树脂	62.0
沉淀硫酸钡	5.0
滑石粉	10.0
炭黑	3.0
异丙醇	3.0
丁醇	5.0
蒸馏水	适量
乙醇胺（调 pH 值至 8.5）	适量

（2）配方二

水溶性醇酸树脂（50%）	51.5
水溶性三聚氰胺树脂	10.0
沉淀硫酸钡	6.0
滑石粉	10.3
氧化铁红	0.7
酞菁蓝	0.2
炭黑	0.8
钛白粉	3.5
中铬黄	12.0
蒸馏水	适量
乙醇胺	适量

（3）配方三

钛白粉	15.0
沉淀硫酸钡	8.0
滑石粉	12.0
酞菁蓝	1.0
水溶性三聚氰胺甲醛树脂	9.0
水溶性醇酸树脂	45.5
丁醇	6.0

异丙醇	3.5
蒸馏水（或去离子水）	适量
乙醇胺（调 pH 值至 8.5）	适量

注：配方一所得漆料为黑色，配方二为军绿色，配方三为天蓝色。

3. 工艺流程

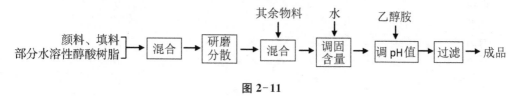

图 2-11

4. 生产工艺

将全部颜料、体质颜料和适量水溶性醇酸树脂混合，研磨分散至细度小于 30 μm，再加入其余水溶性醇酸树脂、水溶性三聚氰胺树脂和醇类溶剂，加入适量蒸馏水调整含固量（≥50%），然后用乙醇胺调整 pH 值至 8.5，过滤得水溶性氨基醇酸平光烘漆。

5. 产品标准

外观	符合标准样板，漆膜平整光滑
含固量	≥50%
细度/μm	≤30
干燥时间〔（150±2）℃〕/h	≤1
柔韧性/mm	≤1
冲击强度/（kg·cm）	50
附着力/级	≤2
原漆 pH 值	7.5～8.5

6. 产品用途

主要用于汽车、自行车等金属部件，作底漆。

2.21 氨基醇酸丙烯酸水性磁漆

1. 产品性能

氨基醇酸丙烯酸水性磁漆由水溶性氨基树脂、醇酸树脂、丙烯酸共聚物、颜料、醇等溶剂组成。漆膜坚韧，外观均匀、无皱纹，附着力好，具有较好的耐水性。

2. 技术配方 （质量，份）

合成脂肪酸醇酸树脂（50%）	20.0
丁醇醚化三聚氰胺甲醛树脂（60%）	2.5
共聚物 [ω（丙烯酸丁酯）：ω（丙烯酸）：ω（乙酸乙烯酯）＝48%：2%：50%，50%]	45.0
钛白	21.0
丁醇	3.0
异丙醇	5.0
二甲苯	2.0
水	35.0

3. 工艺流程

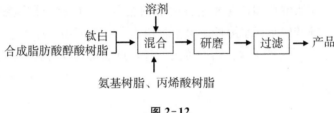

图 2-12

4. 生产工艺

将丙烯酸丁酯-丙烯酸-乙酸乙烯酯共聚物、异丙醇、丁醚化三聚氰胺甲醛树脂、合成脂肪酸醇酸树脂、钛白、丁醇、二甲苯和水投入高速搅拌混合器中，然后用砂磨研磨分散至刮板细度 20 μm，过滤得氨基醇酸丙甲酸水性磁漆。

5. 产品标准

外观	外表均匀，无皱纹
刮板细度/μm	≤20
原漆 pH 值	8.5
不挥发分	70%～72%
遮盖力（按干漆计）/（g/m²）	80
附着力（划格法）/级	1
耐水性 [（20±2)℃]/h	60
光泽	≥90%

6. 产品用途

用于电器、无线电工业制品、汽车、农机部件等金属制品涂装。涂装后（150±2)℃烘 1 h。

2.22　氨基丙烯酸水性涂料

1. 产品性能

技术配方一所得涂料具有良好的耐水性和耐溶剂性，适于高速涂装；技术配方二所得涂料是表面装饰性良好的水性涂料，其流平性和颜料的润湿性优良，可防止麻点和缩孔现象发生。

2. 技术配方 （质量，份）

（1）配方一

丙烯酸酯共聚物溶液*	73.0
甲基化三聚氰胺树脂	13.08
氨水（28%）	4.09
丁基溶纤剂	6.8
水	56.33
巴西棕榈蜡分散体（20%）**	1.09
乙醇（35%）	4.54

*丙烯酸酯共聚物溶液的技术配方与制备：

丙烯酸甲酯	33.53
丙烯酸乙酯	27.56
甲基丙烯酸	5.87
甲基丙烯酸甲酯	2.28
抗坏血酸	0.96
水	2.51
丙醇	24.42
过氧化氢（35%）	2.87
双氧水	2.63

将 20.71 份丙醇加入反应釜中，然后充氮气以驱尽釜内空气，加入 2.63 份双氧水（分两次加入），加热至 90.6~93.3 ℃，加入 0.48 份总活化剂溶液（由 0.96 份抗坏血酸、2.51 份水和 2.51 份丙醇组成的活化剂溶液）。单体预混物（由 33.53 份丙烯酸乙酯、27.56 份丙烯酸甲酯、5.87 份甲基丙烯酸和 2.28 份甲基丙烯酸甲酯组成）和剩余的活化剂溶液同时连续地滴加至反应釜中，其加料速度应足以维持温度为 90.6~93.3 ℃（单体约 0.289 份/min，活化剂约 0.02 份/min）。单体预混物约 4 h 加完，活化剂溶液约 5 h 加完。全部加完后，于 90.6~93.3 ℃再搅拌 30 min 进行聚合。然后，将引发剂（由 0.12 份过氧化氢和 0.6 份丙醇组成）分 5 次加入反应釜，每次加料间隔 1 min。物料在 90.6~93.3 ℃维持 30 min，再将引发剂（由 0.12 份过氧化氢和 0.6 份丙醇组成）一次性加入反应釜中，再于 90.6~93.3 ℃聚合 30 min。然后冷却得丙烯酸共聚物树脂溶液

— 121 —

（含固量 70%，黏度 12.5 Pa·s，T_g -19 ℃；平均分子量 29 600）。

＊＊巴西棕榈蜡分散体的技术配方与制备：

2# 黄色巴西棕榈蜡（粉状）	90.72
乙醇	18.14
乙二醇单丁醚	18.14
氨水（28%）	4.99
去离子水	232.24
丙烯酸酯共聚树脂溶液	89.36

将 46.72 份去离子水、4.99 份氨水、18.14 份乙醇、18.14 份乙二醇单丁醚预混合得均相混合物，将得到的均相混合物加入 89.36 份丙烯酸酯共聚树脂溶液中，混合均匀后，再与 185.52 份去离子水、90.72 份 2# 黄色巴西棕榈蜡一起投入球磨机中，研磨 72 h，生成巴西棕榈蜡分散体（20%）。

（2）配方二

丙烯酸型共聚物 A＊	88.0
甲基醚化三聚氰胺树脂（70%）	58.0
丙烯酸共聚物 B＊＊	290.0
钛白	200.0
乙二醇单丁醚	85.2

＊丙烯酸共聚物 A 的技术配方及制备：

正丁醇	60.0
乙二醇单丁醚	90.0
甲基丙烯酸	20.0
丙烯酸乙酯	54.0
丙烯酸正丁酯	126.0
特丁基过氧化异丙基碳酸酯	1.4

将 60 份正丁醇和 90 份乙二醇单丁醚投入反应锅中，加热升温至 115 ℃，再将 20 份甲基丙烯酸、54 份丙烯酸乙酯、126 份丙烯酸正丁酯和 1.0 份特丁基过氧化异丙基碳酸酯组成的混合物于 2 h 内滴入反应锅中，滴完后，保温搅拌 2 h，再加入 0.2 份特丁基过氧化异丙基碳酸酯，保温搅拌 2 h；继续加入 0.2 份特丁基过氧化异丙基碳酸酯，然后在 115 ℃保温反应 2 h，得丙烯酸型共聚物 A（含固量 57.3%、酸值 36.5 mgKOH/g，平均分子量 20 000）。

＊＊丙烯酸型共聚物 B 的技术配方与制备：

异丙醇	93.00
甲基丙烯酸-2-羟乙酯	18.00
苯乙烯	60.00
N-丁氧基甲基丙烯酰胺	12.00
丙烯酸乙酯	62.10
衣康酸	5.40

2-巯基乙醇	1.50
偶氮二异丁腈	6.15
β-二甲基氨基乙醇	7.35

将 93 份异丙醇、18 份甲基丙烯酸-2-羟乙酯、60 份苯乙烯、12 份 N-丁氧基甲基丙烯酰胺、62.1 份丙烯酸乙酯、5.4 份衣康酸、1.5 份 2-巯基乙醇和 0.6 份偶氮二异丁腈投入反应锅中，搅拌于 1 h 升温至 80 ℃，反应开始后的第 3 小时、第 4 小时、第 5 小时、第 6 小时、第 7 小时、第 8 小时分别加 0.15 份、0.225 份、0.375 份、0.45 份、0.6 份、0.75 份偶氮二异丁腈，开始反应后第 13 h，加入 3.0 份偶氮二异丁腈，至反应完全得丙烯酸型共聚物盐。得到的丙烯酸型共聚物盐含固量 55%、酸值 15 mgKOH/g，再加 7.35 份 β-二甲基氨基乙醇进行中和得丙烯酸型共聚物 B。

3. 生产工艺

（1）配方一的生产工艺

将涂料技术配方各物料混匀，过滤即得。

（2）配方二的生产工艺

将丙烯酸型共聚物 A、丙烯酸型共聚物 B、甲基醚化三聚氰胺树脂（70%）、钛白和乙二醇单丁醚按配方量混合均匀后，研磨至细度小于 30 μm，过滤即得。

4. 产品用途

（1）配方一所得产品用途

用于食品罐盖、罐底和罐体的内壁、无锡钢或铝制坯的涂装，特别适用于罐内壁的高速涂装。涂刷在制罐用无锡钢板坯料上，204 ℃烘烤 10 min，即得 0.0584 mm 干漆膜。涂刷时可用水稀释。

（2）配方二所得产品用途

适用于金属、混凝土、石棉、木材、石料、织物、皮革、纸张等底材涂装，尤其适用于金属铁、铝表面涂装。可采用喷涂、辊涂、浸涂、静电喷涂等方式。涂膜在 100～200 ℃固化 10～30 min。

2.23　低温固化的氨基涂料

1. 产品性能

该涂料由氨基树脂、醇酸树脂、颜料和溶剂组成。漆膜柔韧性优良、硬度较高，可低温烘烤固化。

2. 技术配方 （质量，份）

	（一）	（二）	（三）
醇酸树脂（60%）*	35.0	35.0	35.0
甲醇醚化三聚氰胺树脂	15.0	—	—
丁醇醚化三聚氰胺树脂	—	15.0	—
钛白（R-820）	30.0	30.0	30.0
丁醇醚化脲醛树脂	—	—	15.0
二甲苯	8.5	8.5	8.5
甲醇	8.5	8.5	8.5
异丁醇	3.5	3.5	3.5

* 醇酸树脂的技术配方：

亚麻油	60.000
豆油	60.000
季戊四醇	50.000
苯酐	200.000
乙二醇	56.000
二甲苯	12.000
氢氧化钠	0.048

3. 工艺流程

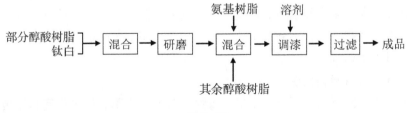

图 2-13

4. 生产工艺

（1）低温固化的氨基涂料的生产工艺

将钛白用适量的醇酸树脂混合，研磨分散后加入其余的醇酸树脂、氨基树脂，混合均匀后加入混合溶剂，充分调和均匀，过滤后得低温固化的氨基涂料。

（2）醇酸树脂的生产工艺

在反应锅中，加入豆油和亚麻油，通氮气驱尽锅内空气，将油料在氮气氛中加热至300 ℃熬炼至黏度合格（加氏黏度为 R）。降温至 240 ℃，加入季戊四醇和氢氧化钠，于240 ℃保温 1 h 进行醇解，然后降温至 200 ℃，加入苯酐、乙二醇、二甲苯，在 4 h 内逐渐升温至 200 ℃，保温酯化至酸值为 25 mg KOH/g。然后降温至 140 ℃，用二甲苯稀释至含固量为 60%得醇酸树脂。所得醇酸树脂羟值 94.6 mg KOH/g，酸值 14.1 mg KOH/g。

5. 产品用途

用于金属制品表面涂装，90 ℃固化 20 min。

2.24　改性氨基树脂漆

1. 产品性能

这种氨基树脂漆由改性的氨基树脂、椰子油脂肪酸改性的醇酸树脂、钛白及溶剂组成。其中使用的改性氨基树脂弹性好，且与其他通用型涂料树脂混溶性好。漆膜坚韧光亮，不泛黄。

2. 技术配方 （质量，份）

三聚氰胺	30.24
甲醛（40%）	120.00
邻氨基苯甲酰胺	4.00
碳酸镁	0.20
异丁醇	120.00
苯	14.00
苯酐	0.20
椰子油脂肪酸改性的醇酸树脂（60%）	372.12
钛白	159.48

3. 工艺流程

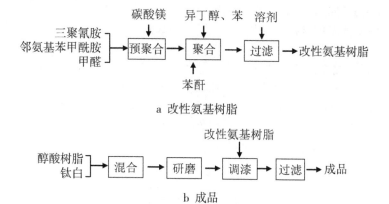

a 改性氨基树脂

b 成品

图 2-14

4. 生产工艺

将三聚氰胺、邻氨基苯甲酰胺、甲醛（40%）和碳酸镁投入反应锅，于 70～80 ℃

保温预聚合 10 min，然后加入异丁醇、苯和苯酐，于 82～99 ℃反应 6.5 h，脱水约 96 份得树脂溶液。得到的树脂溶液于 90 ℃减压过滤，得改性三聚氰胺树脂（含固量为 51%）。

将椰子油脂肪酸改性的醇酸树脂（二甲苯溶液，含固量 60%）与钛白粉混合，经研磨分散至细度小于 30 μm，再加入氨基树脂，混合均匀，用适量溶剂稀释，过滤得改性氨基树脂漆。

5. 产品用途

用于金属、木材、陶瓷、玻璃等多种底材的涂装。喷涂、浸涂或刷涂，也可电泳涂装。涂层在 120～200 ℃、3～40 min 固化，或 130～160 ℃、9～20 min 固化。

2.25 A04-9 各色氨基烘干磁漆

1. 产品性能

A04-9 各色氨基烘干磁漆（All color amino baking enamel A04-9）又称 A05-9 各色氨基烘干磁漆，由氨基树脂、短油度豆油醇酸树脂、颜料和溶剂组成。漆膜颜色鲜艳、光亮、丰满，具有优良的附着力，耐水性、耐汽油性、耐机油性和耐磨性优良。与 X06-1 磷化底漆、H06-2 环氧底漆配套使用时，可达到防霉、防潮、防盐雾的一般要求。

2. 技术配方 （质量，份）

（1）配方一

	白1	白2
三聚氰胺甲醛树脂（低醚化，60%）	15.5	—
高醚化度三聚氰胺甲醛树脂（60%）	—	12.4
44%的油度豆油醇酸树脂（50%）	56.5	—
37%的十一烯酸醇酸树脂（50%）	—	51.0
钛白	25.0	27.5
甲基硅油溶液（1%）	0.3	0.3
丁醇	3.0	3.0
二甲苯	2.8	2.7

（2）配方二

	黑1	黑2
高醚化度三聚氰胺树脂（60%）	16.0	16.0
44%的油度豆油醇酸树脂（50%）	70.0	70.0
炭黑	3.2	3.2
甲基硅油（1%）	0.5	0.5
环烷酸锰（2%）	0.2	—

环烷酸锌（4%）	0.16	—
乙醇胺	0.14	—
丁醇	6.0	6.0
二甲苯	3.8	4.3

（3）配方三

	大红1	大红2
高醚化度三聚氰胺树脂（60%）	15.0	12.5
44%的油度豆油醇酸树脂（50%）	67.5	68.0
镉红	—	14.0
大红粉	8.0	—
甲基硅油（1%）	0.5	0.3
环烷酸锰（2%）	0.2	—
丁醇	3.0	3.0
二甲苯	5.9	2.2

（4）配方四

	中黄	绿
三聚氰胺甲醛树脂（60%）	10.5	12.0
44%的油度豆油醇酸树脂（50%）	59.5	63.5
中铬黄	24.0	3.0
柠檬黄	—	14.0
酞菁蓝	—	3.0
甲基硅油溶液（1%）	0.3	0.5
二甲苯	2.7	2.0
丁醇	3.0	2.0

（5）配方五

	灰	浅灰
高醚化度三聚氰胺树脂（60%）	11.0	11.0
44%的油度豆油醇酸树脂（50%）	62.0	6.2
钛白	19.0	19.1
炭黑	0.2	0.1
中铬黄	0.6	0.6
酞菁蓝	0.2	0.2
丁醇	3.0	3.0
二甲苯	3.7	3.7
甲基硅油溶液（1%）	0.3	0.3

3. 工艺流程

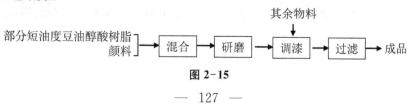

图 2-15

4. 生产工艺

将颜料与部分短油度豆油醇酸树脂混合均匀，经研磨分散至细度小于20 μm，加入其余物料充分调和均匀，过滤得 A04-9 各色氨基烘干磁漆。

5. 产品标准

外观	符合标准样板及色差范围，漆膜平整光滑
黏度（涂-4黏度计）/s	≥40
细度/μm	≤20
遮盖力/（g/m²）	
白色	≤110
黑色	≤40
大红色	≤160
绿色	≤55
干燥时间/h	
浅色（105±2）℃	≤2
深色（120±2）℃	≤2
光泽	≥90%
硬度	
红、白及浅色	≥0.40
深色	≥0.50
柔韧性/mm	≤1
冲击强度/（kg·cm）	50
耐水性（60 h）	不起泡，允许轻微变化，3 h复原
耐汽油性（浸于NY-120溶剂油，48 h）	不起泡，不起皱，不脱落，允许轻微变色变暗
耐油性（浸于10#变压器油，48 h）	同上
耐湿热性（7 d）	1级
耐盐雾性（7 d）	1级

6. 产品用途

主要用于各种轻工产品、家用电器、机电、仪表、玩具等金属表面，作装饰保护涂层。

2.26　A04-14 各色氨基烘干静电磁漆

A04-14 各色氨基烘干静电磁漆（All color amino electrostatic baking enamels A04-14）又称 A05-14 氨基醇酸烘漆，由氨基树脂、醇酸树脂、颜料、溶剂等组成。

1. 技术配方 （质量，份）

（1）配方一

	白色	黑色
短油度豆油醇酸树脂（50%）	52.0	63.0
低醚化度三聚氰胺甲醛树脂（60%）	19.0	26.0
钛白粉	24.0	—
群青	0.1	—
炭黑	—	3.2
二甲苯	3.0	5.0
丁醇	1.6	2.5
有机硅油（1%）	0.3	0.3

（2）配方二

	蓝色	棕色
44%的油度豆油醇酸树脂（50%）	57.0	58.0
低醚化度三聚氰胺甲醛树脂（60%）	21.0	22.0
钛白	9.0	—
炭黑	—	1.0
铁蓝	6.0	—
中铬黄	—	2.5
氧化铁红	—	10.0
丁醇	1.7	1.7
二甲苯	5.0	4.5
有机硅油（1%）	0.3	0.3

2. 工艺流程

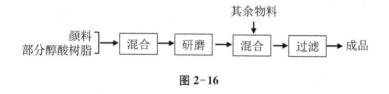

图 2-16

3. 生产工艺

将颜料和部分醇酸树脂混合，搅拌均匀后经磨漆机研磨分散至细度小于 $15~\mu m$，再加入其余物料，充分调和均匀，过滤得 A04-14 各色氨基烘干静电磁漆。

4. 产品标准

外观	符合标准样板及色差范围，漆膜平整光滑
黏度（涂-4 黏度计）/s	40～70
细度/μm	≤15

原漆电阻系数/MΩ	≤50
遮盖力/（g/m²）	
黑色	≤4
深灰色、中绿色	≤50
深绿色、墨绿色	≤60
淡灰色	≤90
白色	≤110
干燥时间/h	
白色、浅色（105±2)℃	≤2
深色（120±2)℃	≤2
光泽	≥90%
硬度	
白、浅色	≥0.4
深色	≥0.5
柔韧性/mm	1
冲击强度/（kg·cm）	50

5. 产品用途

适用于高压静电喷涂施工，可用于自行车、缝纫机、家电及其他各种金属表面涂装。

2.27　A04-24 各色氨基金属闪光烘干磁漆

1. 产品性能

A04-24 各色氨基金属闪光烘干磁漆（All color amino metal glitter baking enamel A04-24）漆膜光亮坚硬，具有较好的保色性及耐久性。在光线照射下，晶莹透明、闪烁发光、色彩艳丽，并且具有双色效应。

2. 技术配方　（质量，份）

（1）配方一

短油度豆油醇酸树脂（50%）	60.0
三聚氰胺甲醛树脂（60%）	20.0
闪光铝粉浆	3.0
醇溶火红	0.5
丁醇	5.0
二甲苯	11.0
甲基硅油（1%）	0.5

（2）配方二

44%的油度豆油醇酸树脂（50%）	60.0
低醚化度三聚氰胺甲醛树脂（60%）	20.0
闪光铝粉浆	3.0
酞菁绿	2.0
丁醇	3.5
二甲苯	11.0
甲基硅油（1%）	0.5

（3）配方三

低醚化度三聚氰胺甲醛树脂（60%）	20.0
44%的油度豆油醇酸树脂（50%）	60.0
闪光铝粉浆	5.0
二甲苯	11.5
丁醇	3.0
甲基硅油（1%）	0.5

（4）配方四

闪光铝粉浆	3.0
酞菁蓝	2.0
低醚化度三聚氰胺甲醛树脂（60%）	20.0
44%的油度豆油醇酸树脂（50%）	60.0
丁醇	3.5
二甲苯	11.0
甲基硅油（1%）	0.5

注：配方一所得磁漆为红色，配方二绿色，配方三银色，配方四蓝色。

3. 工艺流程

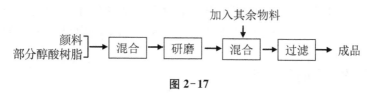

图 2-17

注：该工艺流程为蓝色和绿色磁漆的工艺流程。

4. 生产工艺

（1）蓝色、绿色磁漆的生产工艺

先将颜料与适量醇酸树脂混合均匀，经磨漆机研磨至细度小于 20 μm，再加入其余物料，充分调和均匀，过滤即得。

（2）红色磁漆的生产工艺

将醇溶火红溶于丁醇溶剂中，然后加入漆料中，充分调和均匀，过滤即得。

（3）银色磁漆的生产工艺

将闪光铝粉浆和适量醇酸树脂混合，充分搅拌，再加入其余的醇酸树脂、氨基树脂、溶剂和甲基硅油，充分调和均匀，过滤即得。

5. 产品标准

外观	符合标准样板，平整光滑，闪光均匀
黏度（涂-4黏度计）/s	30～70
干燥时间 [（110±2）℃] /h	≤2
光泽	≥90%
柔韧性/mm	1
附着力/级	≤2
硬度	≥0.45
冲击强度/（kg·cm）	50
耐水性（60 h）	不起泡，允许轻微变色
耐汽油性（浸于NY200#油漆溶剂油48 h）	不起泡，不脱落，不起皱，允许轻微变暗
耐油性（浸渍于10#变压器油48 h）	同上

6. 产品用途

用于轿车、自行车、缝纫机、仪器仪表、家用电器等金属表面涂装。

2.28 A04-60 各色氨基半光烘干磁漆

1. 产品性能

A04-60各色氨基半光烘干磁漆（Amino alkyd semigloss baking enamels A04-60）又称A05-10各色氨基半光烘干磁漆，由氨基树脂、醇酸树脂、颜料、体质颜料与有机溶剂（苯类和丁醇）组成。漆膜反射比较弱，附着力、耐水性较好，但柔韧性稍差。

2. 技术配方 （质量，份）

（1）配方一

	白色	灰色
短油度豆油醇酸树脂（50%）	48.0	44.8
三聚氰胺甲醛树脂（60%）	10.0	8.0
钛白粉	25.0	21.0
群青	0.1	—
炭黑	—	0.2
铬黄	—	0.1
碳酸钙（轻质）	5.0	11.2

滑石粉	—	7.0
沉淀硫酸钡	5.0	—
二甲苯	5.0	3.7
丁醇	1.7	3.5
甲基硅油（1%）	0.2	0.5

（2）配方二

	黑1	黑2
低醚化度三聚氰胺树脂（60%）	9.0	11.5
44%的油度豆油醇酸树脂（50%）	39.4	55.0
炭黑	3.4	3.2
轻质碳酸钙	8.0	10.0
沉淀硫酸钡	20.5	15.0
二甲苯	12.4	3.3
丁醇	6.5	1.5
甲基硅油（1%）	0.3	0.5
环烷酸锰（2%）	0.5	

（3）配方三

	绿色	青色
低醚化度三聚氰胺树脂（60%）	10.5	14.0
44%的油度花生油醇酸树脂	—	36.5
44%的油度豆油醇酸树脂	50.0	
中铬黄	5.0	1.0
柠檬黄	12.0	—
轻质碳酸钙	7.0	10.2
沉淀硫酸钡	7.0	
酞菁蓝	1.5	0.5
钛白	—	17.1
滑石粉	—	6.8
丁醇	1.5	4.4
二甲苯	5.0	9.2
甲基硅油（1%）	0.5	0.3

3. 工艺流程

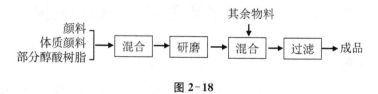

图 2-18

133

4. 生产工艺

将颜料、体质颜料和部分醇酸树脂混合均匀，经磨漆机研磨分散至细度小于 40 μm，再加入剩余醇酸树脂、氨基树脂、溶剂、硅油等，充分调和均匀，过滤得 A04-60 各色氨基半光烘干磁漆。

5. 产品标准

外观	符合标准样板及色差范围，漆膜平整
黏度（涂-4 黏度计）/s	≥40
细度/μm	≤40
遮盖力/（g/m²)	
黑色	≤40
中绿色	≤55
干燥时间/h	
白色、浅色 [（105±2)℃]	≤2
深色 [（120±2)℃]	≤2
光泽	20%～40%
硬度（双摆仪）	≥0.5
柔韧性/mm	≤1
冲击强度/（kg·cm)	40
附着力/级	≤2
耐水性（浸 36 h）	不起泡，允许轻微变化，3 h 复原
耐汽油性（浸于 NY-120# 溶剂油 48 h）	不起泡，不起皱，不脱落，允许轻微变暗
耐油性（浸于 10# 变压器油 48 h）	同上
耐湿热性（7 d）	1级
耐盐雾性（7 d）	1级

注：该产品符合 ZBG 51044 标准。

6. 产品用途

主要用于仪器、仪表设备要求半光的金属表面作装饰保护用，以喷涂为主。可用 X-4 氨基稀释剂或 V（二甲苯）：V（甲醇）＝4：1 的混合溶剂稀释。

2.29　A04-81 各色氨基无光烘干磁漆

1. 产品性能

A04-81 各色氨基无光烘干磁漆（A04-81　all color amino alkyd flat baking enamels）又称 A05-11 各色氨基无光烘干磁漆、平光氨基醇酸烘漆、（缝纫机用）平光烘漆，由氨基树脂、醇酸树脂、颜料、体质颜料和溶剂组成。漆膜颜色鲜艳，色彩柔和，丰满度好，具有良好的附着力和硬度，但较易产生擦痕，柔韧性也稍差。

2. 技术配方 （质量，份）

（1）配方一

	白1	白2
低醚化度三聚氰胺树脂（60%）	7.0	8.6
44%的油度豆油醇酸树脂（50%）	31.0	—
44%的油度花生油醇酸树脂（50%）	—	21.4
钛白	26.0	25.0
轻质碳酸钙	13.0	15.0
滑石粉	—	10.0
沉淀硫酸钡	16.0	—
群青	0.1	—
丁醇	1.5	9.7
二甲苯	5.1	10.0
甲基硅油（1%）	0.3	0.3

（2）配方二

	黑1	黑2
低醚化度三聚氰胺甲醛树脂（60%）	5.0	5.5
44%的油度豆油醇酸树脂（50%）	25.0	26.0
炭黑	3.4	1.6
轻质碳酸钙	20.0	15.0
沉淀硫酸钡	20.0	23.0
氧化铁黑	—	15.0
滑石粉	4.0	—
二甲苯	14.8	10.0
丁醇	7.0	3.6
甲基硅油（1%）	0.3	0.3
环烷酸锰（2%）	0.5	—

（3）配方三

	绿	草绿
低醚化度三聚氰胺甲醛树脂（60%）	7.5	5.0
44%的油度豆油醇酸树脂（50%）	35.0	32.0
中铬黄	5.0	8.8
柠檬黄	12.0	—
酞菁蓝	1.5	—
轻质碳酸钙	12.0	8.8
炭黑	—	0.8
铁黄	—	18.4
铁蓝	—	1.3

滑石粉	—	8.0
沉淀硫酸钡	16.0	—
丁醇	2.0	4.0
二甲苯	8.5	12.4
甲基硅油（1%）	0.5	0.5

（4）配方四

44%的油度豆油醇酸树脂（50%）	33.0
低醚化度三聚氰胺树脂（60%）	5.0
钛白	24.0
炭黑	0.12
中铬黄	0.1
酞菁蓝	0.03
轻质碳酸钙	15.0
滑石粉	10.0
丁醇	5.0
二甲苯	7.25
甲基硅油（1%）	0.5

3. 工艺流程

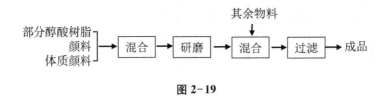

图 2-19

4. 生产工艺

将颜料、体质颜料与部分醇酸树脂混合均匀，经研磨分散至细度小于 50 μm，再加入其余物料充分调和均匀，过滤得 A04-81 各色氨基无光烘干磁漆。

5. 产品标准

外观	符合标准样板及色差范围，漆膜平整无光
黏度（涂-4 黏度计）/s	≥40
细度/μm	≤50
遮盖力/（g/m²）	
白色	≤120
黑色	≤55
干燥时间/h	
白色、浅色［（105±2）℃］	≤2
深色［（120±2）℃］	≤2

光泽	≤10%
硬度（双摆仪）	≥0.4
柔韧性/mm	≤3
冲击强度/（kg·cm）	≥40
附着力/级	≤2
耐水性（36 h）	不起泡，允许轻微变化，能3 h复原
耐汽油性（浸于 NY-120 溶剂油 48 h）	不起泡，不起皱，不脱落，允许轻微变色、变暗
耐油性（浸于 10# 变压器油 48 h）	同上
耐湿热性（7 d）/级	1
耐盐雾性（7 d）/级	1

注：该产品符合 ZB 51045 标准。

6. 产品用途

主要用于仪器、仪表、铭牌等要求无光的金属表面涂装。以喷涂为主，用 X-4 氨基漆稀释剂稀释。

2.30 A06-1各色氨基烘干底漆

1. 产品性能

A06-1 各色氨基烘干底漆（All colors amino baking primer A06-1）由氨基树脂、不干性油改性醇酸树脂、颜料、体质颜料、二甲苯、丁醇等组成。漆膜坚硬，附着力、耐汽油性较好。

2. 技术配方 （质量，份）

	灰色	铁红色
44%的油度豆油醇酸树脂（50%）	40.0	40.0
低醚化度三聚氰胺树脂（60%）	10.0	10.0
滑石粉	9.7	13.8
氧化锌	24.0	—
立德粉	10.0	—
炭黑	0.1	—
氧化铁红	—	22.0
锌铬黄	—	11.0
丁醇	2.0	1.0
二甲苯	4.0	2.0
环烷酸锰（2.0%）	0.2	0.2

— 137 —

3. 工艺流程

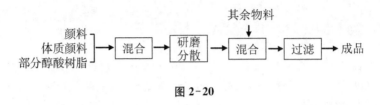

图 2-20

4. 生产工艺

将颜料、体质颜料和适量醇酸树脂混合均匀，经磨漆机研磨分散至细度小于 50 μm，再加入其余物料充分调和均匀，过滤得 A06-1 各色氨基烘干底漆。

5. 产品标准

外观	铁红色或灰色，色调不定
黏度（涂-4 黏度计）/s	40～90
细度/μm	≤50
柔韧性/mm	≤3
遮盖力/（g/m²）	
铁红	≤35
灰色	≤130
干燥时间（120 ℃）/h	≤1
冲击强度/（kg·cm）	≥50
附着力/级	≤2
耐汽油性（浸于 NY-120 溶剂油 24 h）	允许有轻微变化，能 1 h 内复原
耐油性（浸于 10# 变压器油 48 h）	允许有轻微变化，能 1 h 内复原

6. 产品用途

用于自行车、缝纫机、仪器、文具、电器等金属物件打底及中间涂层。喷涂或刷涂，以喷涂为主。可用二甲苯和丁醇混合溶剂或 X-4 氨基漆稀释剂调整黏度。

2.31　A06-3 氨基烘干二道底漆

1. 产品性能

A06-3 氨基烘干二道底漆（Amino alkyd baking surfacer A06-3）又称氨基醇酸二道底漆，由醇酸树脂、氨基树脂、颜料、催干剂、溶剂组成。漆膜细腻，容易打磨，附着力好，具有良好的耐汽油性。

2. 技术配方 （质量，份）

（1）配方一（白色）

44%的油度豆油醇酸树脂（50%）	26.6
低醚化度三聚氰胺甲醛树脂（60%）	3.0
锌钡白	51.4
滑石粉	4.0
二甲苯	6.0
煤焦溶剂（140~190 ℃）	6.6
环烷酸锰（2%）	0.8
环烷酸铅（10%）	0.8
环烷酸锌（4%）	0.8

（2）配方二

	黑1	黑2
低醚化度豆油醇酸树脂（60%）	5.0	5.0
44%的油度豆油醇酸树脂（50%）	30.0	34.0
炭黑	3.0	2.0
轻质碳酸钙	20.0	—
滑石粉	5.0	9.0
沉淀硫酸钡	20.0	—
氧化铁黑	—	16.3
水磨石粉	—	15.0
重晶石粉	—	10.8
二甲苯	9.0	6.9
煤焦油溶剂（140~190 ℃）	5.0	—
环烷酸钴（2%）	0.5	—
环烷酸锰（2%）	0.5	1.0
环烷酸锌（4%）	1.0	—
环烷酸铅（10%）	1.0	—

注：该产品符合甘 Q/HG 2017 标准。

3. 工艺流程

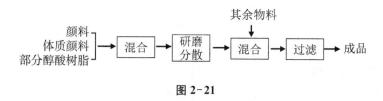

图 2-21

4. 生产工艺

将颜料、体质颜料和部分醇酸树脂混合均匀，经研磨分散至细度小于 50 μm，加入其余物料充分调和均匀，过滤得 A06-3 氨基烘干二道底漆。

5. 产品标准

外观	黑色，平整无光
黏度（涂-4 黏度计）/s	80～130
细度/μm	≤50
干燥时间［（105±2）℃］/h	≤1
打磨性（用 400# 水砂纸在水中打磨 30 次）	均匀平滑，表面不黏砂纸

注：该产品符合甘 Q/HG 2019 标准。

6. 产品用途

用于已涂有底漆和已打磨平滑的腻子层上，多作黑面漆的二道底漆，以填平底层的砂孔和纹道。采用喷涂施工，可用 X-4 氨基漆稀释剂稀释。

2.32 A07-1 各色氨基烘干腻子

1. 产品性能

A07-1 各色氨基烘干腻子（All color amino baking puttie A07-1）又称氨基醇酸腻子，由中油度亚麻仁油醇酸树脂、氨基树脂、颜料、大量体质颜料、催干剂和溶剂组成。附着力较好，易打磨，不起卷，不黏砂纸。

2. 技术配方 （质量，份）

中油度亚麻仁油醇酸树脂（50%）*	20.0
低醚化度三聚氰胺甲醛树脂（60%）	2.0
水磨石粉	49.0
立德粉	5.0
炭黑	0.3
滑石粉	22.5
黄丹	0.1
200# 溶剂汽油	0.6
环烷酸锰（2%）	0.5

注：该技术配方所得产品为灰色

＊中油度亚麻仁油醇酸树脂的技术配方：

亚麻仁油	26.1
甘油	8.2
苯酐	16.5
黄丹	适量

二甲苯	2.4
200# 油漆溶剂汽油	46.8

3. 工艺流程

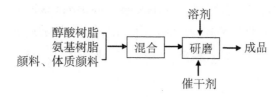

图 2-22

4. 生产工艺

（1）A07-1 各色氨基烘干腻子的生产工艺

将颜料、体质颜料、醇酸树脂、氨基树脂混合均匀后，加溶剂、催干剂混合，搅拌均匀，经三辊磨漆机或研磨机研磨分散得成品。

（2）中油度亚麻仁油醇酸树脂的生产工艺

将亚麻仁油、甘油投入反应釜，加热至 120 ℃，加入黄丹，搅拌升温至 230 ℃，保温至醇解完全，降温至 200 ℃；加入苯酐和二甲苯，逐步升温，于 190～200 ℃回流酯化 4 h 左右，至酸值合格，再升温至 230 ℃，保温至黏度合格，然后冷却至 160 ℃，加入 200# 溶剂汽油稀释，过滤得中油度亚麻仁油醇酸树脂（50%）。

5. 质量标准

外观	平整，干后无起泡现象，灰色
稠度/cm	11～15
干燥时间 [（105±2）℃]/h	≤1.5
涂刮性（反复涂刮 4～5 次）	不产生严重卷边现象
柔韧性/mm	100
打磨性	易打磨，不黏砂纸
耐硝基性	合格

注：该产品符合 Q/HG 2111 标准。

6. 产品用途

用于填平涂有底漆的金属表面，如缝纫机头、可烘干车辆外壳的不平之处。

2.33 A14-51 各色氨基烘干透明漆

1. 产品性能

A14-51 各色氨基烘干透明漆（Amino baking transparent paints A14-51）又称 A14-1 各色氨基烘干透明漆、透明氨基醇酸烘漆，由氨基树脂、醇酸树脂、透明颜料和溶剂组成。漆膜坚硬、耐磨，能耐汽油、机油、煤油，耐水性优良。色彩鲜艳，光亮平滑，但红色耐晒性差。

2. 技术配方 （质量，份）

(1) 配方一

	红1	红2
耐晒醇溶火红	2.4	0.5
44%的油度豆油醇酸树脂（50%）	69.0	72.0
低醚化度三聚氰胺甲醛树脂（60%）	21.3	18.0
苯甲醇	2.0	—
丁醇	4.8	5.2
二甲苯	4.0	
有机硅油（1%）	0.3	0.5

(2) 配方二

	绿1	绿2
44%的油度豆油醇酸树脂（50%）	69.0	72.0
低醚化度三聚氰胺树脂（60%）	21.3	18.0
酞菁绿	2.4	2.0
丁醇	3.0	3.7
二甲苯	4.0	4.0
有机硅油（1%）	0.3	0.3

(3) 配方三

	蓝1	蓝2
酞菁蓝	2.0	2.0
短油度豆油醇酸树脂（50%）	72.0	69.0
三聚氰胺甲醛树脂（60%）	18.0	21.3
丁醇	3.7	3.0
二甲苯	4.0	4.0
有机硅油（1%）	0.3	0.5

（4）配方四

	黄色	黑色
44%的油度豆油醇酸树脂（50%）	72.0	72.0
低醚化度三聚氰胺甲醛树脂（60%）	18.0	18.0
醇溶黄	0.5	—
苏丹黑	—	0.8
丁醇	5.2	4.9
二甲苯	4.0	4.0
有机硅油（1%）	0.3	0.3

3. 工艺流程

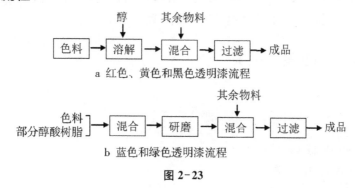

图 2-23

4. 生产工艺

（1）红、黄、黑色透明漆的工艺

先将色料溶解于醇中，溶解完全后加入醇酸树脂、氨基树脂、溶剂和硅油，充分调和均匀，过滤得成品。

（2）蓝、绿色透明漆的工艺

先将色料与部分醇酸树脂混合，混合均匀，经磨漆机研磨至细度小于 15 μm，再加入其余物料，充分调和均匀，过滤得成品。

5. 产品标准

外观	符合标准样板及其色差范围，漆膜平整光亮
黏度（涂-4 黏度计）/s	30～50
细度/μm	≤15
干燥时间 [（110±2）℃] /h	≤1.5
光泽	≥95%
硬度	≥0.5
柔韧性/mm	1
冲击强度/（kg·cm）	50
耐水性（24 h）	不起泡

注：该产品符合沪 Q/HG 14-538 标准。

6. 产品用途

用于自行车、热水瓶等金属制品表面的装饰性涂装。

2.34　A16-51 各色氨基烘干锤纹漆

1. 产品性能

A16-51 各色氨基烘干锤纹漆（Amino alkyd boking hammer paints A16-51）又称 A10-1 各色氨基烘干锤纹漆，由氨基树脂、醇酸树脂、颜料、溶剂和非浮型铝粉组成。漆膜具有类似锤击铁板所留下的锤痕花纹，坚韧耐久。

2. 技术配方 （质量，份）

（1）配方一

	银灰色	灰色
铝粉浆（非浮型）	4.0	1.9
短油度豆油醇酸树脂（50%）	80.0	—
短油度脱水蓖麻油醇酸树脂（60%）	—	68.1
丁醇醚化脲醛树脂（50%）	—	22.5
三聚氰胺甲醛树脂（60%）	13.0	—
二甲苯	1.5	4.9
丁醇	1.5	1.9
有机硅油（1%）	—	0.2

（2）配方二

	银蓝色	银绿色
短油度豆油醇酸树脂（50%）	80.0	80.0
低醚化度三聚氰胺甲醛树脂（60%）	13.0	13.0
非浮型铝粉浆	4.0	4.0
酞菁蓝	0.2	—
酞菁绿	—	0.2
二甲苯	1.4	1.4
丁醇	1.4	1.4

（3）配方三

短油度豆油醇酸树脂（50%）	80.0
低醚化度三聚氰胺甲醛树脂（60%）	13.0
非浮型铝粉浆	4.0
透明氧化铁红	0.2
二甲苯	1.4
丁醇	1.4

3. 工艺流程

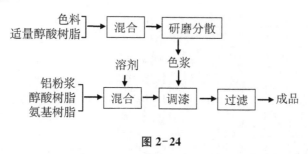

图 2-24

4. 生产工艺

将色料与适量醇酸树脂混合，研磨分散至细度小于 15 μm 以下，得色浆。将铝粉浆、醇酸树脂、氨基树脂和溶剂混合均匀，加入色浆，调和均匀，过滤得 A16-51 各色氨基烘干锤纹漆。

5. 产品标准

外观	符合标准样板，锤纹均匀清晰
黏度（涂-4 黏度计）/s	50～100
干燥时间［（100±2）℃］/h	≤3
柔韧性/mm	1
冲击强度/（kg·cm）	≥40
耐温变性[-(60±5)℃、(60±2)℃,各 2 h]	不脱落，无裂纹

6. 产品用途

用于医疗器械、仪器仪表、缝纫机、电冰箱等物件，作装饰保护涂装。喷涂为主，可用二甲苯作稀释剂。

2.35　A30-11 氨基烘干绝缘漆

1. 产品性能

A30-11 氨基烘干绝缘漆（Amino alkyd insulating baking A30-11）又称 A30-1 氨基烘干绝缘漆，由干性油改性醇酸树脂、氨基树脂和溶剂组成。具有较好的厚层干透性、耐电弧性和附着力，漆膜平整有光，属 B 级绝缘材料。

2. 技术配方 （质量，份）

桐油	2.01
亚麻油	18.50
甘油	7.44
苯酐	14.70
三聚氰胺甲醛树脂	12.50
二甲苯	42.85
丁醇	2.00
黄丹（催化剂）	适量

3. 工艺流程

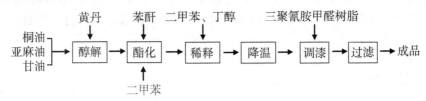

图 2-25

4. 生产工艺

将桐油、亚麻油和甘油投入反应釜，搅拌下加热至 240 ℃，加入物料总量的 0.01％ 的黄丹作催化剂，保温酯化完全，然后降温至 140 ℃，加入苯酐和回流二甲苯，升温酯化，回流至酯化完全，降温至 140 ℃，加入二甲苯和丁醇稀释，降温至 50 ℃以下，加入三聚氰胺甲醛树脂，充分调和均匀，过滤得 A30-11 氨基烘干绝缘漆。

5. 产品标准

外观	黄褐色透明液体，无机械杂质
黏度（涂-4 黏度计）/s	25～45
酸值/（mgKOH/g）	≤8
含固量	≥45％
干燥时间 ［（105±2）℃］/h	≤2
耐热性 ［（105±2）℃烘 3 h 后通过 3 mm 弯曲］	不开裂
耐油性（浸渍于 10# 变压器油 24 h）	通过实验
吸水率	≤2％
击穿强度/（kV/mm）	
常态	≥70
浸水	≥40
体积电阻/（Ω·cm）	

常态	$\geqslant 1 \times 10^{13}$
浸水	$\geqslant 1 \times 10^{12}$
厚层干燥［在 1 h 内由 70～80 ℃匀速升温至 (105±2)℃，烘干 8 h］	通过试验

6. 产品用途

适用于浸渍亚热带地区电机、电器、变压器线圈作抗潮绝缘。浸涂，用 X-4 氨基稀释剂稀释。浸涂后于（105±2）℃烘 1～2 h。

2.36　半光氨基醇酸烘漆

1. 产品性能

该烘漆可用于铁、硬铝、铝的各种仪表及工具的金属表面涂饰。遮盖力好，且抗冲击强度和耐油性良好。

2. 技术配方　（质量，份）

蓖麻油改性醇酸树脂（中油度）	54.8
三聚氰胺甲醛树脂	20.0
炭黑	8.4
二甲苯	12.6
丁醇	4.2

3. 生产工艺

将全部颜料与部分清漆混合，经搅拌研磨至 35 μm，加入剩余清漆及干料调稀后包装。

4. 产品用途

用于铁、硬铝、铝的各种仪表及工具的金属表面涂饰。喷涂于金属表面，黏度（涂-4黏度计，25 ℃）40～70 s 涂层实干 70 min。漆膜外观平整光滑，遮盖力好。

2.37　无光氨基醇酸烘漆

1. 产品性能

该烘漆具有优良的耐水、耐汽油、耐润滑油等性能，所形成漆膜色彩柔和，丰满度好，附着力硬度优异。

2. 技术配方 （质量，份）

中油度豆油改性醇酸树脂漆料	39.43
环烷酸锌液（2.4%~2.6%）	2.52
炭黑（硬质）	7.70
环烷酸钴液（1.9%~2.1%）	4.95
滑石粉	35.20
三聚氰胺树脂（50%）	10.20
丁醇-二甲苯混合溶液 [V（丁醇）：V（二甲苯）＝2：8]	适量

3. 生产工艺

将全部颜料与部分清漆混合，经搅拌研磨至 30 μm，加入剩余清漆及干料调稀后包装。

4. 产品用途

适用于涂装仪表、仪器、计算机、打字机等不反光的各种金属表面。涂、喷于金属表面，于 100~120 ℃烘烤 2 h。黏度（涂-4 黏度计，20 ℃）31~75 s，涂层实干 2 h。

2.38 氨基醇酸黑烘漆

1. 产品性能

该烘漆具有优良的附着力、耐水、耐汽油、耐机油及耐候性。漆膜平整光亮，丰满、坚硬，耐摩擦。

2. 技术配方 （质量，份）

短油度豆油醇酸树脂（60%）	23.73
针状黑片（硝基纤维素与炭黑轧成）	11.46
三聚氰胺树脂（50%）	6.40
二丙酮醇	3.60
醋酸丁酯	19.34
醋酸乙酯	15.93
二甲苯	18.04

3. 生产工艺

将针状黑片、溶剂、树脂搅拌均匀，待全部黑片溶解后，加三聚氰胺树脂调匀，过滤后包装。

4. 产品用途

主要用于自行车、缝纫机、仪器仪表、电器等各种金属表面的涂饰。喷涂后常温下放置 15~20 min，于 120 ℃烘烤 2 h。漆膜厚度 20~35 μm。

2.39 氨基醇酸底漆

1. 产品性能

该底漆抗水强，对金属表面有良好的附着力。

2. 技术配方 （质量，份）

短油蓖麻不同醇酸树脂（60%）	21.6
三聚氰胺甲醛树脂（50%）	13.0
滑石粉	13.0
钛白粉	19.5
甲苯-丁醇溶液[V(甲苯)：V(丁醇)＝7：3]	32.9

3. 生产工艺

将各物料混合搅拌均匀，经研磨至细度为 40 μm，然后加三聚氰胺甲醛树脂液调匀，过滤后包装。

4. 产品用途

主要用于家用电冰箱和其他金属制品表面打底。

2.40 热固性水溶性氨基树脂涂料

1. 产品性能

这种热固性涂料，含有≥5%（按固体分计）氨基树脂水分散体，附着力强，贮存性能稳定，分散性和耐水性能均好。引自日本专利公开 JP 05-132648。

2. 技术配方 （质量，份）

苯胍胺	300
甲醛-丁醇溶液（40%）	360
苯乙烯	40
丙烯酸丁酯	17

丙烯酸	8
偶氮二异丁腈	3
甲基丙烯酸-2-羟基乙酯	15
N,N-二甲基氨基乙醇	10
丙烯酸树脂分散体（固体分 39%）	40
磷酸	0.2
羟乙基纤维素	1

3. 生产工艺

将苯胍胺和甲醛-丁醇溶液（40%）在 100 ℃聚合 1 h，制得氨基树脂溶液。在此溶液中加入由苯乙烯、丙烯酸、丙烯酸丁酯、甲基丙烯酸-2-羟乙基酯和偶氮二异丁腈（在加偶氮二异丁腈时要边搅拌边加入）所组成的混合物，再与 N,N-二甲基氨基乙醇相混合，最后加入 606 份水，制得固体分含量为 60%的氨基树脂分散液。将 60 份该分散体、固体分含量为 39%的丙烯酸树脂分散体、羟乙基纤维素和磷酸的组合物混合搅拌分散均匀，即得热固性可水稀释的氨基树脂涂料。

4. 产品用途

将该涂料刷涂于镀锌钢板上，于 200 ℃烘烤 10 min，所得涂层初始用划格法测定附着力为 100/100，于水中浸泡 30 min 后，测得其附着力仍为 100/100，说明附着力强、耐水性好。

2.41　耐冲击氨基树脂涂料

1. 产品性能

该涂料主要用于听罐表面及其他金属物件表面的涂饰，具有优异的耐水性和硬度，且附着力强，冲击强度大。引自日本专利公开 JP 05-98208。

2. 技术配方　（质量，份）

苯并胍胺	187.00
甲醇	150.00
环氧乙烷	80.00
碳酸锶（SrCO₃）	0.05
丙烯酸丁酯-丙烯酸-2-羟乙酯-苯乙烯共聚物二甲基乙醇胺盐	50.00

3. 生产工艺

将苯并胍胺和甲醇在丁醇中组成的水溶液（40%）在草酸存在下聚合反应 2 h，生成聚合树脂。将该聚合树脂与环氧乙烷和 $SrCO_3$ 在 60 ℃反应 2 h，制得氨基树脂水溶液。再将该氨基树脂水溶液与丙烯酸-甲基丙烯酸丁酯-丙烯酸-2-羟乙酯-苯乙烯共聚物二甲基乙醇胺盐及其他添加剂混合，辊研磨细，制得金属用水稀释耐冲击氨基树脂涂料。

4. 产品用途

该涂料涂刷于镀锡钢板表面，于 200 ℃，烘烤 3 min，所形成涂层硬度相当于 3H 铅笔硬度，划格注测定附着力为 100/100，在 130 ℃蒸煮 30 min 涂层不粉化。

第三章 天然树脂漆和油脂漆

3.1 Y00-1清油

1. 产品性能

Y00-1清油（Boiled oil Y00-1）也称氧化清油、502清油，由干性植物油和催干剂组成。所形成漆膜柔软，易发黏，但较未经熬炼的植物油干燥快。

2. 技术配方 （质量，份）

亚麻仁油	99
环烷酸钴（2%）	1

3. 工艺流程

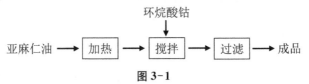

图 3-1

4. 生产工艺

先将亚麻仁油加热至290 ℃熬炼，然后冷却至150 ℃加入环烷酸钴调漆，充分搅拌至均匀，过滤得成品。

5. 产品标准

外观	黄褐色
透明度/级	≤2（无机械杂质）
原漆色号	≤12#
黏度（涂-4黏度计）/s	18~30
沉聚物（容积）	≤1%
酸值/（mgKOH/g）	≤3
干燥时间/h	
表干	≤12
实干	≤24

注：该产品符合 ZBG 51011 标准。

6. 产品用途

主要用于调稀厚漆和调制红丹防锈漆。也可单独作防水、防锈和防腐漆，用于底物表面的涂装。

3.2 Y00-2清油

1. 产品性能

Y00-2清油（Boiled oil Y00-2）也称鱼油、熟油，由干性植物油、半干性植物油、催干剂、溶剂组成。所形成漆膜柔软、易发黏，比未经熬炼的植物油干燥快。

2. 技术配方 （质量， 份）

纯梓油	49.4
环烷酸钴（2%）	0.2
环烷酸锰（2%）	0.2
200#汽油	0.2

3. 工艺流程

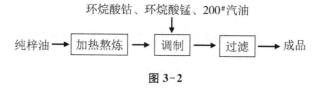

图 3-2

4. 生产工艺

将纯梓油加热至270 ℃，维持270～280 ℃熬炼至梓油黏度合格，降温至150 ℃后加入其余物料，充分搅拌均匀，过滤得成品。

5. 产品标准

外观	黄褐色油状
透明度（无机械杂质）/级	≤2
沉聚物（容积）	≤1%
黏度（涂-4黏度计）/s	18～30
酸值/（mgKOH/g）	≤4
干燥时间/h	
表干	≤8
实干	≤20

6. 产品用途

与 Y00-1 清油的用途相同。

3.3　Y00-3 清油

1. 产品性能

Y00-3 清油（Boiled oil Y00-3）也称炕面油、混合清油，由经熬炼的混合植物油加催干剂组成。所形成漆膜柔软、易发黏，比未经熬炼的植物油干燥快。

2. 技术配方　（质量，份）

亚麻仁油	44.50
桐油	5.00
环烷酸钴（2%）	0.25
环烷酸锰（2%）	0.25

3. 工艺流程

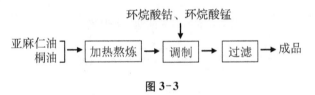

图 3-3

4. 生产工艺

将亚麻仁油和桐油混合均匀后加热，升温至 270～280 ℃时保温熬炼至黏度合格。降温至 150 ℃以下，加入环烷酸钴和环烷酸锰，搅拌均匀后，过滤得成品。

5. 产品标准

外观	黄褐色油状
透明度（无机械杂质）/级	≤2
原漆色号	≤14#
黏度（涂-4 黏度计）/s	18～30
沉聚物（容积）	≤1%
酸值/（mgKOH/g）	≤6
干燥时间/h	
表干	≤12
实干	≤24

注：该产品符合 ZBG 51011 标准。

6. 产品用途

与 Y00-1 清油的用途相同。

3.4　Y00-7 清油

1. 产品性能

Y00-7 清油（Boiled oil Y00-7）也称全油性清漆、505 光油、填面油，由植物油、甘油松香和催干剂组成。漆膜干燥快、光泽好、耐水性较好、柔软，但漆料黏度大，不易涂覆。

2. 技术配方 （质量，份）

桐油	18.0
亚麻仁油	1.0
甘油松香	0.9
环烷酸锰（2%）	0.1

3. 工艺流程

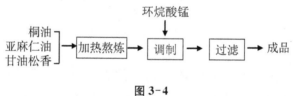

图 3-4

4. 生产工艺

将桐油、亚麻仁油和甘油松香混合均匀后加热，升温至 260～270 ℃保温熬炼聚合，至黏度合格。降温至 100 ℃以下，加入环烷酸锰搅拌均匀，过滤得成品。

5. 产品标准

外观	淡黄至棕黄色，无机械杂质
酸值/（mgKOH/g）	≤10
干燥时间/h	
表干	≤4
实干	≤24

6. 产品用途

用于一般木器、油衣、油伞表面涂装，也可用于调配厚漆。

3.5 Y00-8 聚合清油

1. 产品性能

Y00-8 聚合清油（Polymerized oil Y00-8）也称调漆油、103 清油、经济清油，由植物油、溶剂、催干剂组成。该漆颜色较浅，漆膜干燥后能长期保持其柔韧性。

2. 技术配方 （质量，份）

亚麻仁油	30.00
桐油	12.00
200# 汽油	17.52
环烷酸钴（2%）	0.18
环烷酸锰（2%）	0.30

3. 工艺流程

图 3-5

4. 生产工艺

将亚麻仁油和桐油混合均匀后加热，升温至 270～280 ℃保温聚合反应至物料黏度合格。降温至 180 ℃以下，加入其余物料，充分搅拌均匀，过滤得成品。

5. 产品标准

外观	黄褐色黏稠液体
含固量	≤55%
沉聚物（容积）	≤1%
原漆色号	≤14#
黏度（涂-4 黏度计）/s	15～30
透明度	透明，无机械杂质
干燥时间/h	
表干	≤12
实干	≤24

注：该产品符合 Q/WST-JC 095 标准。

6. 产品用途

用作调配各种颜料厚漆、油性调和漆，也可单独用于金属、木材、纸张和织物等保护性的涂装。

3.6 Y00-10 清油

1. 产品性能

Y00-10 清油（Boiled oil Y00-10）也称 SQY00-1 清油，由大麻油经熬炼后加催干剂组成。漆膜柔软，易发黏，比植物油干燥快。

2. 技术配方 （质量，份）

大麻油	39.4
环烷酸锰（2%）	0.4
环烷酸钴（2%）	0.2

3. 工艺流程

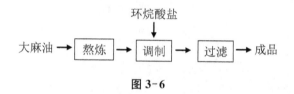

图 3-6

4. 生产工艺

将大麻油加热于 100～110 ℃保温熬炼，熬炼时吹入空气至油料黏度达 20 s 时，加入环烷酸盐，继续保温熬炼，同时吹入空气至漆料黏度达 25 s 时，降温、过滤得成品。

5. 产品标准

外观	黄褐色
透明度	透明无机械杂质
原漆色号（积累）	≤12#
黏度（涂-4 黏度计）/s	18～30
沉聚物（容积）	≤1%
酸值/（mgKOH/g）	≤6
干燥时间/h	
表干	≤12
实干	≤24

注：该产品符合 Q/WST-JC 095 标准。

6. 产品用途

用作调制厚漆和红丹防锈漆，也可单独用于物件表面的涂装。

3.7　T04-15 各色钙脂内用磁漆

1. 产品性能

T04-15 各色钙脂内用磁漆（Various colors limedrosin interior enamel T04-15）也称内用磁漆，由钙脂内用磁漆料、白特钙脂内用磁漆料、聚合油、颜料、溶剂汽油等组成。该漆漆膜干燥快，坚硬，光亮鲜艳。

2. 技术配方 （质量， 份）

（1）配方一

	红色	黄色	绿色
大红粉	6.5	—	—
中铬黄	—	15.0	3.0
柠檬黄	—	2.0	13.0
铁蓝	—	—	1.0
轻质碳酸钙	5.0	5.0	5.0
沉淀硫酸钡	5.0	5.0	5.0
钙脂内用磁漆料	72.5	62.0	62.0
亚麻油、桐油聚合油	5.0	5.0	5.0
200# 溶剂汽油	3.0	3.0	3.0
环烷酸钴（2%）	0.5	0.5	0.5
环烷酸锰（2%）	0.5	0.5	0.5
环烷酸铅（10%）	2.0	2.0	2.0

（2）配方二

	蓝色	白色	黑色
铁蓝	1.5	—	—
立德粉	12.0	52.0	—
群青	—	适量	—
炭黑	—	.	3.0
轻质碳酸钙	5.0	—	5.0
沉淀硫酸钡	5.0	—	5.0
钙脂内用磁漆料*	65.5	—	72.5
白特钙脂内用磁漆料	—	37.0	—
亚麻油、桐油聚合油	5.0	5.0	5.0
200# 溶剂汽油	3.0	3.0	3.0

环烷酸钴（2%）	0.5	0.5	0.5
环烷酸锰（2%）	0.5	0.5	0.8
环烷酸铅（10%）	2.0	2.0	2.5

＊钙脂内用磁漆料的技术配方：

石灰松香	14.0
松香改性酚醛树脂	7.0
桐油	24.0
亚麻油、桐油聚合油	6.0
醋酸铅	0.5
200# 溶剂汽油	48.5

3. 工艺流程

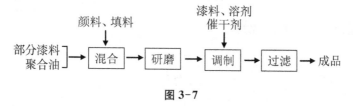

图 3-7

4. 生产工艺

（1）T04-15 各色钙脂内用磁漆的生产工艺

将部分漆料、聚合油与颜料、填料混合均匀，送入研磨机中研磨，磨至所需细度后，将物料与剩余漆料、催干剂和溶剂混合，充分搅拌，调制均匀，过滤得成品。

（2）钙脂内用磁料的生产工艺

将松香改性酚醛树脂、石灰松香和桐油混合后加热，升温至 180 ℃加入醋酸铅，继续升温至 270～275 ℃，保温熬炼至黏度合格，稍降温后加入亚麻油、桐油聚合油，再将物料冷却至 160 ℃，加 200# 溶剂汽油，调制均匀后过滤，即得钙脂内用磁漆料。

5. 产品标准

漆膜外观	平整光滑
漆膜颜色	符合标准样板及色差范围
光泽	≥90%
硬度	≥0.25
柔韧性/mm	3
黏度（涂-4 黏度计）/s	70～110
遮盖力/（g/m²）	≤40～150
细度/μm	≤40
干燥时间/h	
表干	≤6
实干	≤18

注：该产品符合湘 Q/HG 88 标准。

6. 产品用途

用于涂饰室内制品及木质物件。

3.8 T04-16 银粉酯胶磁漆

1. 产品性能

T04-16 银粉酯胶磁漆（Aluminium ester gum enamel T04-16）也称快干磁漆，由中油度顺酐树脂漆料、银粉浆、催干剂、有机溶剂组成。该漆干燥快，漆膜光亮，但较脆，耐候性较差。

2. 技术配方 （质量，份）

酯胶漆料	28.0
银粉浆	6.8
200# 溶剂汽油	4.0
催干剂	1.2

3. 工艺流程

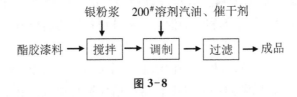

图 3-8

4. 生产工艺

将酯胶漆料与银粉浆混合后，高速搅拌，然后加入催干剂和溶剂，充分混合，调制均匀，过滤得成品。

5. 产品标准

漆膜颜色	银色
漆膜外观	符合标准样板
黏度/s	35～60
硬度	≥0.15
使用量/（g/m²）	≤80
干燥时间/h	
表干	≤5
实干	≤24

6. 产品用途

用于室内金属和木质物件的涂饰。

3.9 T06-5铁红、灰酯胶底漆

1. 产品性能

T06-5铁红、灰酯胶底漆又称头道底漆，红灰、白灰酯胶底漆，绿灰底漆，铁红底漆，由酯胶底漆料、颜料、填料、催干剂及溶剂调配而成。该漆漆膜较硬，易打磨，有较好的附着力。

2. 技术配方 （质量，份）

	铁红色	灰色
氧化铁红	26.0	—
炭黑	0.2	0.6
氧化锌	32.0	58.0
滑石粉	8.0	8.0
水磨石粉	46.0	46.0
酯胶底漆料	56.8	56.8
200#溶剂汽油	27.0	27.0
环烷酸钴（2%）	1	1
环烷酸锰（2%）	2	2
环烷酸铅（2%）	1	1

3. 工艺流程

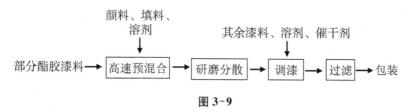

图3-9

4. 生产工艺

将颜料、填料和部分酯胶漆料混合，高速搅拌分散后，研磨分散。然后加入其余漆料、溶剂及催干剂充分调匀后，过滤、包装即得成品。

5. 产品标准

漆膜外观	铁红、灰色，色调不定，漆膜平整
黏度/s	≥40
细度/μm	≤60
遮盖力/（g/m²）	≤60
干燥时间/h	
表干	≤3
实干	≤24
附着力/级	1
冲击强度/（kg·cm）	50
闪点/℃	≥29

注：该产品符合 ZBG 51015 标准。

6. 产品用途

用于要求不高的钢铁、木质物件表面的涂装。喷涂、刷涂，用 200# 溶剂汽油稀释。

3.10　T06-37 铁红酯胶烘干底漆

1. 产品性能

T06-37 铁红酯胶烘干底漆（Iron red color oleocresinous baking primer T06-37）也称 T06-7 铁红酯胶烘干底漆，由酯胶烘干底漆料、亚麻仁油清油、颜料、溶剂和催干剂组成。该底漆漆膜坚硬耐磨，附着力强。

2. 技术配方　（质量，份）

酯胶烘干底漆料	23.1
亚麻仁油清油	5.1
氧化铁红	10.2
滑石粉	4.5
沉淀硫酸钡	12
200# 溶剂汽油	3.6
环烷酸锌（4%）	0.3
环烷酸铅（10%）	1.2

3. 工艺流程

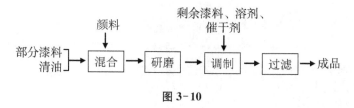

图 3-10

4. 生产工艺

将部分漆料、清油与颜料、体质颜料混合，投入研磨机中研磨，磨至所需细度，再加入剩余漆料、催干剂和溶剂汽油，充分混合，调制均匀，过滤即得成品。

5. 产品标准

漆膜颜色	铁红色，色调不定
漆膜外观	平整、均匀
遮盖力/（g/m²）	≤100
黏度（涂-4 黏度计）/s	80～120
细度/μm	≤50
冲击强度/（kg·cm）	50
干燥时间（150～155 ℃）/h	≤1.5

6. 产品用途

主要用于自行车管件和缝纫机头打底，也适用于其他高温烘烤的金属部件打底。

3.11 T07-31 各色酯胶烘干腻子

1. 产品性能

T07-31 各色酯胶烘干腻子（Various color oleocresinous baking putty T07-31）也称 T07-2 各色酯胶腻子，由酯胶清漆、颜料、体质颜料、催干剂和溶剂组成。该腻子涂刮性和打磨性好，常温干燥。

2. 技术配方 （质量，份）

	红灰色	灰色
酯胶清漆	10.40	13.20
立德粉	1.60	4.00
水磨石粉	40.00	40.00
滑石粉	9.60	9.60

氧化锌	2.00	1.60
轻质碳酸钙	6.40	6.40
氧化铁红	1.60	—
黄丹	0.40	0.40
炭黑	—	适量
200# 溶剂汽油	6.56	3.36
环烷酸锰（2%）	0.40	0.40
环烷酸钴（2%）	0.24	0.24
环烷酸铅（10%）	0.80	0.80

3. 工艺流程

全部组分 ⟶ 混合 ⟶ 研磨 ⟶ 包装 ⟶ 成品

图 3-11

4. 生产工艺

将技术配方中各物料混合，投入磨漆机中研磨，稠度合格后包装，即得成品。

5. 产品标准

腻子外观	无结皮，无搅不开的硬块
腻子层颜色	色调不定
腻子层外观	平整，无明显颗粒、刮痕、气泡，干后无裂纹
稠度/cm	9~11
打磨性	易打磨成均匀平滑表面，无明显白点
涂刮性	能很好涂刮，不卷边
柔韧性/mm	100
干燥时间/h	
自干	≤24
烘干〔(100±2)℃〕	≤2

6. 产品用途

主要用于填平钢铁、木质物体表面的凹坑、针孔和缝隙。

3.12　T09-1 油基大漆

1. 产品性能

T09-1 油基大漆（Prepared natural lacquer T09-1）也称广漆、地方漆、赛霞金漆、龙罩漆，由精制生漆和熟桐油组成。该漆具有良好的耐水、耐光、耐热、耐腐蚀性能，且漆膜光亮，耐久性好。

2. 技术配方 （质量，份）

熬炼熟桐油	35
精制生漆	65

3. 工艺流程

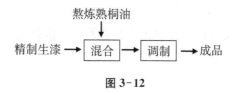

图 3-12

4. 生产工艺

将精制生漆和熬炼熟桐油混合，高速搅拌，调制均匀即得成品。

5. 产品标准

漆外观	深棕色黏稠液体，无机械杂质
漆膜外观	漆膜光亮，透明平滑
含固量	≥85%
光泽	≥80%
干燥时间/h	
表干	≤8
实干	≤24

6. 产品用途

用于竹质、木质物件表面的涂饰。

3.13　T09-2 油基大漆

1. 产品性能

T09-2 油基大漆（Prepared natural lacquer T09-2）也称朱合漆，由净生漆和熟亚麻仁油组成。该漆具有良好的耐热、耐水、耐磨、耐久性。漆膜光亮、坚韧、透明。

2. 技术配方 （质量，份）

生漆	82
熟亚麻仁油	18

3. 工艺流程

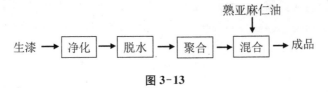

图 3-13

4. 生产工艺

将生漆净化,常温脱水活化,经氧化聚合后与熟亚麻仁油混合,充分搅拌均匀,即得成品。

5. 产品标准

外观	棕黑色黏稠液体
含固量	≥75%
黏度(涂-4黏度计)/s	200~450
干燥时间/h	
表干	≤8
实干	≤24

6. 产品用途

用于竹质、木质家具、实验台及纺织纱管等物件表面的涂饰。

3.14　T09-6 精制大漆

1. 产品性能

T09-6 精制大漆(Refined natual lacquer T09-6)也称快干推光漆,由生漆溶液经晒制、脱水而得。该漆耐水性好,附着力强,质地坚硬。漆膜干燥快,可以打磨。

2. 技术配方 (质量, 份)

生漆	10
水(依气温、湿度)	1~3

3. 工艺流程

图 3-14

4. 生产工艺

先将粗生漆过滤（使用布或绢），放入容器内搅拌晾制，再于阳光下搅拌晒制脱水，最后经细布（或绢）精滤，即得成品。

5. 产品标准

外观	红棕色，无机械杂质
细度/μm	$\leqslant 60$
干燥时间/h	
表干	$\leqslant 3$
实干	$\leqslant 24$

6. 产品用途

用于化工设备（耐水、耐磨设备）、脱胎漆器及其他漆器的涂饰；也可调和颜料色浆配成各种色漆，用于装饰。配熟桐油可制成浓金漆。

3.15　T09-11漆酚清漆

1. 产品性能

T09-11漆酚清漆（Urushiol varnish T09-11）也称1001自干漆酚树脂漆、503漆酚树脂漆，由生漆和二甲苯组成。该漆漆膜坚韧，与金属有一定的附着力，有良好的抗机械性能和耐化学腐蚀性，干燥较快，毒性低，施工方便。

2. 技术配方 （质量，份）

生漆	25
二甲苯	25

3. 工艺流程

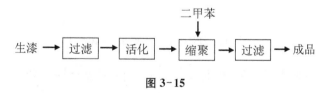

图 3-15

4. 生产工艺

先将生漆过滤除渣，经脱水活化后加入二甲苯进行缩聚反应，缩聚完成后过滤即得成品。

5. 产品标准

外观	深棕色
含固量	45%～50%
黏度（涂-4黏度计，25℃）/s	30～50
硬度	0.65～0.89
柔韧性/mm	1～3
冲击强度/（kg·cm）	30～50
干燥时间（15～35℃）/h	
表干	≤2
实干	≤24

6. 产品用途

用于化肥、化工设备，机械、农业设备，石油、盐水贮槽及其他要求耐水、耐酸等金属和木材表面的涂装。

3.16　T09-12漆酚缩甲醛清漆

1. 产品性能

T09-12漆酚缩甲醛清漆也称601快干漆，由漆酚二甲苯溶液、甲醛、顺丁烯二酸酐季戊四醇树脂、H促进剂组成。该漆干燥快，漆膜光亮透明，耐磨性、耐水、耐候性好。

2. 技术配方 （质量，份）

顺丁烯二酸酐季戊四醇树脂	13.500
漆酚二甲苯溶液（45%～50%）	60.000
甲醛（37%）	6.504
H促进剂	0.360

3. 工艺流程

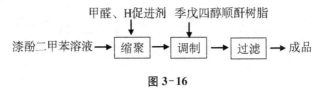

图 3-16

4. 生产工艺

将漆酚二甲苯溶液与甲醛和H促进剂加入反应釜内混合加热，升温至90℃保温进行缩聚反应，1 h 后开始升温脱水至物料黏度合格，然后加入季戊四醇顺酐树脂，充分搅拌，调制均匀，过滤得成品。

5. 产品标准

外观	棕黄色透明液体，无机械杂质
黏度（涂-4 黏度计）/s	50～60
硬度	0.5
干燥时间/h	
表干	≤0.5
实干	≤24

6. 产品用途

用于漆器装饰浓金、罩光，也可加颜料浆配成色漆，用于木质家具、纺织纱管、各种车船内外的涂装。

3.17 T09-13 耐氨大漆

1. 产品性能

T09-13 耐氨大漆（Urushiol ammonia resistance chinese lacquer T09-13）也称漆酚耐氨大漆，由漆酚、聚二乙烯基乙炔、天然沥青等混合改性制得。该漆具有优良的耐氨水性。

2. 技术配方 （质量，份）

漆酚	10
聚二乙烯基乙炔	20
松节油	22
天然沥青	25
二甲苯	25
黄丹	0.3
环烷酸钴（2%）	0.2
环烷酸锰（2%）	0.5

3. 工艺流程

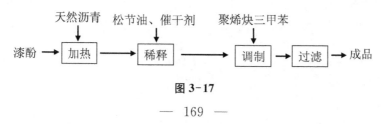

图 3-17

4. 生产工艺

先将漆酚进行脱水处理，再将脱水后的漆酚与天然沥青加入反应釜混合加热，升温至 220 ℃熔化并混合均匀后加入黄丹，再升温至 260 ℃，充分搅拌均匀。停止加热，待物料降温至 220 ℃加入环烷酸钴和环烷酸锰，继续降温至 180 ℃加入松节油稀释，降温至 150 ℃加入二甲苯，100 ℃加入聚二乙烯基乙炔，并于 100 ℃以下保温进行改性反应 3.5 h，最后将物料过滤即得成品。

5. 产品标准

含固量	≥40%
黏度（涂-4 黏度计）/s	60～105
硬度	0.4
柔韧性/mm	10
光泽	≥90%
回黏性（在 30%～40%，0.5 h）	无回黏现象
耐氨性（于 18%～27%氨水中泡 3 个月）	涂膜完整
干燥时间/h	
表干	≤2
实干	≤24

6. 产品用途

用于涂装运载氨水的木船和水泥船的表面。

3.18　T09-16 漆酚环氧防腐漆

1. 产品性能

T09-16 漆酚环氧防腐漆（Urushiol epoxy anti-corrosion paint T09-16）也称 6001 漆酚防腐漆，由漆酚与甲醛缩合成树脂，缩合成的树脂再与环氧树脂交联，用丁醇醚化而得。该漆具有优良的耐酸、耐碱、耐沸水和耐农药性。无皮肤过敏毒性，施工性能好。

2. 技术配方　（质量，份）

漆酚二甲苯溶液（40%）	32.000
601# 环氧树脂	14.000
甲醛（40%）	3.144
丁醇	14.800
二甲苯	15.200
氨水（25%）	0.800

3. 工艺流程

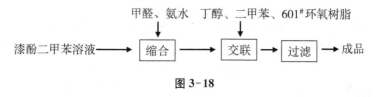

图 3-18

4. 生产工艺

将漆酚二甲苯溶液与甲醛和氨水投入反应釜中混合加热，升温 90 ℃左右进行缩合反应，制得漆酚醛树脂。另将 601# 环氧树脂加热熔化，加入丁醇和二甲苯混合成 601# 环氧树脂溶液，将该树脂溶液加入漆酚醛树脂中，保温进行交联缩聚反应及醚化处理，达所需黏度时，将物料冷却降温，过滤得成品。

5. 产品标准

原漆颜色	红棕色透明液体
含固量	35%～37%
黏度（涂-4 黏度计）/s	25～35
干燥时间	
表干/min	≤30
实干/h	≤24
烘干（180 ℃）/min	≤40

6. 产品用途

主要用于化工设备、石油管道、农药机械的防腐涂装。

3.19 T30-12 酯胶烘干绝缘漆

1. 产品性能

T30-12 酯胶烘干绝缘漆又称 3# 绝缘漆、耐油性清漆、T30-2 酯胶烘干绝缘漆，由合成脂肪酸桐油季戊四醇酯、季戊四醇松香树脂、松香铅皂、桐油、催干剂、200# 油漆溶剂汽油调配而成。

2. 技术配方 （质量，份）

合成脂肪酸桐油季戊四醇酯	36.0
季戊四醇松香树脂	29.2
松香铅皂	3.4

桐油	56.0
环烷酸铅（10%）	1.0
石灰松香	1.4
环烷酸锰（2%）	1.0
200# 溶剂汽油	72.0

3. 工艺流程

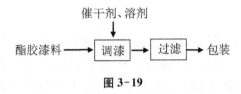

图 3-19

4. 生产工艺

（1）酯胶漆料制备

将季戊四醇松香树脂、松香铅皂、石灰松香、桐油和合成脂肪酸桐油季戊四醇酯混合加热，升温至 270 ℃，于 270~280 ℃保温反应至黏度合格。

（2）调漆

将上述漆料降温至 150 ℃，加 200# 溶剂汽油和催干剂，充分搅拌调匀，过滤、包装。

5. 产品标准

外观	清澈透明、无明显机械杂质
色号	≤16#
黏度/s	40~70
干燥时间（100~105 ℃）/h	≤2
酸值/（mgKOH/g）	≤12
含固量	≥40%
击穿强度/（kV/mm）	≥40

注：该产品符合津 Q/HG 3708 标准。

6. 产品用途

专供一般绝缘器材涂装。该漆用于烘干，有效贮存期为 1 年。

3.20　T35-12 酯胶烘干硅钢片漆

T35-12 酯胶烘干硅钢片漆又称 T35-2 酯胶烘干硅钢片漆、202 酯胶烘干钢片漆、302 酯胶烘干硅钢片漆，由干性油（桐油）、松香甘油酯或松香钙酯、200# 油漆溶剂汽油等调配而成。

1. 技术配方 （质量， 份）

松香改性酚醛树脂	10.5
石灰松香	10.0
桐油	30.0
煤油	32.0
环烷酸锰（2%）	0.2
亚麻油、桐油聚合油	15.0
200# 溶剂汽油	6.6
环烷酸铅（10%）	0.3

2. 工艺流程

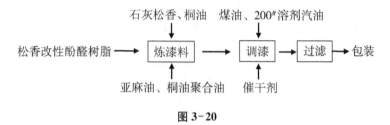

图 3-20

3. 生产工艺

将松香改性酚醛树脂、石灰松香、桐油混合，加热至 240 ℃，加亚麻油、桐油聚合油，于 240～250 ℃保温至黏度合格，降温至 180 ℃，加入煤油，然后加入 200# 溶剂汽油及催干剂，充分调匀，过滤、包装。

4. 产品标准

外观	黄色至深褐色透明液体，无机械杂质
黏度/s	80～120
含固量	≥60%
干燥时间 [（200±2）℃] /min	≤12
体积电阻系数/（Ω·cm）	≥1×10^{12}

注：该产品符合 ZBG 51008 标准。

5. 产品用途

主要用于电机、变压器和其他电器设备中硅钢片间的绝缘。用 200# 溶剂汽油或松节油作稀释剂。可在 180～120 ℃烘干。

3.21 T40-33 松香防污漆

1. 产品性能

T40-33 松香防污漆（Rosin anti-fouling paint T40-33）也称 T40-3 松香防污漆、812 铁红木船船底防污漆，由松香液、无机和有机杀虫剂、颜料、溶剂组成。该漆能有效地防止和杀死船蛆及海中附着生物，具有良好的防污作用。

2. 技术配方 （质量，份）

松香液	15.08
氧化锌	7.37
氧化亚铜	10.53
氧化铁红	24
滑石粉	7.37
敌百虫	5.26
滴滴涕	6.32
萘酸铜液	9.05
200# 溶剂汽油	9.76

3. 工艺流程

全部原料 → 研磨 → 调制 → 过滤 → 成品

图 3-21

4. 生产工艺

将技术配方中各物料按配方量混合后投入研磨机中，研磨至所需细度，将物料倾入容器内，充分搅拌调至黏度合格，过滤得成品。

5. 产品标准

漆膜颜色	红棕色
漆膜外观	平整光滑
遮盖力/（g/m²）	≤70
细度/μm	≤80
黏度（涂-4 黏度计）/s	30～60
使用量/（kg/m²）	≤0.1
干燥时间/h	
表干	≤3
实干	≤12

注：该产品符合闽 Q/HG 63 标准。

6. 产品用途

用于木质船底防污、防止船蛆及海生物附着，涂刷于已用桐油打底的木船船底。

3.22 T44-81铁红酯胶船底漆

1. 产品性能

T44-81铁红酯胶船底漆（Iron red oleoresinous ship primer T44-81）也称铁红101船底漆、T44-1铁红酯胶船底漆，由酯胶清漆、颜料、体质颜料、溶剂汽油等组成。该漆施工方便，干燥快，具有一定的抗水性和较强的附着力。

2. 技术配方 （质量，份）

酯胶清漆	56.8
氧化铁红	11.6
滑石粉	2.8
含铅氧化锌	0.8
200#溶剂汽油	8.0

3. 工艺流程

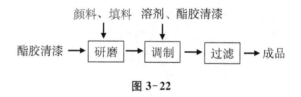

图 3-22

4. 生产工艺

将部分酯胶清漆与颜料、体质颜料混合、投入研磨机中研磨至所需细度，取出后放入容器内，加入其余酯胶清漆充分搅拌，用200#溶剂汽油调制均匀，过滤得成品。

5. 产品标准

漆膜颜色	铁红色，色调不定
漆膜外观	平整
细度/μm	≤50
黏度（涂—4黏度计）/s	40~80
遮盖力/（g/m²）	≤80
干燥时间/h	
表干	≤8
实干	≤24

注：该产品符合津Q/HG 2-10标准。

6. 产品用途

用于淡水铁船船底的防锈涂装。

3.23 T50-32各色酯胶耐酸漆

1. 产品性能

T50-32各色酯胶耐酸漆又称1#各色酯胶耐酸漆、2#各色酯胶耐酸漆，由干性植物油、颜料、体质颜料、催干剂及溶剂组成。该漆具有一定的耐酸腐蚀性能，干燥较快。

2. 技术配方 （质量，份）

	红色	绿色	白色	黑色
甲苯胺红	5.0	—		
中铬黄	—	1.0		
浅铬黄		15.0		
铁蓝	—	2.0		
群青	—	—	0.2	—
钛白粉	—	—	13.0	
硫酸钡	27.0	20.0	25.0	33.0
酯胶漆料	60.0	55.0	54.0	55.0
200#溶剂汽油	6.0	5.4	6.4	7.0
环烷酸钴（2%）	0.5	0.3	0.3	0.5
环烷酸锰（2%）	0.5	0.3	0.3	0.5
环烷酸铅（10%）	1.0	1.0	1.0	1.0

3. 工艺流程

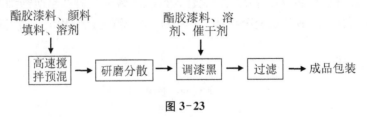

图3-23

4. 生产工艺

将部分酯胶料和颜料、填料混合，高速搅拌混合均匀，经磨漆机研磨至细度合格，再加入其余酯胶漆料、200#溶剂汽油及催干剂，充分调匀，过滤得成品。

5. 产品标准

外观	符合标准样板及其色差范围，漆膜平整
黏度/s	60～90
遮盖力/（g/m²）	
黑色	≤40
灰色	≤80
白色	≤140
干燥时间/h	
表干	≤4
实干	≤24
硬度	≥0.30
细度/μm	≤40
耐酸性［浸于（25±1）℃、40%的硫酸溶液中，72 h]	不起泡、不脱落，允许颜色变浅

6. 产品用途

主要用于工厂中需防酸气腐蚀的金属或木质结构表面的涂覆，也可用于耐酸要求不高的工程结构物表面的涂装。施工时，用200#油漆溶剂汽油或松节油作稀释剂，采用刷涂法施工。

3.24　T53-30 锌黄酯胶防锈漆

1. 产品性能

T53-30 锌黄酯胶防锈漆（Zinc yellow oleoresinous antirust pain T53-30）也称锌黄防锈漆，由酯胶漆料、颜料、体质颜料、催干剂和溶剂汽油组成。该漆对金属附着力强，具有良好的防锈性能。

2. 技术配方　（质量，份）

酯胶漆料	34.60
锌铬黄	16.50
中铬黄	10.40
滑石粉	8.65
氧化锌	5.94
环烷酸锰（2%）	1.54
环烷酸铅（10%）	1.54
200#溶剂汽油	15.05

3. 工艺流程

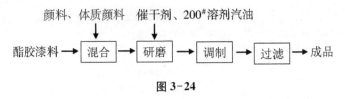

图 3-24

4. 生产工艺

将酯胶漆料、颜料、体质颜料混合均匀，投入三辊机中研磨至所需细度后，放入容器中加入催干剂、溶剂汽油，充分搅拌，调制均匀，过滤得成品。

5. 产品标准

漆膜颜色	浅黄至深黄色
漆膜外观	平整均匀
硬度	≥0.2
细度/μm	≤50
黏度（涂-4 黏度计）/s	90～120
柔韧性/mm	1
耐热性 [（60±2）℃，2 h]	漆膜变软，允许微黏
耐水性（2 h）	不起泡，允许轻微变化，8 h 恢复
干燥时间/h	
表干	≤12
实干	≤24
烘干 [（70±2）℃]	≤4

6. 产品用途

适用于涂刷化工厂中需防止酸性气体腐蚀的金属物件表面。主要用于铝、铝合金表面的保护性涂装。

3.25　T98-1 松香铸造胶液

1. 产品性能

T98-1 松香铸造胶液（Rosin adhesive for casting T98-1）也称油基黏合剂，由植物油、松香、催干剂和溶剂汽油组成。该漆具有较强的黏接力，能黏接铸件木型翻砂的泥芯砂。

2. 技术配方 （质量，份）

桐油	47.2
松香	23.5
200# 溶剂汽油	30.6

3. 工艺流程

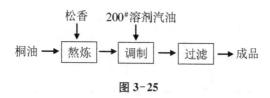

图 3-25

4. 生产工艺

将桐油和松香混合加热，升温至 250～260 ℃，保温熬炼，至黏度合格后冷却降温，加入溶剂汽油调制，过滤得成品。

5. 产品标准

外观	棕色透明液体
含固量	≥50%
黏度（涂-4 黏度计）/s	14～20
抗拉强度（8 字形）/MPa	0.64

注：该产品符合甘 Q/HG 2020 标准。

6. 产品用途

在铸造工业用作黏合材料、铁件铸造泥芯砂的黏合剂。

3.26 T01-13 钙脂清漆

1. 产品性能

T01-13 钙脂清漆（Limed rosin varnish T01-13），由干性油、松香钙皂、催干剂、溶剂汽油组成。该漆漆膜光亮、耐水性较好，干燥快，但漆膜脆硬，附着力和耐久性较酯胶和酚醛清漆差。

2. 技术配方 （质量，份）

松香钙皂	41.0
桐油	14.5
200# 溶剂汽油	43.5
环烷酸锰（2%）	0.5
环烷酸钴（2%）	0.5

3. 工艺流程

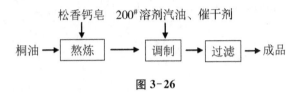

图 3-26

4. 生产工艺

将桐油与松香钙皂混合加热，升温至 250～260 ℃保温熬炼，至黏度合格后，降温冷却至 150 ℃加入催干剂和 200# 溶剂汽油，充分搅拌，调制均匀，过滤得成品。

5. 产品标准

外观	浅棕色，稍有浑浊
含固量	≥45%
黏度（涂-4 黏度计）/s	15～30
干燥时间/h	
表干	≤2
实干	≤18

6. 产品用途

用于家具、农具及小五金制品的表面罩光。

3.27　T01-18 虫胶清漆

1. 产品性能

T01-18 虫胶清漆（Shellac Varnish T01-18）也称虫胶酒精涂料、泡立水、洋干漆，由虫胶和酒精组成。该漆干燥快，附着力好，漆膜平整光滑有光泽，专用于木器表面的装饰与保护，可使木纹更清晰。

2. 技术配方 （质量，份）

虫胶	30
酒精	70

3. 生产工艺

将酒精投入溶解罐内，加盖密闭，于搅拌下分批加入虫胶，持续搅拌至虫胶完全溶解，经检验合格后，过滤得成品。

4. 产品标准

含固量	≥33%
外观	黄棕色液体
透明度	允许有轻度浑浊和沉淀
干燥时间/h	
表干	≤0.5
实干	≤2.0

注：该产品符合湘 Q/HG 665 标准。

5. 产品用途

用于木器表面罩光或已涂过油性清漆的表面再度上光，还可用于精细木制品的涂饰。

3.28　T01-34 酯胶烘干贴花清漆

1. 产品性能

T01-34 酯胶烘干贴花清漆（Oleoresinous baking varnish for sticker T01-34）也称 T01-14 酯胶贴花清烘漆、贴花清漆、快干清漆，由顺丁烯二酸酐树脂、干性油、200# 溶剂汽油和催干剂组成。该漆颜色较浅，黏着性好，不易泛黄。

2. 技术配方 （质量，份）

顺丁烯二酸酐树脂	10.0
桐油	30.0
甘油松香	10.0
亚麻油、桐油聚合油	5.0
200# 溶剂汽油	42.0
环烷酸铅（10%）	2.0

环烷酸钴（2%）	0.5
环烷酸锰（2%）	0.5

3. 工艺流程

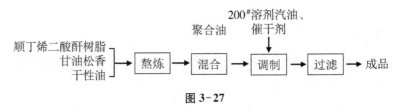

图 3-27

4. 生产工艺

将顺丁烯二酸酐树脂、桐油和甘油松香混合加热，升温至 255～265 ℃保温熬炼至黏度合格，稍降温后加亚麻油、桐油聚合油，冷却至 150 ℃后加 200# 溶剂汽油和环烷酸盐，充分混合，调制均匀，过滤得成品。

5. 产品标准

外观	透明，无机械杂质
原漆色号（Fe-4Co 比色）	≤12#
光泽	≥90%
硬度	≥0.4
黏度（涂-4 黏度计）/s	60～90
耐水性（18 h）	允许微发白，2 h 还原
冲击强度/（kg·cm）	50
柔韧性/mm	≤3
干燥时间/h	
表干	≤2
实干	≤14

6. 产品用途

专用于自行车、缝纫机粘花。

3.29　T01-36 酯胶烘干清漆

1. 产品性能

T01-36 酯胶烘干清漆（Ester gum baking varnish T01-36）也称 T01-16 酯胶清烘漆、225 清烘漆（印铁用），由顺丁烯二酸酐树脂、干性油、催干剂和 200# 溶剂汽油等组成。该漆色浅，不易泛黄，具有较高的硬度和光泽，但柔韧性、冲击强度差。

2. 技术配方 （质量，份）

顺丁烯二酸酐树脂	33.0
桐油	21.0
亚麻油、桐油聚合油	5.0
乙酸铅	0.3
200# 溶剂汽油	39.7
环烷酸钴（2%）	0.5
环烷酸锰（2%）	0.5

3. 工艺流程

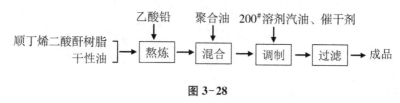

图 3-28

4. 生产工艺

将顺丁烯二酸酐树脂与桐油混合加热，升温至 190 ℃时，加入乙酸铅，再继续升温至 255～265 ℃，保温熬炼至黏度合格，停止加热。加聚合油混合，将物料降温至 150 ℃，加 200# 溶剂汽油和催干剂，充分搅拌，调制均匀，过滤得成品。

5. 产品标准

外观	透明，无机械杂质
色号（Fe-Co 比色）	≤12#
含固量	≥50%
光泽	≥90%
硬度	≥0.4
黏度（涂-4 黏度计）/s	120～150
耐水性（18 h）	允许轻微发白，2 h 还原
柔韧性/mm	≤3
冲击强度/（kg·cm）	50
干燥时间/h	
表干	≤2
实干（常温）	≤14
实干 [（85±2）℃]	≤2

6. 产品用途

用于金属玩具、文教用具、马口铁听罐及印刷油墨的表面罩光。

3.30 T04-1各色酯胶磁漆

T04-1各色酯胶磁漆又称镜子漆、877甲紫红货舱漆，由干性植物油、酯胶漆料、200$^\#$溶剂汽油、颜料、填料、催干剂调配而成。

1. 技术配方 （质量，份）

	红色	绿色	黄色	蓝色	白色	黑色
大红粉	13	—	—	—	—	—
中铬黄	—	16	30	—	—	—
柠檬黄	—	6	4	—	—	—
铁蓝	—	5	—	3	—	—
立德粉	—	—	—	24	104.0	—
群青	—	—	—	—	0.2	—
炭黑	—	—	—	—	—	6.0
轻质碳酸钙	18	18	18	18	—	18.0
沉淀硫酸钡	18	18	18	18	—	18.0
白特酯胶漆料	—	—	—	—	74.0	—
酯胶漆料	129	115	108	115	—	134.4
亚麻油、桐油聚合油	10	10	10	10	10.0	10.0
200$^\#$溶剂汽油	6	6	6	6	6.0	6.0
环烷酸钴（2%）	1	1	1	1	1.0	1.0
环烷酸锰（2%）	1	1	1	1	1.0	1.6
环烷酸铅（10%）	4	4	4	4	4.0	5.0

2. 工艺流程

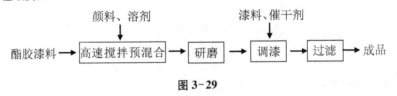

图 3-29

3. 生产工艺

将颜料、填料、酯胶漆料（部分）及聚合油、溶剂进行高速搅拌预混合，研磨分散后，加入其余酯胶漆料及催干剂，搅拌均匀，过滤包装。

4. 产品标准

漆膜外观	漆膜平整光滑
黏度/s	70~110
干燥时间/h	
表干	≤8

实干	≤24
细度/μm	≤30
柔韧性/mm	1
光泽	≥90%
遮盖力/（g/m²）	
红、黄色	≤160
绿、蓝色	≤80
白色	≤200
黑色	≤40

注：该产品符合 ZBG 51105 标准。

5. 产品用途

用于室内一般金属、木质物件、五金零件及玩具等表面的装饰保护，刷涂用 200# 油漆溶剂汽油作稀释剂。

3.31　T04-13 铁红虫胶磁漆

T04-13 铁红虫胶磁漆也称铁红耐机油漆，由虫胶、甘油松香、干性植物油、氧化铁红、体质颜料、溶剂汽油和催干剂组成。该漆具有良好的耐机油性和耐擦洗性。

1. 技术配方　（质量，份）

虫胶漆料（45%）	26.6
氧化铁红	8.8
滑石粉	2.2
200# 溶剂汽油	1.2
环烷酸锰（2%）	0.2
环烷酸钴（2%）	0.2
环烷酸铅（10%）	0.8

* 虫胶漆料技术配方：

虫胶	45
甘油松香	12
桐油	43

2. 工艺流程

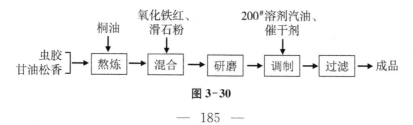

图 3-30

3. 生产工艺

先将虫胶、甘油松香和桐油按技术配方量混合后熬炼至所需黏度得虫胶漆料。把虫胶漆料与氧化铁红和滑石粉混合，搅拌均匀后送入磨漆机内研磨至所需细度后，将物料与催干剂和200#溶剂汽油充分混合调制均匀，过滤得成品。

4. 产品标准

漆膜外观	铁红色，漆膜平整
漆膜颜色	符合标准样板及色差范围
遮盖力/（g/m²）	≤80
耐机油性（浸泡7 d）	不起泡
黏度（涂-4黏度计）/s	40～90
细度/mm	≤50
干燥时间/h	
表干	≤4
实干	≤36

5. 产品用途

主要用于船舶机舱、油箱内外各部位的耐油保护层。

3.32　Y53-31红丹油性防锈漆

1. 产品性能

Y53-31红丹油性防锈漆（Red lead oil base antirust paint Y53-31），由经熬炼的干性植物油与红丹粉、体质颜料、催干剂和溶剂组成。防锈性、涂刷性好，但干燥较慢、漆膜柔软，不能用于铝板和锌皮，对钢铁表面有良好的防锈作用。

2. 技术配方 （质量，份）

（1）配方一

红丹粉	36.0
清油	16.2
滑石粉	6
200#汽油	0.9
硬脂酸铝	0.3
环烷酸锰（2%）	0.3
环烷酸钴（2%）	0.3

（2）配方二

红丹粉	36.00
油性漆料	12.51
滑石粉	3.00
硫酸钡	6.00
碳酸钙	1.50
硬脂酸锌	0.09
环烷酸铅（10%）	0.30
环烷酸锰（2%）	0.60

3. 工艺流程

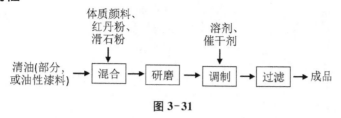

图 3-31

4. 生产工艺

将 2/3 的清油与红丹粉、滑石粉、体质颜料、硬脂酸盐等混合，搅拌均匀后，经研磨至所需细度，再加入其余物料及剩余清油，调配均匀，过滤后即得成品。

5. 产品标准

漆膜颜色	橘红
漆膜外观	漆膜平整，略有刷痕
遮盖力/（g/m²）	≤220
耐盐水性（5 d）	不起泡，不生锈
细度/μm	≤60
黏度（涂-4 黏度计）/s	30～80
干燥时间/h	
表干	≤8
实干	≤24

注：该产品符合 ZBG 51026 标准。

6. 产品用途

用于室内外钢铁物件表面的防锈打底。

3.33 Y53-32 铁红油性防锈漆

1. 产品性能

Y53-32 铁红油性防锈漆又称 Y53-2 铁红油性防锈漆，由干性植物油炼制后与氧化铁红、氧化锌、催干剂、200#溶剂汽油调制而成。该漆附着力较好，防锈性能较好，但次于红丹防锈漆、漆膜较软。

2. 技术配方 （质量，份）

氧化铁红	60.0
碳酸钙	10.0
氧化锌	4.0
200#溶剂汽油	3.0
环烷酸锰（2%）	2.0
沉淀硫酸钡	20.0
氧化铅	6.0
亚麻油、桐油聚合油	94.0
环烷酸钴（2%）	1.0

3. 工艺流程

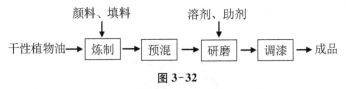

图 3-32

4. 生产工艺

将全部颜料、填料及部分炼制油混合，搅拌均匀，经研磨机研磨至细度合格，加余料，充分调匀，过滤、包装。

5. 产品标准

漆膜外观	铁红色、漆膜平整、允许略有刷痕
黏度/s	60～90
细度/μm	≤60
遮盖力/（g/m²）	≤60
耐盐水性/h	72
干燥时间/h	
表干	≤6
实干	≤24

注：该产品符合 ZBG 51088 标准。

6. 产品用途

主要用于室内外要求不高的钢铁结构表面的打底涂装。刷涂，用 200# 溶剂汽油稀释，配套面漆为酚醛漆、脂胶漆。有效贮存期 1 年。

3.34　Y53-34 铁黑油性防锈漆

1. 产品性能

Y53-34 铁黑油性防锈漆（Iron black oil base antirust paint Y53-34）也称 Y53-4 铁黑油性防锈漆，由干性油、酚醛漆料、颜料、催干剂、200# 溶剂汽油组成。该漆具有良好的耐晒性和防锈性。

2. 技术配方　（质量，份）

酚醛漆料	12.0
混合植物油 [m（梓油）∶m（豆油）∶m（桐油）=4.5∶4.0∶1.5]	30.0
氧化铁黑	30.0
氧化锌	7.0
轻质碳酸钙	10.0
硅油（1%～2%）	0.1
200# 溶剂汽油	8.4
环烷酸钴（2%）	1.0
环烷酸锰（2%）	0.5
环烷酸铅（10%）	1.0

3. 工艺流程

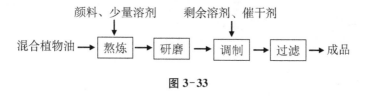

图 3-33

4. 生产工艺

将混合植物油中各物料按比例混合加热熬炼，熬炼后与氧化铁黑、轻质碳酸钙和氧化锌混匀，投入三辊机中研磨磨至细度达 50 μm 以下时，将物料装入容器内，加入其余各物料，充分搅拌，用 200# 溶剂汽油调制，至黏度合格后，过滤得成品。

5. 产品标准

漆膜颜色	黑色，色调不定
漆膜外观	允许有刷痕
遮盖力/（g/m²）	≤40
黏度（涂-4 黏度计）/s	60～130
细度/μm	≤50
耐盐水性［浸于（25±1）℃，30%的 NaCl 溶液中］/h	24
干燥时间/h	
表干	≤12
实干	≤24

注：该产品符合闽 Q/HG 75 标准。

3.35　Y53-35 锌灰油性防锈漆

1. 产品性能

Y53-35 锌灰油性防锈漆又称 Y53-5 锌灰油性防锈漆，由干性植物油、氧化锌、颜料、催干剂、有机溶剂调制而成。该漆漆膜平整、附着力好，有较好的耐候性能。

2. 技术配方　（质量，份）

含铅氧化锌	106.0
炭黑	0.6
亚麻油、桐油聚合油	64.0
环烷酸钴（2%）	0.6
环烷酸锰（2%）	0.6
环烷酸铅（10%）	2.0
200# 溶剂汽油	26.2

3. 工艺流程

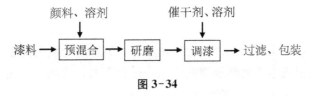

图 3-34

4. 生产工艺

将含铅氧化锌、炭黑及聚合油（漆料）和部分溶剂混合、研磨分散至规定细度，加入剩余溶剂及催干剂搅拌调匀，过滤、包装。

5. 产品标准

漆膜外观	灰色，漆膜平整，允许略有刷痕
黏度/s	≥70
细度/μm	≤50
干燥时间/h	
表干	≤8
实干	≤24
遮盖力/（g/m²）	≤100
耐盐水性/h	24

注：该产品符合重庆 Q/CYQG 51158 标准。

6. 产品用途

主要用于已涂防锈漆打底的室内外钢铁结构表面，作保护防锈之用。刷涂，用 200# 溶剂汽油调节黏度，有效贮存期 1 年。

3.36　草绿耐候调和漆

1. 产品性能

该漆具有优异的耐候性，耐腐蚀性、耐磨性及附着力均好，表面平整光滑。

2. 技术配方　（质量，份）

氧化铁红	2.00
炭黑	0.05
氧化铁黄	0.50
铬绿	23.00
沉淀硫酸钡	25.00
酞菁蓝	0.20
轻质碳酸钙	9.00
910# 厚油*	16.50
环烷酸铅（1%）	1.00
松节油	6.00
环烷酸锰（2%）	1.00
锌铝皂浆	3.00
环烷酸钴（2%）	0.50
二甲苯	2.00
200# 溶剂汽油	10.25

﹡910[#]厚油技术配方：

漂梓油或亚麻油	90.00
桐油	10.00

3. 生产工艺

将油基漆料和颜料、填料、溶剂经混合研磨至细度小于或等于 40 μm，加入催化剂调制即得成品。

4. 产品用途

主要用于国防上军用设施，涂刷于物件表面，黏度 90～120 s（涂-4 黏度计，25 ℃），涂层表干 8 h，实干 24 h。

3.37 Y02-2 锌白厚漆

1. 产品性能

Y02-2 锌白厚漆又称 MO 锌白厚漆，由干性植物油、氧化锌调配而成。该漆遮盖力强。

2. 技术配方 （质量，份）

熟油	32
氧化锌	168
催干剂、溶剂	适量

3. 工艺流程

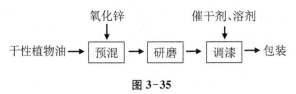

图 3-35

4. 生产工艺

将干性植物油与氧化锌混合，研磨分散，加入催干剂、溶剂调漆。

5. 产品标准

外观	不应有搅不开的硬块
实干/h	≤24
遮盖力/（g/m²）	≤180

注：该产品符合大连 Q/DQ 02-Y03 标准。

6. 产品用途

适用于造船工业及刻度盘上画线。以刷涂为主，在使用前加入清油调和，可用200#油漆溶剂油调节黏度。有效贮存期1年。

3.38　Y02-14各色帆布漆

1. 产品性能

Y02-14各色帆布漆（Various colour paste paint for canvas Y02-14）也称蜡布漆，由干性油、颜料及体质颜料组成。该漆具有良好的防潮性和着色性。

2. 技术配方 （质量，份）

蜡布油	14.40
重质碳酸钙	31.20
氧化铁黄	4.92
炭黑	0.18
铁蓝	0.30
立德粉	9.00

3. 生产工艺

将技术配方中各物料按配方量混合搅拌均匀，经研磨至所需细度即得成品。

4. 产品标准

外观	不应有搅不开的硬块
油分含量	≤16%
原漆颜色	近似标准样板
遮盖力/（g/m²）	≤160

5. 产品用途

专用于帆布、雨篷、帐篷等物表面涂饰。

第四章　醇酸树脂漆

4.1　C01-1醇酸清漆

1. 产品性能

C01-1醇酸清漆（Alkyd varnish C01-1）又称4C醇酸清漆、5C醇酸清漆、6C醇酸清漆、1357醇酸清漆，由干性植物油改性中油度醇酸树脂、催干剂和混合溶剂制得。该漆附着力、耐久性比酯胶清漆及酚醛清漆都好，耐水性次于酚醛清漆，能在室温下干燥。

2. 技术配方　（质量，份）

（1）配方一

亚麻油	24.10
甘油	6.58
黄丹	0.01
邻苯二甲酸酐（苯酐）	15.32
200#溶剂汽油	38.00
二甲苯	13.15
环烷酸钙（2%）	2.40
环烷酸锌（3%）	0.33
环烷酸钴（3%）	0.44

（2）配方二

亚麻油	25.17
甘油	6.56
苯酐	15.96
黄丹	0.01
200#溶剂汽油	26.80
二甲苯	20.00
环烷酸钴（2%）	0.50
环烷酸锰（2%）	0.50
环烷酸铅（10%）	2.00
环烷酸锌（4%）	0.50
环烷酸钙（2%）	2.00

（3）配方三

亚麻油	23.67
甘油（98%）	6.92
苯酐	15.07
黄丹	0.005
200#溶剂汽油	31.95
二甲苯	19.19
环烷酸钴（4%）	0.45
环烷酸锌（3%）	0.35
环烷酸钙（2%）	2.40

（4）配方四

苯酐	14.490
甘油（98%）	6.220
亚麻油	22.810
黄丹	0.007
200#溶剂汽油	23.070
松节油	10.000
二甲苯	20.200
环烷酸钙（2%）	2.400
环烷酸锌（3%）	0.350
环烷酸钴（4%）	0.450

3. 工艺流程

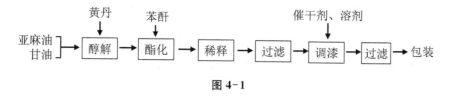

图 4-1

4. 生产工艺

将甘油和亚麻油投入反应釜，混合加热至 160 ℃，加入黄丹醇解，升温至 160 ℃，保温醇解 1 h，醇解完全后，降温至 180 ℃，加入苯酐和回流用二甲苯（5%），搅拌下升温，于 220 ℃左右酯化，回流脱水（酯化温度最高不超过 230 ℃），至酸值≤8 mgKOH/g、黏度为 6~9 s 时，降温至 160 ℃，加入 200#溶剂汽油和适量二甲苯，稀释至含固量为（50±2）%，然后过滤得树脂液，得到的树脂液与催干剂、溶剂混合调匀，过滤得 C01-1 醇酸清漆。

5. 产品标准

原漆色号	≤11#
原漆外观和透明度	透明，无机械杂质
漆膜外观	平整光滑
黏度/s	≥40
酸值/（mgKOH/g）	≤12
含固量	≥45%
干燥时间/h	
表干	≤6
实干	≤15
硬度	≥0.3
柔韧性/mm	1
冲击强度/（kg·cm）	50
附着力/级	≤2
耐水性（浸4 h）	允许变白，2 h恢复
耐汽油性（浸于NY-120溶剂汽油4 h）	允许轻微变化，1 h恢复
耐油性（浸于10#变压器油24 h）	漆膜无变化

注：该产品符合 ZBG 51033 标准。

6. 产品用途

主要用于室外金属、木材表面涂层的罩光。喷涂或刷涂，使用 200# 油漆溶剂汽油（或松节油）与二甲苯的混合溶剂调整黏度。使用量 40～60 g/m²。

4.2　C01-7 醇酸清漆

1. 产品性能

C01-7 醇酸清漆（Alkyd varnish C01-7）又称 170 醇酸清漆、170A 醇酸清漆，由干性植物油改性季戊四醇（长油度）醇酸树脂、催干剂、混合溶剂调配而成。自然干燥性能较好，附着力好，耐候性比 C01-1 醇酸清漆好，但防霉、防潮、盐雾性能差。

2. 技术配方 （质量，份）

（1）配方一

亚麻油	26.40
桐油	2.94
季戊四醇	3.11
甘油	5.41

邻苯二甲酸二甲酯	12.70
黄丹	0.01
二甲苯	20.00
200# 油漆溶剂油	23.93
环烷酸锌（4%）	0.50
环烷酸铅（10%）	2.00
环烷酸锰（2%）	0.50
环烷酸钴（2%）	0.50

（2）配方二

长油度醇酸树脂*	88.5
环烷酸锌（3%）	0.30
环烷酸铅（10%）	0.60
环烷酸锰（3%）	0.05
环烷酸钴（4%）	0.25
环烷酸钙	0.30
二甲苯	10.00

* 长油度醇酸树脂的技术配方：

季戊四醇	21.20
苯酐	39.60
亚麻油（双漂）	139.20
氧化铅	0.07
200# 油漆溶剂油	160.00
松节油	24.00

3. 工艺流程

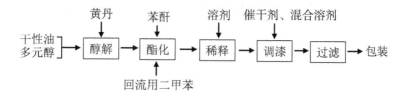

图 4-2

4. 生产工艺

将亚麻油（配方一中的桐油）与多元醇（甘油、季戊四醇）混合，加热至 160 ℃，加入黄丹，于 240 ℃保温醇解，醇解完毕，降温至 180 ℃，加入苯酐和回流二甲苯（约 5%），逐步升温酯化，酯化反应温度控制在≤240 ℃，至酸值<10 mgKOH/g、黏度（50%兑稀）为 3～5 s 时，降温至 160 ℃，加入 200# 油漆溶剂油和二甲苯稀释。然后加入催干剂，用混合溶剂调整黏度≥40 s，过滤得 C10-7 醇酸清漆。

5. 产品标准

原漆外观和透明度	透明，无机械杂质
原漆色号（Fe-Co 比色）	≤12#
漆膜外观	平整光滑
黏度（涂-4 黏度计）/s	≥40
酸值/（mgKOH/g）	≤12
含固量	≥45%
流干性/min	≤10
干燥时间/h	
表干	≤6
实干	≤15
硬度	≥0.3
柔韧性/mm	1
冲击强度/（kg·cm）	50
附着力/级	≤2
耐水性（18 h）	允许轻微失光，小泡 1 h 内恢复
耐油性（浸于 200# 溶剂汽油 1 h）	允许轻微失光，1 h 内恢复

注：该产品符合 ZBG 51034 标准。

6. 产品用途

适用于各种涂有底漆、磁漆的金属材料及铝合金表面罩光涂装，也可用于户外木器上的罩光涂饰。使用量 40～60 g/m²。

4.3　中油度豆油醇酸清漆

1. 产品性能

该清漆由中油度豆油醇酸树脂、催干剂和溶剂调配而成，漆膜的保光性、耐候性、耐汽油性比一般油基清漆优良。

2. 技术配方　（质量，份）

豆油	23.020
甘油	7.840
黄丹	0.008
邻苯二甲酸酐	15.620
200# 溶剂汽油	15.120
二甲苯	27.400
环烷酸锌（4%）	2.000

环烷酸铅（10%）	2.000
环烷酸钙（2%）	2.000

3. 工艺流程

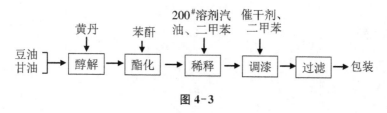

图 4-3

4. 生产工艺

将豆油和甘油投入反应釜中，加热，于 140 ℃加入黄丹，升温至 220 ℃醇解，醇解完全后，降温至 200 ℃加入苯酐和回流量二甲苯，于 230 ℃酯化 2 h 后，测定酸值和黏度，至酸值＜10 mgKOH/g，黏度（50%的树脂液）为 6～9 s，停止加热。加入 200# 溶剂汽油、6～7 份二甲苯，过滤得中油度豆油醇酸树脂。然后将树脂液与催干剂和余量的二甲苯混合调匀，过滤得中油度豆油醇酸清漆。

5. 产品标准

原漆色号（Fe-Co 比色）	≤11#
原漆外观	透明，无机械杂质
漆膜外观	平整光滑
黏度（涂-4 黏度计）/s	≥52
酸值/（mgKOH/g）	≤12
含固量	≥45%
干燥时间/h	
表干	≤3
实干	≤5
硬度	≥0.3
柔韧性/mm	1
冲击强度/（kg·cm）	50

6. 产品用途

用于木材表面的涂装，也可用于面漆的罩光层。用量 40～60 g/m^2。

4.4　C01-8 醇酸水砂纸清漆

1. 产品性能

C01-8 醇酸水砂纸清漆（Alkyd varnish for sand paper C01-8）又称水砂纸清漆、

砂纸漆、砂纸清漆，由中油度醇酸树脂、催干剂和溶剂调配而成。该漆成膜后柔韧性良好，具有一定的耐水性和黏结性。

2. 技术配方 （质量，份）

甘油	9.4
邻苯二甲酸酐	16.1
亚麻仁油	12.1
桐油	12.1
黄丹	0.01
二甲苯	50.3
环烷酸钴（3%）	0.4
环烷酸铅（10%）	1.0
环烷酸锌（3%）	1.0
松节油（调黏度）	

3. 工艺流程

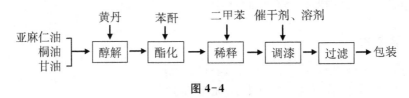

图 4-4

4. 生产工艺

将亚麻仁油、桐油和甘油投入反应釜，加热至 160 ℃，加入黄丹，在 220～230 ℃ 醇解完全，降温至 180 ℃，加入苯酐和回流二甲苯（约 5%），升温至 210～235 ℃，保温酯化 2 h，至酸值、黏度合格后，降温至 160 ℃，加入二甲苯稀释至含固量（50±2）% 得树脂漆。然后将树脂液、催干剂混合均匀，用松节油调整黏度至 40～70 s，过滤，包装。

5. 产品标准

原漆色号（Fe-Co 比色）	≤14#
原漆外观	无机械杂质
黏度（涂-4 黏度计）/s	40～70
酸值/（mgKOH/g）	≤12
干燥时间/h	
表干	≤6
实干	≤18
冲击强度/（kg·cm）	50
柔韧性/mm	1

附着力/级	≤2
含固量	≥40%

6. 产品用途

专供水砂纸黏砂用。使用量 $150\sim200\ g/m^2$。

4.5　C01-9醇酸水砂纸清漆

1. 产品性能

C01-9醇酸水砂纸清漆（Alkyd varnish for sand paper C01-9）又称水砂纸清漆，由季戊四醇、催干剂和溶剂组成。该漆膜具有良好的柔韧性，具有一定的耐水性和黏结性。

2. 技术配方 （质量， 份）

季戊四醇	17.40
豆油	7.00
亚麻油	61.60
黄丹	0.02
苯酐	31.60
200# 溶剂汽油	47.38
二甲苯	24.00
环烷酸钙（2%）	4.00
环烷酸铅（10%）	4.00
环烷酸钴（2%）	1.00
环烷酸锰（2%）	1.00
环烷酸锌（4%）	1.00

3. 工艺流程

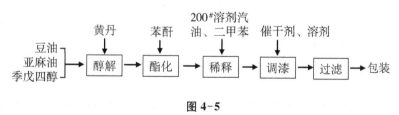

图 4-5

4. 生产工艺

将豆油、亚麻油混合后，投入反应釜中，搅拌下，于30 min内加热至160 ℃，加入黄丹，升温至240 ℃，加入季戊四醇，在240 ℃保温进行醇解反应。醇解完全后，降温至 180 ℃，加入苯酐和二甲苯（总量的 5%），逐步升温，于 220～230 ℃酯化反应 2 h，测定酸值和黏度合格后，降温至 160 ℃，加入溶剂汽油和二甲苯稀释至含固量（50±2）%，然后加入催干剂，并用适量溶剂调整黏度＞45 s，过滤，包装即得。

5. 产品标准

原漆色号	≤12#
干燥时间/h	
表干	≤3
实干	≤18
黏度（涂-4 黏度计，25 ℃）/s	48
柔韧性/mm	1
冲击强度/（kg•cm）	50

注：该产品符合沪 Q/GHTC 041 标准。

6. 产品用途

专供水砂纸黏砂之用，使用量 150 g/m²。

4.6　灰色耐油醇酸磁漆

1. 产品性能

这种磁漆具有优异的耐油性。

2. 技术配方　（质量，份）

乙烯基甲苯改性醇酸树脂（55%）	81.00
炭黑	1.00
碳酸钙	2.71
钛白粉	27.43
环烷酸钴（6%）	0.71
芳香烃（Solvesso 100）	14.30
甲苯	16.00

3. 生产工艺

将乙烯基甲苯改性醇酸树脂、色填料与催干剂及溶剂混合均匀后，用球磨机进行研磨即得。

4. 产品用途

主要用于机床、内燃机等的涂饰，喷涂或刷涂。

4.7 红色醇酸烘烤磁漆

1. 产品性能

该烘烤磁漆具有优异加热成膜性，形成的漆膜柔韧性和光泽性好，具有极好的耐热、耐酸、耐碱性。施漆后于 175～180 ℃烘烤 10 min 成膜。

2. 技术配方 (质量，份)

组分 A：

高固体分醇酸树脂	24.9
颜料红 6# (Parachlor-red RT-427D)	13.4
乙二醇单乙醚乙酸酯	11.6

组分 B：

三聚氰胺树脂	11.10
聚硅氧烷	0.78
颜料红 6# (Parachlor-red, RT-427D)	12.40

3. 生产工艺

将组分 A 物料混合，球磨至细度为 6.25 μm 以下，加入组分 B，调和均匀即得。其黏度 0.085～0.10 Pa·s，含固量 75%～80%。

4. 产品用途

用于金属表面的装饰性保护。刷涂或喷涂后，施漆于 175～180 ℃烘烤 10 min。

4.8 黑色醇酸烘干磁漆

1. 产品性能

这种烘干磁漆具有良好的柔韧性、光泽性及耐热、耐湿、耐酸、耐碱性能。

2. 技术配方 (质量，份)

组分 A：

高固体分醇酸树脂(Cargill high solids 5710 alkyd)	16
乙二醇单乙醚醋酸酯	7
炭黑	1

组分 B：

高固体分醇酸树脂	11.2
三聚氰胺树脂	8.08
聚硅氧烷	0.55

3. 生产工艺

将组分 A 中的高固体分醇酸树脂、乙二醇单乙醚醋酸酯和炭黑混合，在球磨机内研至 6.25 μm，加入组分 B 混合物即得。

4. 产品标准

| 含固量 | 74.0%～76.8% |
| 黏度/（Pa·s） | 0.10～0.12 |

5. 产品用途

用于金属表面的装饰性保护。刷涂或喷涂后，于 177 ℃烘烤 10 min。

4.9 蓝色醇酸烘干磁漆

该磁漆具有极好的光泽性，可用于金属表面的装饰性保护。

1. 技术配方 （质量，份）

高固体分醇酸树脂	16.8
酞菁蓝	1.0
闪光银粉	1.5
硅胶	0.2
聚硅氧烷（Byk VP-451）	0.4
混合二甲苯	10.0
三聚氰胺树脂（Cargill 2347 melamine）	6.0
乙酰丁酸酯纤维	6.0

2. 生产工艺

将酞菁蓝、硅胶和聚硅氧烷按配方量混合均匀得组分 A；闪光银粉用 1 份混合二甲苯混合得组分 B；三聚氰胺树脂与乙酰丁酸酯纤维混合后，与组分 A、组分 B 充分混合，使铝粉（银粉）完全分散。最后加入溶于 9 份混合二甲苯中的醇酸树脂，分散均匀得蓝色高固体醇酸烘干磁漆。其中含固量为 65%～68%，m（颜料）：m（基料）＝0.08：1.00，有机溶剂浓度为 339 g/L。

3. 产品用途

用于金属表面的装饰性保护。施漆后，于 175～180 ℃烘烤 10 min，干燥成膜。

4.10　橡胶醇酸底漆

1. 产品性能

该底漆以氯化橡胶和长油度醇酸树脂为成膜料，对金属等表面具有较强的结合力，形成的漆膜具有良好的坚韧性和耐腐蚀性能。

2. 技术配方　（质量，份）

（1）配方一

组分 A：

氯化橡胶	47.2
长油度醇酸树脂（65%）	36.4
芳烃溶剂	51.2
烷烃石蜡油	11.2
重晶石	16.0
磷酸锌	81.2
二氧化钛	14.0
滑石粉	21.2

组分 B：

改性膨润土（Bentone 38）	9.2
异丙醇（99%）	2.4
二甲苯	109

组分 C：

环烷酸钴（6%）	0.4
环烷酸铅	0.8

（2）配方二

氯化橡胶	64.8
铅粉（分散于烷烃石蜡油中，91%）	120.0
烷烃石蜡油	28.0
松香水	32.0
氢化蓖麻油	2.0
硅石墨	53.2
环氧大豆油	4.0
芳烃溶剂	96.0

3. 生产工艺

（1）配方一的生产工艺

将组分 A 的氯化橡胶、长油度醇酸树脂、固体料和溶剂混合，投入球磨机内研磨，将组分 A 过滤后加至预先混匀并溶解的组分 B 中，搅拌均匀后加入组分 C（催干剂），混匀后得到橡胶醇酸底漆（颜料体积浓度为 37%，相对密度为 1.29）。

（2）配方二的生产工艺

将各物料混合，经球磨磨细后过滤。

4. 产品用途

（1）配方一所得产品用途

用于金属表面的装饰性保护，适合于无空气喷涂。

（2）配方二所得产品用途

用于金属表面的装饰性保护，刷涂或喷涂于已处理过的金属表面。

4.11　环氧酯醇酸红丹底漆

1. 产品性能

该底漆具有优良的耐腐蚀性，漆膜坚硬耐久，附着力良好。

2. 技术配方　（质量，份）

中油度亚麻仁油醇酸树脂	12.8
环烷酸钴（2%）	0.4
红丹粉	56.0
环烷酸锰（2%）	0.8
沉淀硫酸钡	5.0
环烷酸铅（10%）	0.5
624# 环氧脂	12.8
二甲苯	11.7

3. 生产工艺

将颜料、体质颜料与 624# 环氧酯、中油度亚麻仁油醇酸树脂及溶剂于球磨机中研磨至细度小于 60 μm，再加催干剂配制即得环氧酯醇酸红丹底漆。

4. 产品用途

主要用于桥梁、车皮等大型金属物件表面打底防锈。采用喷涂或刷涂法施工，涂漆前，先除去金属表面的锈迹、油污、水气等。

4.12　灰色防锈漆

1. 产品性能

该防锈漆防锈性能优异，漆膜具有较好的附着力，耐候性、耐水性、涂刷性好。

2. 技术配方　（质量，份）

长油度亚麻仁油酸季戊四醇醇酸树脂（50%）	61.9
环烷酸锌（4%）	0.5
环烷酸铅（100%）	1.0
环烷酸锰（2%）	0.3
环烷酸钴	0.1
沉淀硫酸钡	13.0
钛白粉	16.0
炭黑	0.2
滑石粉	2.0
二甲苯	3.0
200#溶剂汽油	2.0

3. 生产工艺

将技术配方中原料按配方量混合搅拌均匀，研磨至细度为 $34\sim38\ \mu m$，然后过滤包装。

4. 产品用途

主要用于涂覆室内外钢铁结构表面作保护防锈之用。涂刷于物件表面，黏度 $62\sim72\ s$（涂-4 黏度计，25 ℃）表干 6 h。

4.13　耐候性桥梁漆

1. 产品性能

该漆其耐水性优良，且漆膜外观平整光滑，耐候性、硬度及附着力好。

2. 技术配方　（质量，份）

（1）配方一

长油度亚麻仁油酸季戊四醇酸树脂（50%）	58.6

环烷酸锌 (4%)	0.5
环烷酸钴 (3%)	0.1
环烷酸钙 (2%)	0.5
环烷酸铅 (10%)	2.0
钛白粉	25.0
炭黑	0.8
8201# 铁蓝	0.1
200# 溶剂汽油	2.0

（2）配方二

环氧改性亚桐油醇酸树脂液	48.5
环烷酸钴液 (2%)	0.7
锌黄	21.9
环烷酸铅液 (7%)	1.46
氧化锌	13.7
滑石粉	13.7
二甲苯	适量

3. 生产工艺

（1）配方一的生产工艺

将技术配方中各物料按配方量混合搅拌均匀。研磨至细度为 24 μm，然后过滤包装。

（2）配方二的生产工艺

将技术配方中的各物料按配方量混合搅拌均匀，研磨至细度为 50 μm，然后过滤包装。

4. 产品用途

（1）配方一所得产品用途

涂刷于物体表面。黏度 80 s（涂-4 黏度计，25 ℃），表干 4 h，实干 6.3 h。颜色呈钢灰色，漆膜光滑。

（2）配方二所得产品用途

主要用于桥梁上钢铁构件表面涂饰。该桥梁漆耐高温和耐水性优异，漆膜坚硬耐久，附着力、稳定性、耐盐雾和防腐性良好。用于金属表面的防腐蚀。涂刷于物件表面。黏度 70～90 s（涂-4 黏度计，20 ℃），实际干 1 h。漆膜平整光滑。

4.14 水性醇酸树脂涂料

1. 产品性能

该涂料中的醇酸树脂含 ≥10% 的聚氧乙烯化双酚 A，其油长 <50%、酸值 25～

50 mgKOH/g。该涂料涂膜坚硬光滑，60°光泽为95％，其硬度相当于2H铅笔的硬度。引自日本公开特许公报JP 02-302431。

2. 技术配方 （质量，份）

（1）配方一

脱水蓖麻油脂肪酸	280.0
三羟甲基丙烷	250.0
聚氧乙烯化双酚A	200.5
间苯二甲酸	349.5
乙二醇单丁醚	50.0
三乙胺	5.2
水	44.8
二氧化钛	737.5
三聚氰胺树脂	184.4

（2）配方二

亚麻仁油脂肪酸	500
苯二甲酸酐	200
三羟甲基丙烷	240
顺丁烯二酸酐	50
偏苯三酸酐	30
乙二醇单丁醚	680
催干剂	适量

这种防火且无毒的水稀释型气干醇酸树脂涂料，是由亚麻仁油脂肪酸、催干剂、苯二甲酸酐和乙二醇单丁醚、顺丁烯二酸酐及偏苯三酸酐加热制得基料。引自波兰专利PL 148766。

（3）配方三

亚麻仁油脂肪酸	200.0
三羟甲基丙烷	200.0
间苯二甲酸	200.0
偏苯三酸酐	2.7
乙二醇单丁醚	320.0
正丁醇	3.6
三乙胺	4.1
钴-铅-钙干料	适量

（4）配方四

	（一）	（二）	（三）
$C_{10\sim17}$合成脂肪酸水溶性醇酸树脂（65％）*	120.0	100.0	154.0
水溶性氨基树脂（75％）	20.8	20.8	32.0
酞菁蓝	1.2	—	8.0

炭黑（软）	8.0	—	10.0
炭黑（硬）	—	4.0	—
炭黑（特）	—	2.0	—
钛白	16.0		
深铬黄	70.4	—	38.0
沉淀硫酸钡	—	26.0	40.0
铁红（硝酸法）	24.0	—	—
滑石粉（325目）	48.0	30.0	40.0

这种水溶性漆用 $C_{10\sim17}$ 酸代替部分脱水蓖麻油制得的水溶性醇酸树脂漆料，使产品的水溶性和稳定性有显著提高。

3. 生产工艺

（1）配方一的生产工艺

先将脱水蓖麻油脂肪酸、聚氧乙烯化双酚 A、三羟甲基丙烷和间苯二甲酸于 220 ℃ 缩聚，待酸值达 30 mgKOH/g，加入乙二醇单丁醚、三乙胺和水。反应完毕加入二氧化钛和三聚氰胺树脂，混合均匀得水性醇酸树脂涂料。

（2）配方二的生产工艺

先将亚麻仁油脂肪酸、苯二甲酸酐、三羟甲基丙烷在 225 ℃ 热炼至酸值为 15 mgKOH/g。降温，加入顺丁烯二酸酐和偏苯三酸酐，再次加热至 180 ℃，热炼至酸值为 45 mgKOH/g。用乙二醇单丁醚稀释成 60％ 的溶液，加入金属催干剂（金属干料）和色料得水稀释型气干醇酸树脂涂料。

（3）配方三的生产工艺

将亚麻仁油脂肪酸、三羟甲基丙烷和间苯二甲酸在 240 ℃ 热炼到酸值为 25 mgKOH/g，降温至 160 ℃，加入偏苯三酸酐，再 190 ℃ 加热反应至酸值为 35～45 mgKOH/g，降温至 140 ℃，加入乙二醇单丁醚、正丁醇、三乙胺，得 60％ 的基料水溶液。然后加入钴-铅-钙干料得水稀释型醇酸树脂涂料。引自波兰专利 PL 148765 提供了用水溶型醇酸树脂制造涂料的方法。

（4）配方四的生产工艺

将色料、填料与树脂料按配方量混合研磨，达到标准细度后，用溶剂（水）稀释。技术配方（一）为军绿色无光漆，技术配方（二）为黑色无光漆，技术配方（三）为墨绿色无光漆。

* $C_{10\sim17}$ 酸水溶性醇酸树脂的技术配方（质量，份）：

$C_{10\sim17}$ 合成脂肪酸	147.6
脱水蓖麻油	336.0
三羟甲基丙烷	335.4
黄丹	0.2
邻苯二甲酸酐	488.4
丁醇	240.0

偏苯三甲酸单酐	20.1
氨水	200.0

$C_{10\sim17}$合成脂肪酸水溶性醇酸树脂的生产工艺:

将脱水蓖麻油与三羟甲基丙烷及黄丹混合于230℃醇解,在190℃加入$C_{10\sim17}$合成脂肪酸,升温至220℃保温1h,冷至180℃加入380份邻苯二甲酸酐,升温至220℃,保温2h,降至180℃加108.4份邻苯二甲酸酐、偏苯三甲酸单酐保温反应,达水溶要求,稀释中和至水溶即得。

4. 产品用途

与一般水溶性氨基树脂漆相同。

4.15　醇酸树脂导电涂料

导电涂料是将金属粉末、炭黑、石墨、金属氧化物等导电填料均匀地分散于有机或无机成膜基料中形成的复合体。

1. 技术配方 （质量，份）

醇酸树脂	4.16
丙烯酸树脂	1.04
石墨（300～360目）	4.74
硅酸乙酯	0.06
有机溶剂	适量

2. 生产工艺

将醇酸树脂和丙烯酸树脂与有机溶剂混合均匀,加入石墨和硅酸乙酯,然后进行研磨分散制得醇酸树脂导电涂料。

3. 产品用途

导电涂料是近期迅速发展的一种功能性涂料,它能赋予物体导电性,为大规模集成电路等提供重要的材料。该涂料用于火电工业（可燃电底火）中,也可用于平面加热元件。

4.16　绿色水溶性自干磁漆

1. 产品性能

这种磁漆以水溶性醇酸树脂为成膜物质,具有优良的光泽性、室外耐久性和耐水性。

2. 技术配方 （质量，份）

组分 A：

水溶性醇酸树脂	72.20
聚硅氧烷	0.72
2,4,7,9-四甲基-5-癸炔-4,7-二醇	1.04
异丁醇	10.24
丙氧基丙醇	10.24
钛白粉	2.24
氨水（28%）	5.04
锶黄（Strontium yellow 176）	4.00
酞菁蓝	2.72
中铬黄	49.20
胶态二氧化硅	2.00
去离子水	80.50

组分 B：

水溶性醇酸树脂	142.8
氨水（28%）	7.6
异丁醇	34.4
去离子水	272.6

组分 C：

乙二醇单丁醚	9.12
环烷酸钴（6%）	3.12
1，10-二氮杂菲	0.56
环烷酸锆（6%）	3.12

3. 生产工艺

将组分 A 在球磨机中研磨至 6.25 μm 以下，然后加入组分 B 的混合物，搅拌均匀后，加入预先混匀的组分 C，调配均匀后得绿色水溶性自干磁漆。该漆含固量 30%～33%，黏度 0.16～0.20 Pa·s。

4. 使用方法

用于金属表面的装饰性保护。辊刷涂漆后，自然干燥成膜。

4.17 黑色醇酸自干磁漆

1. 产品性能

这种磁漆保光性和遮盖力强，耐冲击性和抗腐蚀力高，漆膜的光洁度好。施漆后，常温自然干燥成膜。

2. 技术配方 （质量，份）

组分 A：

水溶性醇酸树脂	64.70
炭黑	11.12
胶态二氧化硅	3.68
聚硅氧烷	2.24
异丁醇	11.12
2,4,7,9-四甲基-5-癸炔-4,7-二醇	14.40
氨水（28%）	4.40
去离子水	74.00

组分 B：

水溶性醇酸树脂	192.32
氨水（28%）	11.12

组分 C：

环烷酸钙（4%）	1.44
环烷酸钴（6%）	1.84
环烷酸锆（6%）	2.56
特丁醇	11.12
1,10-二氮杂菲	1.44

3. 生产工艺

组分 A 经球磨至 6.0 μm 后，加入组分 B，混匀后加入已混合的组分 C。最后快速分散下加入适量去离子水，使黏度达 0.12～0.16 Pa·s 即得成品。

4.18 蓝色乳化磁漆

1. 产品性能

该磁漆以苯乙烯改性醇酸树脂为成膜剂，同时含水和有机溶剂。该磁漆具有良好的成膜性能，其漆膜光洁度高，柔韧性好。

2. 技术配方 （质量，份）

苯乙烯改性醇酸树脂	23.70
酞菁蓝	3.30
芳香烃树脂	11.80

甲苯	11.80
芳烃溶剂	70.20
二甲苯	4.10
异佛尔酮	3.30
溶剂油	12.70
有机磷钛酸盐（KR 385）	0.02
防沉降剂	1.00
耐磨剂	0.50
环烷酸盐（催干剂）	0.20
司本-85	0.60
聚乙二醇单油酸酶	0.12
水	60.80

3. 生产工艺

将各物料按配方量混合均匀后，于球磨机内研磨并乳化，得蓝色乳化磁漆。

4. 产品用途

与一般磁漆用途相同。

4.19 C03-1各色醇酸调和漆

1. 产品性能

C03-1各色醇酸调和漆（Alkyd ready mixed paint C03-1），由松香改性醇酸树脂等醇酸调和漆料、颜料、填料、催干剂及溶剂经研磨分散调制而成。常温干燥，其光泽、硬度、附着力、耐久性优于酯胶调和漆。

2. 技术配方 （质量，份）

（1）配方一

	红色	绿色
醇酸调和漆料	65.0	60.0
大红粉	4.2	—
中铬黄	—	2.0
柠檬黄	—	11.0
铁蓝	—	2.0
沉淀硫酸钡	6.5	5.0
轻质碳酸钙	4.5	5.0
200# 溶剂汽油	14.8	10.0
环烷酸钙（2%）	1.0	1.0

环烷酸钴（2%）	0.5	0.5
环烷酸锰（2%）	0.5	0.5
环烷酸铅（10%）	2.0	2.0
环烷酸锌（4%）	1.0	1.0

（2）配方二

	白色	黑色
醇酸调和漆料	55.0	65.0
钛白	5.0	—
立德粉	25.0	—
炭黑	—	2.0
沉淀硫酸钡	—	10.0
轻质碳酸钙	—	6.0
200# 溶剂汽油	10.0	11.5
环烷酸钙（2%）	1.0	1.0
环烷酸钴（2%）	0.5	1.0
环烷酸锰（2%）	0.5	0.5
环烷酸铅（10%）	2.0	2.0
环烷酸锌（4%）	1.0	1.0

3. 工艺流程

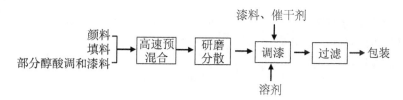

图 4-6

4. 生产工艺

将一分醇酸调和漆料与颜料、填料经高速搅拌预混合，研磨分散至细度≤35 μm，过滤，加入其余醇酸调和漆料、催干剂、溶剂，充分调匀，过滤，包装得成品。

5. 产品标准

外观	符合标准样板，在色差范围内，漆膜平整光滑
黏度（涂-4 黏度计）/s	60～90
细度/μm	≤35
遮盖力/（g/m²）	
红色	≤180
绿色	≤80
白色	≤200

黑色	≤40
干燥时间/h	
表干	≤6
实干	≤24
柔韧性/mm	1
光泽	≥85%

注：该产品符合京 Q/H 12017 标准。

6. 产品用途

适用于一般金属、木材物件及建筑物表面的涂装。

4.20　银色脱水蓖麻油醇酸磁漆

1. 产品性能

该磁漆由中油度脱水蓖麻油醇酸树脂、铝粉浆、催干剂、溶剂调配而成，具有较好的机械强度、耐候性及防锈性。

2. 技术配方　（质量，份）

中油度脱水蓖麻油醇酸树脂	62.0
环烷酸钴（2.0%）	0.7
环烷酸锰（2.0%）	1.3
松节油	10.0
二甲苯	6.0
铝粉浆	20.0

3. 工艺流程

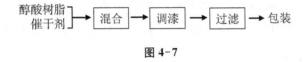

图 4-7

4. 生产工艺

将脱水蓖麻油醇酸树脂与干料混合后加入溶剂，搅拌均匀，然后过滤，包装。铝粉浆分开包装，使用时混合均匀。

5. 产品标准

外观	符合标准色样板及色差范围
黏度（涂-4 黏度计）/s	≥60
细度/μm	≤20
遮盖力（灰色）/（g/m²）	≤65
干燥时间/h	
表干	≤5
实干	≤15
光泽	≥90%
硬度	≥0.25
冲击强度/（kg·cm）	50
附着力/级	≤2
柔韧性/mm	≤1

6. 产品用途

适用于一般金属表面和建筑物表面，如建筑工程、交通工具、船舶及机械器材等的涂装。使用量 60～80 g/m²。

4.21　水溶性醇酸树脂

1. 产品性能

水溶性醇酸树脂由多元酸、多元醇与植物油（或酸）或其他脂肪酸经酯化缩聚而得。所得树脂为高酸值低黏度，水溶性好。配成的各类漆料或涂料性能良好，用途广泛。

2. 技术配方　（质量，份）

（1）配方一

蓖麻油	40.75
苯二甲酸酐	28.45
季戊四醇	9.82
三甲苯	5.70
甘油	5.89
异丙醇	12.20
丁醇	12.20
一乙醇胺	7.95
氧化铅	0.01223

（2）配方二

邻苯二甲酸酐	24.18
季戊四醇	19.95
棉油酸	9.80
二甲苯	6.54
三乙醇胺	8.50
正丁醇	4.90
水	32.60

（3）配方三

间苯二甲酸	20.0
己二酸	9.3
偏苯三酸酐	10.0
1，4-丁二醇	20.8
十六噻吩甲基丁二酸酐	25.0
三羟甲基丙烷	14.9
丁基溶纤剂	11.1

（4）配方四

邻苯二甲酸酐	74
失水偏苯三甲酸	63
甘油-豆油脂肪酸酯	106
1，3-丁二醇	72
丁醇	63
氨水（25%）	适量

（5）配方五

季戊四醇	21.2
亚麻油脂肪酸	44.9
顺丁烯二酸酐	3.9
间苯二甲酸	18.4
苯甲酸	26
三乙胺	适量
异丙醇	适量
去离子水	适量

（6）配方六

季戊四醇	75.2
豆油脂肪酸	154.9
间苯二甲酸	36.7
一元脂肪酸	77.4
异佛尔酮二异氰酸酯	78.9
二羟甲基丙酸	25.5

| N-甲基吡咯烷酮 | 63.6 |
| 二月桂酸二丁基锡 | 0.41 |

3. 主要原料规格

（1）季戊四醇

季戊四醇也称四羟甲基甲烷、五赤藓醇，分子式 $C_5H_{12}O_4$，相对分子质量 136.15，白色八角形结晶。溶于水，微溶于乙醇，不溶于苯、乙醚、四氯化碳、石油醚。熔点 262 ℃，沸点（4 kPa）276 ℃，相对密度 1.399，折射率 1.54～1.56。

外观	白色或微黄色结晶粉末
羟基分	≥47.4%
水分及挥发分	≥0.30%
灰分	≤0.07%
pH 值（5%的水溶液）	5.7～7.0

（2）蓖麻油

蓖麻油分子式 $C_7H_{104}O_9$，相对分子质量 933.37，无色或淡黄色透明液体，有特殊臭味。溶于乙醇、苯、二硫化碳和氯仿，皂化值 178 mgKOH/g，凝固点-10 ℃。相对密度（d_{25}^{25}）0.945～0.965。折射率（25 ℃）1.473～1.477，闪点 227 ℃。

外观	无色或淡黄色透明液体
碘值/（gI₂/100g）	82～90
酸值/（mgKOH/g）	4
皂化值	179～186
折射率	1.478～1.480

（3）偏苯三酸酐

偏苯三酸酐也称苯偏三酸酐、1，2，4-苯三酸酐，分子式 $C_9H_4O_5$，相对分子质量 192.12，白色至微黄针状结晶。能溶于二甲基甲酰胺、乙酸乙酯和丙酮，微溶于甲苯、四氯化碳和石油醚。熔点 161.0～163.5 ℃。沸点（1.9 kPa）240～245 ℃。相对密度（d_{20}^{20}）1.55。

外观	白色至微黄色结晶
含量	≥95.5%
熔点/℃	157～167

（4）邻苯二甲酸酐

邻苯二甲酸酐也称苯二甲酸酐、苯酐、酞酐，分子式 $C_8H_4O_3$，相对分子质量 148.12。白色有光泽针状结晶，能升华。易溶于热水，生成邻苯二甲酸，能溶于醇，微溶于冷水，难溶于二硫化碳和醚。有毒。对眼睛和皮肤有刺激作用。熔点 130.8 ℃，沸点 295 ℃，闪点 151 ℃，相对密度 1.53。

| 外观 | 白色或微带色结晶性粉末 |
| 总酸度 | ≥99.2% |

凝固点/℃	≥130.2
苯二甲酸含量	≤0.6%

（5）亚麻油脂肪酸

亚麻油脂肪酸也称亚油酸、十八碳-9，12-二烯酸。分子式 $C_{18}H_{32}O_2$，相对分子质量280.45，结构式 $CH_3(CH_2)_4CH=CHCH_2CH=CH(CH_2)_7COOH$，无色至淡黄色液体。熔点-12 ℃，沸点（1.87 kPa）230 ℃，不溶于水，溶于无水乙醇和石油醚，相对密度0.9007。折射率1.4699。

外观	无色至淡黄色液体
酸值/（mgKOH/g）	≥195
碘值/（gI₂/100g）	≥143

（6）邻苯二甲酸

邻苯二甲酸也称1，2-苯二甲酸、邻酞酸，分子式 $C_8H_6O_4$，相对分子质量166.13，无色结晶。溶于甲醇和乙醇，微溶于水和醚，不溶于氯仿。熔点191 ℃，相对密度1.59。

含量	≥98%
灼烧残渣	≤0.05%
氯化物（以 Cl^- 计）	≤0.01%
硫化物（以 SO_4^{2-} 计）	≤0.005%
铁	≤0.001%
重金属（以Pb计）	≤0.005%

4. 工艺流程

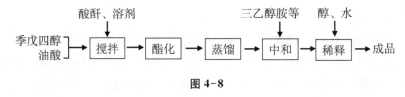

图 4-8

5. 生产工艺

（1）配方一的生产工艺

制备时先将蓖麻油、季戊四醇、甘油投入带搅拌器、冷凝装置和温度计的反应釜中，通入二氧化碳，于搅拌下将物料升温至120 ℃，加入氧化铅，继续升温至230 ℃，保温反应3 h。醇解完全后，将物料降温至180 ℃，停止搅拌。加入苯二甲酸酐和二甲苯，再升温至180 ℃，保温回流，每隔0.5 h取样测酸值至物料酸值达80 mgKOH/g左右，停止加热，降温后抽真空脱除溶剂。当温度降至120 ℃加入异丙醇和丁醇，继续降温至50～60 ℃，加入一乙醇胺，调节物料pH 8.0～8.5，即得棕色透明黏稠状液体水溶性醇酸树脂。

（2）配方二的生产工艺

将邻苯二甲酸酐、季戊四醇、棉油酸、二甲苯加入反应釜中，加热升温至 100 ℃ 以上，开始搅拌，保温 140 ℃ 左右进行酯化反应，酯化完成后，将温度升至 190～200 ℃，蒸馏除去二甲苯，保温维持反应至酸值为 90～110 mgKOH/g 时，反应完成。保温反应期间，应定期测定酸值。反应达终点后，将温度降至 135 ℃，加入三乙醇胺中和反应物料，保温 130 ℃ 加完。加完后继续搅拌 15～30 min。然后加入正丁醇和水进行稀释，充分搅拌，维持温度 80～90 ℃，搅拌 0.5 h 即得成品。

（3）配方三的生产工艺

将技术配方中除丁基溶纤剂外的各组分加入装有搅拌器、冷凝器和温度计的反应釜中，通氮气边搅拌边加热，升温至 220 ℃ 保温反应 2 h，然后降温至 190 ℃ 以下，酯化 2 h，至物料的酸值为 50 mgKOH/g。待物料冷却至 100 ℃ 以下，加入丁基溶纤剂稀释，制得相对分子质量 1600、酸值 50 mgKOH/g、羟值 120 mgKOH/g、固体分 90% 的水溶性无油醇酸树脂。

（4）配方四的生产工艺

将邻苯二甲酸酐、失水偏苯三甲酸、甘油-豆油脂肪酸酯和 1,3-丁二醇加入反应釜中，通入二氧化碳气体，加热使物料熔化，搅拌下继续加热升温至 180 ℃，保温进行酯化反应，待物料酸值达 60～65 mgKOH/g 时，降温冷却，降温至 130 ℃ 加入丁醇稀释，降温至 60 ℃ 以下，加入氨水中和，调配物料 pH 8.0～8.5，即得水溶性醇酸树脂。

（5）配方五的生产工艺

将亚麻油脂肪酸、季戊四醇、间苯二甲酸和苯甲酸投入反应釜中，于搅拌下加入酯化催化剂，加热升温至 240 ℃，进行酯缩合反应 6 h，使物料酸值为 2.9 mgKOH/g，然后降温至 200 ℃，加入顺丁烯二酸酐，反应 3 h 得顺丁烯二酸化醇酸树脂。将顺丁烯二酸化醇酸树脂冷却至室温时，加水进行开环反应。再将 100 份该树脂用 30 份异丙醇调配成树脂溶液，调整后树脂总酸值为 35.7 mgKOH/g，然后将树脂微热至 40 ℃，用 1.0 mol/L 三乙胺进行中和，充分搅拌同时滴加去离子水进行乳化分散，进而在 40 ℃ 减压蒸馏脱除异丙醇，制得平均粒径为 0.01 μm，固体分计树脂的异丙醇含量在 1% 以下、固体分为 44.3% 的水溶性醇酸树脂乳液。

（6）配方六的生产工艺

先将季戊四醇、豆油脂肪酸、间苯二甲酸、一元脂肪酸投入反应釜中进行缩聚反应，制得羟值为 164 mgKOH/g，酸值为 2.5 mgKOH/g 的醇酸树脂。将 N-甲基吡咯烷酮投入该醇酸树脂中，再加入二羟甲基丙酸和二月桂酸二丁基锡，于 100～120 ℃ 搅拌，然后降温至 75 ℃ 与异佛尔酮二异氰酸酯混合，再升温至 110 ℃ 搅拌，即得酸值为 28 mgKOH/g 的水溶性醇酸树脂。

6. 产品用途

广泛用于配制水溶性漆料或涂料。

4.22　水溶性醇酸树脂漆

1. 产品性能

水溶性醇酸树脂漆的成膜物质以不同的方式均匀分散或溶解在水中，干燥或固化后漆膜具有溶剂型涂料类似的耐水性和物理性能。因为用水作溶剂，所以溶剂易得、净化简便、制备和施工过程可减少火灾危害及毒性气体释放，从而达到减轻污染、降低成本、改善操作环境的目的。

2. 技术配方　（质量，份）

（1）配方一

水溶性醇酸树脂	18.320
环烷酸钴（6%）	0.2320
环烷酸锆（6%）	0.288
聚硅氧烷	0.112
1,10-二氮杂菲	0.080
乙二醇单丁醚	1.690
氨水（28%）	0.960
钛白粉（R-900）	15.300
去离子水	39.800

（2）配方二

	组分 A	组分 B	组分 C
水溶性醇酸树脂	10.98	9.700	—
聚硅氧烷	0.192	—	—
三乙胺	0.152	—	—
氨水（28%）	0.490	0.384	—
钼橙	6.170	—	—
单甘酸	0.384	—	—
环烷酸钙（4%）			0.256
环烷酸钴（6%）			0.232
1,10-二氮杂菲			0.088
乙二醇单丁醚			1.420
去离子水	18.130	14.540	—

（3）配方三

组分 A：

水溶性醇酸树脂	121.00
聚硅氧烷	0.80

氨水（28%）	4.96
钛白粉	26.70
酞菁蓝	17.84
丙氧基丙醇	10.00

组分 B：

水溶性醇酸树脂	72.20
氨水（28%）	1.84

组分 C：

丙氧基丙醇	10.00
环烷酸钴（6%）	2.16
环烷酸锆（6%）	2.80
1,10-二氮杂菲	0.80

组分 D：

聚硅氧烷	0.48
去离子水	163.30

组分 E：

聚硅氧烷	0.56
氨水（28%）	3.44
丙烯酸树脂	81.40
去离子水	28.00

（4）配方四

	组分 A	组分 B	组分 C
水溶性醇酸树脂	72.20	142.80	—
聚硅氧烷	0.72	—	—
异丁醇	10.24	34.40	—
2,4,7,9-四甲基-5-癸炔-4,7-二醇	1.04		
胶态二氧化硅	2.00	—	—
丙氧基丙醇	10.24	—	—
氨水（28%）	5.04	7.60	—
锶黄	4.00	—	
中铬黄	49.20		
钛白粉	2.24		
酞菁蓝	2.72		
乙二醇单丁醚	—	—	9.12
1,10-二氮杂菲	—	—	0.56
环烷酸钴（6%）	—	—	3.12
环烷酸锆（6%）	—	—	3.12
去离子水	80.50	272.60	—

（5）配方五

	组分A	组分B	组分C
水溶性醇酸树脂	64.70	192.32	—
聚硅氧烷	2.24	—	—
胶态二氧化硅	3.68	—	—
氨水（28%）	4.40	11.12	—
异丁醇	11.12	—	—
2,4,7,9-四甲基-5-癸炔-4,7-二醇	14.4	—	—
炭黑	11.12	—	—
环烷酸钙（4%）	—	—	1.44
环烷酸钴（6%）	—	—	1.84
环烷酸锆（6%）	—	—	2.56
1,10-二氮杂菲	—	—	1.44
特丁醇	—	—	11.12
去离子水	74		

（6）配方六

组分A：

脱水蓖麻油脂肪酸	25
乙二醇	6
三甘醇	3
海松酸	25
氧化钙	0.0125

组分B：

三聚氰胺	25
甲醛（37%）	105
氢氧化钠（10%）	20

组分C：

甲醇	40
盐酸水溶液（10%）	适量

3. 主要原料规格

（1）水溶性醇酸树脂

参见水溶性醇酸树脂中各类性能和指标。

（2）聚硅氧烷

聚硅氧烷为透明油状黏稠液体，可溶于水、芳烃、卤代烃、醚类、酮类及一些醇类和胺类，在水中的溶解度随温度的升高而降低，在低温下能制得透明水溶液，浊点随浓度增大而升高。

外观	透明油状黏稠液体
相对密度	1.04～1.08
黏度（50 ℃）/s	(1.5～5.0)×10^{-4}
酸值/（mgKOH/g）	≤0.2
水溶性［V（聚硅氧烷）：V（水）=1:3］	合格

（3）环烷酸钴

棕褐色无定形粉末或紫色固体，易燃。不溶于水，溶于苯、甲苯、乙醇、乙醚和松香水。用作油漆的催干剂或油漆的紫色颜料。

外观	紫红色黏稠液体，澄清透明无沉淀析出
含钴量	7.5%～8%
油溶性［V（环烷酸钴）：V（汽油）=1:3］	全溶
冰点试验	在-7 ℃保存24 h内不混浊

（4）环烷酸钙

浅色半固体易燃黏稠液。不溶于水，微溶于乙醇，溶于苯、乙醚、汽油、四氯化碳和醋酸乙酯等。

外观	深褐色黏稠膏状物
钙含量	
一级品	≥4%
二级品	≥4.5%
油溶性	完全溶解
溶解度	完全溶解无沉淀

（5）乙二醇单丁醚

乙二醇单丁醚也称乙二醇一丁醚、丁基溶纤剂、二醇醚EB、丁氧基乙醇，分子式 $C_6H_{14}O_2$，相对分子质量118.17，结构式 $CH_3CH_2CH_2CH_2OCH_2CH_2OH$，无色透明液体，溶于水，能溶于多数有机溶剂和矿物油，可与丙酮、苯、乙醚、正庚烷、四氯化碳混溶。具有低蒸发速度和高稀释比的特点。相对密度0.9012，折射率1.4197，沸点171 ℃，凝固点-70 ℃以下，闪点60 ℃。

外观	无色透明液体
沸程（66.7 kPa）/℃	92～95
纯度	≥95%

（6）1,10-二氮杂菲

1,10-二氮杂菲也称1,10-菲咯啉、邻菲咯啉，分子式 $C_{12}H_8N_2 \cdot H_2O$。相对分子质量198.22，白色针状结晶或浅黄色结晶或结晶性粉末，溶于醇、苯和乙醚，熔点94 ℃，沸点300 ℃，无水物熔点117～119 ℃。

灼烧残渣	0.1
水分	≤9.6%
对铁灵敏度试验	合格

4. 工艺流程

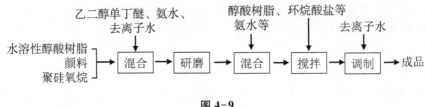

图 4-9

5. 生产工艺

(1) 配方一的生产工艺

配制时将 12.75 份水溶性醇酸树脂、聚硅氧烷、钛白粉、0.77 份乙二醇单丁醚、0.54 份氨水（28%）和 7.65 份去离子水混合后，用球磨机研磨过滤。然后加入其余水溶性醇酸树脂，充分搅拌，混合均匀后，加入由环烷酸盐、1,10-二氮杂菲和余量的乙二醇单丁醚组成的混合物，最后加入其余氨水和去离子水，调配均匀即可。所得的白色水溶性自干磁漆具有良好的耐盐雾性，抗湿能力强。使用时刷涂或喷涂后，自然干燥。该磁漆含固量 38%～41%，m（颜料）：m（基料）=0.98：1.00，有机挥发溶剂量 277 g/L，光泽（60 ℃光泽计）90%，黏度 0.3～0.6 Pa•s，硬度相当于铅笔硬度（空气中干燥 7 d）2B。

(2) 配方二的生产工艺

配制时先将组分 A 中的各物料混合，经球磨机研磨至 6.25 μm 以下，然后加入组分 B 的混合物混匀，再加入已混匀的组分 C，充分搅拌，混合均匀，最后添加适量的去离子水调整漆料黏度至 0.12～0.16 Pa•s、含固量为 30%～32%，即得橙色水溶性自干磁漆。使用时，先将金属表面进行预处理，喷涂或刷涂后自然干燥成膜。本磁漆具有良好的成膜性、抗腐蚀性和保光性，主要用于金属制品表面的装饰与保护。

(3) 配方三的生产工艺

先将各组分分别混合均匀待用。将组分 A 经球磨机研至细度为 6.25 μm 后，于搅拌下依次加入组分 B、组分 C、组分 D，每加一组分混合均匀后，再加下一组分。然后在不断搅拌下缓慢加入组分 E，调配至漆料黏度为 0.12～0.16 Pa•s，含固量为 29%～32%，即得成品。使用时将漆喷涂或刷涂后，自然干燥成膜。该漆成膜速度快，遇热不发黏。

(4) 配方四的生产工艺

配制时先将组分 A 经球磨机研磨至细度为 6.25 μm 以下，然后加入组分 B，混合均匀后，搅拌下加入预先混匀的组分 C，调配至漆料黏度为 0.16～0.20 Pa•s，含固量为 30%～33%，即得水溶性自干磁漆。使用辊刷涂漆后自然干燥成膜。该磁漆具有优良的光泽性、室外耐久性和耐水性。

(5) 配方五的生产工艺

将组分 A 经球磨机研磨至 6.0 μm 以下，再加入组分 B 混合均匀，然后加入已混匀的组分 C，最后快速分散下加入适量的去离子水，配成黏度为 0.12～0.16 Pa·s 的漆料，即得黑色水溶性醇酸磁漆。使用时刷涂或喷涂后，常温自然干燥成膜。该磁漆漆膜的光洁度好，保光性和遮盖力强，耐冲击性和抗腐蚀能力强。

（6）配方六的生产工艺

制备时先将组分 A 中的脱水蓖麻油脂肪酸和海松酸加入带搅拌器、冷凝器和温度计装置的反应釜中，加热至 180 ℃，通 CO_2 气体于反应混合物中。在反应混合物中加入氧化钙催化剂，然后加入乙二醇和三甘醇，将反应混合物于 200 ℃保温反应 4 h。再进一步升温至 240 ℃，保温反应至物料酸值为 56.7 mgKOH/g、黏度为 0.55 Pa·s（50％的树脂氨水溶液，25 ℃）、透明状、可与水按不同比例混溶。

另将组分 B 中三聚氰胺和甲醛溶液加入带搅拌器、冷凝器和温度计的反应釜中，混合均匀后，向混合物中缓缓加入 10％的氢氧化钠水溶液调节 pH 至 9～10。将反应混合物加热至 60 ℃，保温反应 30 min。所得产物用水稀释后真空过滤，过滤后的物料用水充分洗涤，除去残留的氢氧化钠得组分 B。

将组分 B 加入已制备好的组分 A 中，再加入组分 C 中的甲醇，混合均匀后用 10％的盐酸水溶液调节混合物的 pH 4～5。再将反应混合物加热至回流，保持回流直至反应混合物呈透明状，将产物真空浓缩至含固量 60％。

使用时用 20％的甲醇醚化三聚氰胺树脂作固化剂。ω（组分 A）∶ω（组分 B）＝80％∶20％时，最佳烘烤条件为 160 ℃、30 min。该漆为水溶性醇酸树脂烘烤漆，所得漆膜具有良好的耐溶剂性、耐水和盐水性、耐酸性，漆膜透明、柔韧、抗冲击性强。

6. 产品用途

广泛用于金属、非金属等物品的保护和表面装饰。

4.23　醇酸树脂水性涂料

1. 产品性能

此类涂料形成的涂膜坚硬、光滑，光泽度好，有良好的抗水、耐候和防霉性。附着性和硬度优异。施工方便。

2. 技术配方　（质量，份）

（1）配方一

聚氧乙烯化双酚 A	20.05
三羟甲基丙烷	25.00
脱水蓖麻油脂肪酸	28.00
间苯二甲酸	34.95
乙二醇单丁醚	5.00

三聚氰胺树脂	18.44
三乙胺	0.52
二氧化钛	73.75
去离子水	4.48

（2）配方二

季戊四醇	8.0
邻苯二甲酸酐	10.0
豆油脂肪酸	23.0
甲基丙烯酸甲酯	8.5
乙二醇	0.5
乙二醇单丁醚	15.0
二甲苯	1.0
三乙胺	3.5
丙烯酸	1.5
去离子水	30.0

（3）配方三

亚麻仁油脂肪酸	50
苯二甲酸酐	20
顺丁烯二酸酐	5
偏苯三酸酐	3
三羟甲基丙烷	24
乙二醇单丁醚	68
环烷酸盐	适量

（4）配方四

组分 A：

顺丁烯二酸酐-二异丁烯共聚物钠盐	3.72
纤维增厚剂	64.08
噁唑羟基聚甲醛（Nuosept 95）	1.32
防霉剂	3.60
诺卜扣（表面活性剂）	0.54
二氧化钛	116.82
碳酸钙	150.24
非离子润湿剂	1.44
乙二醇	18.72
去离子水	78.72

组分 B：

| 水溶性醇酸树脂 | 89.16 |

组分 C：

| 丙烯酸聚合物 | 90.30 |

乳胶防缩孔剂	1.44
2-甲基丙酸-2，2，4-三甲基-1，3-戊二醇酯	3.60
诺卜扣（表面活性剂）	1.26
氨水（28%）	0.30
环烷酸锆（6%）	1.38
环烷酸钴（6%）	2.76
去离子水	25.20

（5）配方五

组分A：

水溶性醇酸树脂（100%）	50.00
二甲基乙醇胺	2.85
去离子水	75.70

组分B：

| 二氧化钛（R型） | 35.00 |

组分C：

水溶性三聚氰胺（固体分100%）	3.10
有机硅系添加剂5H-30（表面调整剂）	0.01
去离子水	适量

（6）配方六

亚麻仁油脂肪酸	20.00
三羟甲基丙烷	20.00
间苯二甲酸	20.00
乙二醇单丁醚	32.00
偏苯三酸酐	0.27
正丁醇	0.36
三乙胺	0.41
钴-铅-钙催干剂	适量
去离子水	适量

3. 主要原料规格

（1）三羟甲基丙烷

三羟甲基丙烷也称1，1，1-三甲醇丙烷、2，2-二羟甲基丁醇，分子式$C_6H_{14}O_3$，相对分子质量134.18，结构式$CH_3CH_2(CH_2OH)_2CH_2OH$，无色结晶。易溶于水和醇，不溶于四氯化碳和苯。具有吸湿性，熔点58 ℃，沸点160 ℃。

含量	≥95.5%
水分	≤0.5%
灼烧残渣	≤0.1%

凝固点/℃	≥51
羟值/ (mgKOH/g)	36~39

（2）甲基丙烯酸甲酯

分子式 $C_5H_8O_2$，相对分子质量 100.12，无色透明液体。微溶于水，可与乙醇、乙醚混溶。熔点-48.2 ℃，沸点 100.3 ℃，闪点 10 ℃，折射率 1.4142，相对密度 0.944。

含量	≥99.5%
初馏点/℃	98.5
干点/℃	101.5
酸度	0.05%

（3）顺丁烯二酸酐

顺丁烯二酸酐也称丁烯二酸酐、失水苹果酸酐、马来酸酐，分子式 $C_4H_2O_3$，相对分子质量 98.09，白色斜方针状结晶。易升华，有强烈的刺激气味，微溶于四氯化碳和石油醚，溶于苯、甲苯、氯仿、丙酮和乙酸乙酯。溶于水生成顺丁烯二酸，溶于醇形成酯。熔点 60 ℃，沸点 202 ℃，相对密度 1.48。

外观	白色或微黄色块状或片状结晶
含量	≥99.2%
灰分/ (μg/g)	≤50
铁含量/ (μg/g)	≤5
凝固点/℃	≥51.8
熔融色号	≤60#

（4）间苯二甲酸

间苯二甲酸也称间二羧基苯、1，3-苯二甲酸、异酞酸，分子式 $C_8H_6O_4$，相对分子质量 166.13。无色针状结晶或白色结晶性粉末，具有升华性，易溶于乙醇和冰乙酸，微溶于沸水，难溶于冷水，不溶于石油醚和苯。熔点 348 ℃。

含量	≥95%
对位酸含量	≤4%
一元酸含量	≤1%
灰分	≤0.1%
熔点/℃	332~337

（5）三乙胺

三乙胺分子式 $C_6H_{15}N$，相对分子质量 101.19，结构式 $(C_2H_5)_3N$，无色易挥发液体，有氨味，碱性，溶于水、乙醇、乙醚。沸点 89.7 ℃，折射率 1.4003。闪点（闭杯）-6 ℃。爆炸极限 1.2%~8.0%。相对密度 0.7255。

外观	无色或淡黄色透明液体
含固量	≥96%
二乙胺含量	≤3%
一乙胺和氨含量	微量

水分	≤0.3%
总胺含量	≥98%
相对密度	0.729±0.006

(6) 三聚氰胺树脂

无色或浅黄色透明液体，醚化度低于560。干性较快，强度高，具有水溶性。

含固量	65%～70%
游离醛	≤3%
色号	≤2#
黏度（涂-4杯黏度计，25℃）/s	45～90

4. 工艺流程

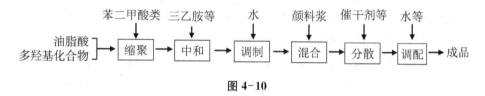

图4-10

5. 生产工艺

(1) 配方一的生产工艺

先将聚氧乙烯化双酚A、脱水蓖麻油脂肪酸、三羟甲基丙烷和间苯二甲酸投入反应釜中，于220℃进行缩聚反应，当物料酸值达30 mgKOH/g时，加入乙二醇单丁醚、三乙胺和水继续反应，反应完毕加入二氧化钛和三聚氰胺树脂，混合均匀，即得水溶性醇酸树脂。该涂料中含≥10%的聚氧乙烯化双酚A。树脂油常小于50%，酸值25～50 mgKOH/g。所得到涂层坚硬光滑，60°光泽为95%。

(2) 配方二的生产工艺

先将季戊四醇、豆油脂肪酸、邻苯二甲酸酐、乙二醇和二甲苯投入反应釜中，于220℃进行缩聚反应，当反应物料酸值达17 mgKOH/g，将物料冷却降温至100℃，加入甲基丙烯酸甲酯和丙烯酸，于100℃保温反应4 h，当物料酸值达38 mgKOH/g后，用三乙胺中和，再用乙二醇单丁醚和去离子水进行稀释，即得水溶性醇酸树脂。将61份所得的水溶性醇酸树脂、2份去离子水、8份异丙酮、固体分62%的二氧化钛颜料浆（用三聚氰酸钠和Emulgen L40分散剂制得）、3份氧化铁红、9份硫酸钡和5份高岭土投入高速混料机中混合分散得混合物，所得混合物再与0.5份环烷酸钴（5%）、1.5份环烷酸铅（15%）、0.1份消泡剂和1.5份去离子水混合，即得可在室温下固化干燥的水溶性醇酸树脂涂料。

(3) 配方三的生产工艺

先将苯二甲酸酐、三羟甲基丙烷、亚麻仁油脂肪酸投入反应釜中，加热至225℃进行缩聚反应，待反应物料酸值为15 mgKOH/g时，降温，向釜内加入顺丁烯二酸酐和偏苯三酸酐，再次加热，升温至180℃，继续反应至物料酸值为45 mgKOH/g。用乙二醇单丁醚将物料稀释成60%的溶液，最后加入金属催干剂和色料，即得水溶性气干型醇酸树脂。引自波兰专利PL 148766。

（4）配方四的生产工艺

先将组分A按技术配方量混合均匀，送入球磨机研磨至细度达50 μm。加入水溶性醇酸树脂（组分B），高速搅拌，分散均匀。再加入组分C的预混合物，充分搅拌，调配均匀，制得含固量为56%～59%，黏度为1.20 Pa·s的外墙用水溶性醇酸树脂涂料。

（5）配方五的生产工艺

使用水溶性醇酸树脂中配方三制得的树脂，按组分A中的技术配方量先与二甲基乙醇胺在混合器中充分混合搅拌，然后加入去离子水调整固体分为35%，制得树脂水溶液。取该树脂水溶液50份，与组分B的钛白粉预混合后，投入砂磨机中研磨1 h，制得色浆。取该色浆50份、上述树脂水溶液20.55份，与组分C中的水溶性三聚氰胺和表面调整剂混合均匀，再用去离子水调整物料黏度（涂-4黏度计，25℃）为30 s，即得固体分为44%的白色水溶性醇酸树脂涂料。该涂料贮存稳定性好，涂装时润湿性好。所形成漆膜光泽88%，硬度相当于铅笔硬度，附着力100/100（画格法），耐冲击性50 cm以上，低温耐水性（50℃，5 d）无异常，可涂性（埃力克森试验机）6.0 mm。

（6）配方六的生产工艺

将亚麻仁油脂肪酸、三羟甲基丙烷和间苯二甲酸投入反应釜中，加热至240℃保温反应至物料酸值为25 mgKOH/g，降温至160℃，加入偏苯三酸酐，再升温至190℃保温反应至物料酸值为35～45 mgKOH/g，降温至140℃，加入乙二醇单丁醚、正丁醇和三乙胺，搅拌混合均匀，加水调配得60%的基料水溶液。然后加入钴-铅-钙催干剂，分散均匀制得水溶性醇酸树脂涂料。本技术配方引自波兰专利PL 148765。

6. 产品标准

含固量	合格
光泽度	符合标准
黏度	合格
硬度	符合要求

7. 产品用途

用于各种不同底物的表面装饰和保护。

4.24 醇酸树脂

1. 产品性能

醇酸树脂是最重要的涂料用树脂，尽管各种涂料用树脂不断推新，但醇酸树脂仍遥遥领先，国内用涂料合成树脂总量中，醇酸树脂占一半以上。该树脂是由多元醇、多元酸和一元酸缩聚制成的。该类树脂在技术上、经济上有着无可比拟的优越性，不但综合性能好，而且能进行多种改性，致使品种不断增加、性能不断改善，而且制造工艺简单、原料易得。

2. 技术配方 （质量，份）

（1）配方一

	（一）	（二）
苯酐	39.46	37.11
甘油	22.43	10.11
三羟甲基丙烷	—	13.19
蓖麻油	38.11	38.93
二甲苯		95.00
丁醇	65.00	—

该技术配方为短油度醇酸树脂配方，采用熔融法制造，配方（一）用于制造硝基磁漆、氨基烘漆，配方（二）用于制造氨基烘漆。

（2）配方二

	（一）	（二）
苯酐	83.670	39.270
甘油	44.660	20.430
豆油（双漂）	—	40.300
椰子油	72.000	—
黄丹	0.014	0.012
二甲苯	90.000	71.000

该技术配方为短油度醇酸树脂配方，采用醇解溶剂法制造。配方（一）用于制造硝基磁漆、氨基烘漆，配方（二）用于制造氨基烘漆。

（3）配方三

	（一）	（二）
亚麻油	103.74	—
豆油	—	101.92
苯酐	67.72	66.04
甘油（98%）	30.48	30.34
黄丹	0.02	0.02
200#溶剂汽油	140.00	140.00
二甲苯	28.00	28.00

该技术配方为中油度醇酸树脂配方，采用醇解溶剂法制造。配方（一）用于配制白色醇酸磁漆，配方（二）用于配制醇酸树脂清漆、磁漆。

（4）配方四

	（一）	（二）
苯酐	33.30	34.050
甘油（98%）	14.30	14.900
豆油	—	51.050
亚麻油	52.40	—
黄丹	0.02	0.015
200# 油漆溶剂汽油	53.00	70.000
松节油	23.00	—
二甲苯	17.00	14.000

该技术配方为中油度醇酸树脂配方，采用醇解熔融法制造。配方（一）用于配制醇酸树脂清漆、磁漆，配方（二）用于配制白醇酸磁漆。

（5）配方五

	（一）	（二）
甘油	18.02	14.52
苯酐	32.82	33.23
蓖麻油	—	52.25
桐油	24.58	—
亚麻油	24.58	—
黄丹	0.01	
松节油	36.00	
甲苯	—	63.00
二甲苯	84.00	

该技术配方为中油度醇酸树脂配方。配方（一）采用醇解溶剂法制造，主要用于调制醇酸底漆，配方（二）采用熔融法工艺制造，主要用于调制硝基磁漆、氨基醇酸烘漆。

（6）配方六

苯酐	25.860
甘油（98%）	12.100
亚麻厚油	62.000
氧化铅	0.024
200# 油漆溶剂汽油	67.000

该技术配方为长油度醇酸树脂，主要指标如下：

不挥发分	(50±2)%
黏度（加氏管，25 ℃）/s	4.0～4.5
酸值/（mgKOH/g）	<15
色号（Fe-Co）	<15#
油度	65%

采用醇解熔融法制造，主要用于醇酸树脂无光漆或底漆。

（7）配方七

季戊四醇	15.020
邻苯二甲酸酐（苯酐）	27.560
豆油（双漂）	57.420
氧化铅	0.012
200# 油漆溶剂汽油	72.000

该技术配方为长油度醇酸树脂配方，采用醇解溶剂法制造，其主要规格如下：

不挥发分	(55±2)%
黏度（加氏管，25 ℃）/s	7～10
酸值/（mgKOH/g）	＜15
油度	62%
色号（Fe-Co）	＜10#

主要用于醇酸树脂外用磁漆的调制。

（8）配方八

苯酐	19.800
季戊四醇	10.600
亚麻油（双漂）	69.600
氧化铅	0.035
松节油	12.000
200# 油漆溶剂汽油	80.000

该树脂为长油度醇酸树脂配方，采用醇解法或熔融法制造。其主要规格如下：

不挥发分	(50±2)%
酸值/（mgKOH/g）	＜10
油度	71%
黏度（加氏管，25 ℃）/s	3～5
色号（Fe-Co）	＜18#

该树脂主要用于醇酸树脂外用清漆或磁漆调配。

3. 生产工艺

醇酸树脂合成是以多元醇与多元酸、脂肪酸酯化反应为主要反应，直接使用植物油做原料的制法需先经醇解反应，然后再酯化聚合，该方法称醇解法。在聚合酯化过程中会产生水，根据体系中水的排出方法的不同，又可将制备方法分为溶剂法、熔融法、真空除水法等。

（1）溶剂法（醇解溶剂法）

用二甲苯与反应体系中的水形成共沸物从而蒸出水的方法称为溶剂法，其工艺流程如下。

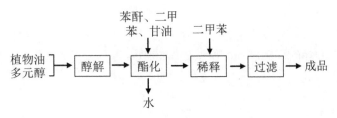

图 4-11

以配方二中的配方（一）为例：先将 72 份椰子油、33.78 份甘油加入反应釜，升温，同时通入 CO_2，120 ℃停止搅拌加入 0.14 份黄丹，继续搅拌。在 2 h 内升温至 230 ℃，保持醇解，至无水甲醇容忍度（25 ℃）为 5 h，即为醇解终点。

降温至 220 ℃，在 20 min 内加入 83.67 份苯酐。停止通入 CO_2，从分水器中加入 5.4 份二甲苯，升温，2 h 内升温至 195~200 ℃，保持 1 h，加入 10.88 份甘油，继续酯化。保温反应 1 h 后，开始测黏度、酸值，当黏度达到 10 s 时，停止加热，立即抽出至稀释罐，冷却至 110 ℃以下，加入 84.6 份二甲苯，溶解后过滤。

（2）熔融法

熔融法是将反应物热炼，通惰性气体 CO_2 鼓泡将酯化反应生成的水带出液面，经反应器出口处排气装置带出，并由捕集器回收带出的苯酐。熔融法的特点是设备附件少、投资少，但所得树脂颜色深，苯酐损失量大。

醇解熔融法工艺流程如下：

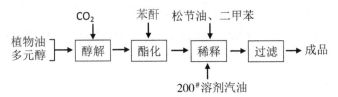

图 4-12

以配方四的配方（一）为例：将亚麻油、甘油加入醇解酯化反应釜中，升温、搅拌，通入 CO_2，40 min 加热至 120 ℃。在 120 ℃停止搅拌，加入黄丹，继续搅拌升温至 220 ℃（总升温时间 1.5~2.0 h）。于 220 ℃保温反应。达乙醇容忍度后，于 220 ℃加苯酐（分 4 批加入，每 10 min 加一批）。加完苯酐，于 200 ℃保温反应 1 h，然后升温至 240 ℃，于 240 ℃保温酯化 4 h。取样测定黏度和酸度。以后每隔 1 h 测定一次，当黏度达 6~7 s（酸度＜8 mgKOH/g）时，立即停止加热，抽至稀释罐。降温至 150 ℃以下，加入 200# 油漆溶剂汽油 [V（200# 油漆溶剂汽油）：V（中油度醇酸树脂）＝1：1]、松节油、二甲苯，降温至 60 ℃以下过滤得中油度醇酸树脂，其产品规格如下：

不挥发分	(50±2)%
黏度（加氏管，25 ℃）/s	6~9
酸度/（mgKOH/g）	＜8
色号（Fe-Co）	＜7#

4. 产品用途

广泛用于醇酸树脂清漆、磁漆、底漆、腻子等的调制，也可与其他成膜材料混配制造各种改性的醇酸树脂漆。

4.25　乙烯基化醇酸树脂

1. 产品性能

本品用于涂料具有良好的干燥性能，附着力和耐水性，能形成有一定硬度的优良的防腐蚀涂层。引自日本公开特许公报 JP 04-170427。

2. 技术配方　(质量，份)

甘油	205.4
脱水蓖麻油	450.0
二甲苯	400.0
苯乙烯	90.0
乙酸钙	1.1
苯甲酸	32.8
邻苯二甲酸酐	356.9
偶氮双异丁腈	0.4
甲基丙烯酸甲酯	90.0
过氧化二苯甲酰	0.2
3-缩水甘油氧丙基三甲氧基硅烷	20.0

3. 生产工艺

将脱水蓖麻油、甘油 (135 份)、乙酸钙于 240 ℃加热 1 h，用含甘油 (70.4 份)、邻苯二甲酸酐和苯甲酸的二甲苯溶液处理，于 180～220 ℃加热回流 6 h。将 200 份所得醇酸与二甲苯的溶液在 100 ℃用苯乙烯、甲基丙烯酸甲酯、3-缩水甘油氧丙基三甲氧基硅烷、偶氮双异丁腈、过氧化二苯甲酰处理 3 h，再于 100 ℃加热 4 h，制得乙烯基化醇酸树脂。

4. 产品用途

用于配制涂料，室温下涂覆于物体表面，干燥成膜。

4.26　C04-2各色醇酸磁漆

1. 产品性能

C04-2各色醇酸磁漆（Alkyd enamel C04-2）由中油度醇酸树脂、颜料、催干剂及溶剂调配而成。该漆膜具有较好的光泽和机械强度，耐候性比调和漆及酚醛漆好，但耐水性较差，能自然干燥。

2. 技术配方　（质量，份）

（1）配方一

	红色	绿色
中油度亚麻油醇酸树脂	83.5	71.0
大红粉	7.5	—
中铬黄	—	1.0
柠檬黄	—	18.0
铁蓝	—	1.0
环烷酸钙（2%）	1.0	1.0
环烷酸钴（2%）	0.5	0.5
环烷酸锰（2%）	0.5	0.5
环烷酸铅（10%）	2.0	2.0
环烷酸锌（4%）	1.0	1.0
二甲苯	2.0	2.0
200#溶剂汽油	2.0	2.0

（2）配方二

	白色	黑色
中油度亚麻油醇酸树脂	65.85	86.7
钛白粉	25.0	—
群青	0.15	—
炭黑	—	3.0
二甲苯	2.0	2.0
200#溶剂汽油	2.0	2.0
环烷酸钙（2%）	1.0	1.0
环烷酸钴（2%）	0.5	0.8
环烷酸锰（2%）	0.5	1.5
环烷酸铅（10%）	2.0	2.0
环烷酸锌（4%）	1.0	1.0

3. 工艺流程

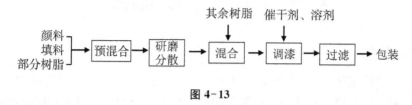

图 4-13

4. 生产工艺

将部分树脂与颜料、填料预混合后，研磨分散至细度小于 20 μm，加入其余树脂及催干剂、溶剂，充分调匀，过滤包装得醇酸磁漆。

5. 产品标准

外观	符合标准样板及色差范围，平整光滑
黏度（涂-4 黏度计）/s	≥60
细度/μm	≤20
遮盖力/（g/m²）	
红色、黄色	≤150
绿色	≤65
黑色	≤45
白色	≤120
干燥时间/h	
表干	≤5
实干	≤15
烘干（60~70 ℃）	≤3
硬度	≥0.25
冲击强度/（kg·cm）	50
柔韧性/mm	1
光泽	≥90%
耐水性（浸于 6 h）	允许轻微失光、发白、起小泡，2 h 后恢复
耐汽油性（浸于 NY-120 溶剂汽油 6 h）	不起泡、不起皱，允许失光，1 h 后恢复
耐候性（广州地区暴晒 12 个月后测定）	变色不超过 4 级，粉化不超过 3 级，裂纹不超过 2 级

注：该产品符合 ZBG 51035 标准。

6. 产品用途

用于金属及木制品表面的保护及装饰性涂覆，使用量 60~80 g/m²。

4.27 C04-4各色醇酸磁漆

1. 产品性能

C04-4各色醇酸磁漆（All colors alkyd resin enamel C04-4）由长油度醇酸树脂、颜料、催干剂和溶剂组成。该漆膜具有良好的坚韧性和附着力，且具有较好的耐候性。

2. 技术配方 （质量，份）

季戊四醇	11.540
豆油（双漂）	24.040
苯酐	11.530
氧化铅	0.055
200# 溶剂汽油	36.590
钛白粉（金红石型）	15.700
铁蓝	0.020
深铬黄	0.100
炭黑（通用）	0.080
环烷酸钙（2%）	0.800
环烷酸钴（3%）	0.400
环烷酸锰（3%）	0.400
环烷酸铅（12%）	1.400
环烷酸锌（3%）	0.400
硅油（1%）	0.200
双戊二烯	3.000

3. 工艺流程

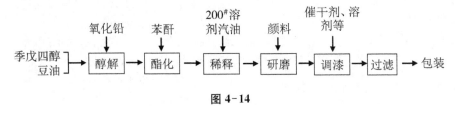

图 4-14

4. 生产工艺

将季戊四醇和豆油投入反应釜中，升温，通入 CO_2，搅拌，于 40 min 内升温至 120 ℃，加入 0.005 份氧化铅（黄丹），升温于 230～240 ℃进行醇解反应。醇解完毕，降温至 200 ℃，加入苯酐，于 200 ℃保温反应 1 h，然后升温至 220 ℃，反应 2 h 后，测定酸值和黏度合格后，立即停止加热。降温至 150 ℃，加入 30.14 份 200# 溶剂汽油稀释，制得醇酸树脂液。

取部分醇酸树脂液与钛白粉、铁蓝、深铬黄、0.05 份氧化铅、炭黑预混合，研磨分散至细度小于 30 μm，然后加入催干剂、硅油、双戊二烯和 6.45 份 200# 溶剂汽油充分调匀，过滤得 C04-4 各色醇酸磁漆。

5. 产品标准

漆膜颜色及外观	符合标准样板及色差范围漆膜平整光滑
黏度（涂-4 黏度计）/s	≥60
细度/μm	≤30
干燥时间/h	
表干	≤8
实干	≤48
柔韧性/mm	1
冲击强度/（kg·cm）	50

6. 产品用途

用于大型结构表面的涂装。

4.28 C04-42 各色醇酸磁漆

1. 产品性能

C04-42 各色醇酸磁漆（Alkyd enamel C04-42）又称二道醇酸磁漆、885-1 至 885-8 醇酸内舱漆，由长油度季戊四醇醇酸树脂、颜料、催干剂和溶剂组成。该漆户外耐久性及附着力比 C04-2 醇酸漆好，能自然干燥（但干燥时间较长），也可低温烘干。

2. 技术配方 （质量，份）

（1）配方一

	白色	灰色	黑色
长油度豆油季戊四醇醇酸树脂	64.75	—	81.80
长油度亚麻油醇酸树脂	—	76.00	
钛白粉（金红石型）	25.00	10.80	
群青	0.15	—	
铁蓝	—	1.10	
铁红	—	3.10	
中铬黄	—	1.00	
黄丹	—	0.10	
炭黑	—	0.80	3.20
环烷酸钙（2%）	1.00	1.00	2.00

环烷酸钴（3%）	0.80	0.13	2.00
环烷酸锰（3%）	0.30	0.20	1.00
环烷酸铅（10%）	2.00	1.80	2.00
环烷酸锌（4%）	1.00	1.50	1.00
硅油（1%）	—	0.20	—
200# 溶剂汽油	2.00	—	3.00
松节油	—	2.27	—
二甲苯	3.00	—	4.00

（2）配方二

	红色	绿色
长油度豆油季戊四醇醇酸树脂	81.6	69.9
大红粉	7.5	—
钛白粉	0.5	—
柠檬黄	—	15.0
铁蓝	—	0.5
酞菁蓝	—	4.5
环烷酸钴	1.0	0.8
环烷酸钙	1.0	1.0
环烷酸锰	0.4	0.3
环烷酸铅	2.0	2.0
环烷酸锌	1.0	1.0
二甲苯	3.0	3.0
200# 溶剂汽油	2.0	2.0

3. 工艺流程

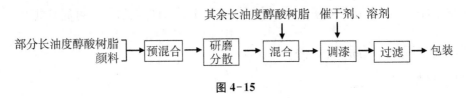

图 4-15

4. 生产工艺

将部分长油度醇酸树脂与颜料预混合，研磨分散至细度小于 20 μm，加入其余长油度醇酸树脂，混合均匀后加入催干剂、溶剂，调匀后过滤、包装。

5. 产品标准

外观	符合标准样板及色差范围，平整光滑
黏度（涂-4 黏度计）/s	≥60
细度/μm	≤20

遮盖力/（g/m²）	
黑色	≤45
绿色、灰色	≤65
白色	≤120
红色、黄色	≤150
干燥时间/h	
表干	≤10
实干	≤18
烘干（60～70 ℃）	≤3
流平性/min	≤10
光泽	≥90％
硬度	≥0.25
冲击强度/（kg·cm）	50
附着力/级	≤2
柔韧性/mm	1
耐水性（浸18 h）	允许轻微失光，起小泡，经2 h恢复
耐汽油（浸于NY-120溶剂汽油6 h）	不起泡，不起皱，允许失光，1 h后恢复
耐候性（经广州地区暴晒12个月后）	变色≤4级，粉化≤3级，裂纹≤2级

注：该产品符合 ZBG 51036 标准。

6. 产品用途

适用于户外的钢铁（特别是大型）构件表面的涂装，也可用于室内如轮船内舱。使用量60～80 g/m²。

4.29　长油度亚麻仁油醇酸磁漆

1. 产品性能

该磁漆由长油度亚麻仁油醇酸树脂、颜料、催干剂和溶剂调配而成，漆膜具有良好的附着力、防锈性和耐水性。

2. 技术配方　（质量，份）

（1）配方一

长油度亚麻仁油季戊四醇醇酸树脂*	84.5
硬质炭黑	4.7
黄丹	0.1
二甲苯	5.9
环烷酸钙（2%）	0.9
环烷酸钴（2%）	0.3

环烷酸锰（2%）	0.6
环烷酸铅（10%）	2.2
环烷酸锌（4%）	0.8

该磁漆于 60 ℃漆膜不变软，外观和颜色不改变，具有良好的耐热性和耐水性能。适用于已涂有底漆的金属零件。

黏度（涂-4，20 ℃）/s	60～100
干燥时间/h	
表干	≤11
实干	≤36

（2）配方二

长油度亚麻仁油季戊四醇醇酸树脂（50%）	61.9
沉淀硫酸钡	13.0
钛白粉（金红石型）	16.0
炭黑	0.2
滑石粉	2.0
二甲苯	3.0
200# 溶剂汽油	2.0
环烷酸钴（2%）	0.1
环烷酸锰（2%）	0.3
环烷酸铅（10%）	1.0
环烷酸锌（4%）	0.5

该灰色防锈磁漆漆膜平整光滑，具有良好的柔韧性和防锈性，供金属表面防锈涂装。

黏度（涂-4 黏度计，25 ℃）/s	62～72
干燥时间/h	
表干	≤6
实干	≤10

（3）配方三

长油度亚麻仁油季戊四醇醇酸树脂（50%）	58.6
钛白粉（金红石型）	25.0
铁蓝（8201#）	0.1
炭黑	0.8
环烷酸钙（2%）	0.5
环烷酸钴（3%）	0.1
环烷酸铅（10%）	2.0
环烷酸锌（4%）	0.5
200# 油漆溶剂汽油	2.0

这种灰色桥梁用磁漆具有良好的耐水性和耐候性。

黏度（涂-4 黏度计，25 ℃）/s	80

干燥时间/h

表干	≤4
实干	≤6.5

（4）配方四

长油度聚合亚麻仁油醇酸树脂（50%）	27.30
沉淀硫酸钡	23.00
滑石粉	11.00
中铬黄	12.00
2# 浅黄	6.10
钛白粉	0.50
铁蓝	0.40
硬质炭黑	0.30
氧化铁红	0.40
环烷酸钴（3%）	0.03
环烷酸锰（2%）	0.10
环烷酸铅（10%）	1.50
环烷酸锌（4%）	0.40
环烷酸钙（2%）	0.40
二甲苯	16.67

该磁漆具有良好的耐水性和耐汽油性，适用于涂装过底漆的金属表面。

黏度（涂-4 黏度计，20 ℃）/s	80~100
干燥时间/h	
表干	≤3
实干	≤30

＊长油度亚麻仁油季戊四醇醇酸树脂技术配方：

季戊四醇	10.600
亚麻仁油（双漂）	69.600
邻苯二甲酸酐（苯酐）	19.800
黄丹	0.035
200# 溶剂汽油	80.000
松节油	12.000

将亚麻仁油（双漂）加入反应釜，升温，通 CO_2，搅拌，于 40 min 内升温至120 ℃，停止搅拌加入黄丹，继续搅拌，升温，于 230~240 ℃加入季戊四醇，并保温醇解 1 h。醇解完毕，降温至 200 ℃，于 40 min 内加完苯酐，于 200~205 ℃保温酯化 1 h，然后升温至 230 ℃，保温反应 3 h，至酸值＜10 mgKOH/g、黏度（50%，25 ℃，加氏管）3~5 s为终点。降温至 150 ℃，加入 200# 溶剂汽油、松节油，溶解完全得含固量50%的长油度醇酸树脂。

3. 工艺流程

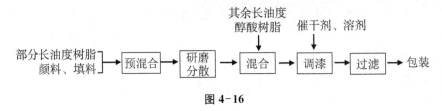

图 4-16

4. 生产工艺

将部分长油度亚麻仁油醇酸树脂与颜料、填料充分混合，研磨分散至细度小于 25 μm，加入剩余的长油度醇酸树脂，混匀后加入催干剂、混合溶剂，充分调匀，过滤包装。

5. 产品标准

外观	符合标准样板及色差范围，平整光滑
黏度（涂-4 黏度计）/s	60～100
细度/μm	≤25
硬度	≥0.25
柔韧性/mm	1
冲击强度/（kg·cm）	50

6. 产品用途

适用于金属表面涂装，具体见各技术配方后的说明。

4.30 C04-45 灰醇酸磁漆（分装）

1. 产品性能

C04-45 灰醇酸磁漆（Gray alkyd enamel C04-45）又称 66 灰色户外面漆，由中油度豆油季戊四醇醇酸树脂、催干剂、溶剂和分装的铝锌浆组成，使用时按比例混合。该漆漆膜呈现花纹状，内部片状颜料，层层相叠，透水性很低，对紫外线有反射作用，耐候性比一般醇酸磁漆大 1～2 倍。

2. 技术配方 （质量，份）

组分 A：

中油度豆油季戊四醇醇酸树脂（50%）	75.75
环烷酸钙（2%）	1.00

环烷酸钴（2%）	0.50
环烷酸锰（2%）	0.60
环烷酸铅（10%）	2.00
环烷酸锌（4%）	1.00
200# 油漆溶剂汽油	3.00
二甲苯	1.00
组分 B：	
金属铝锌浆	15.15

3. 工艺流程

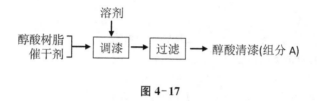

图 4-17

4. 生产工艺

将中油度季戊四醇醇酸树脂与催干剂、溶剂混合，充分调匀，过滤得醇酸清漆组分（组分 A），包装。金属铝锌浆另外包装（组分 B）。使用时按技术配方比混合均匀。

5. 产品标准

外观	符合标准样板，在色差范围内，平整光滑
黏度（涂-4 黏度计）/s	≥45
遮盖力/（g/m²）	≤45
干燥时间/h	
表干	≤12
实干	≤24
硬度	≥0.25
柔韧性/mm	1
冲击强度/（kg·cm）	50
附着力/级	≤2
耐水性（浸 5 h）	允许轻微失光，变白，在 1 h 内恢复
水汽渗透率/[mg/(mm²·μm·h)]	≤0.28

注：该产品符合 ZBG 51096 标准。

6. 产品用途

专供桥梁、高压线铁塔及户外大型钢铁构筑物的表面涂装。使用前，将组分 A、组分 B 混合，过 140 目筛网后即可使用，混合后 1 周内用完。使用量 120～140 g/m²。

4.31　C04-63 各色醇酸半光磁漆

1. 产品性能

C04-63 各色醇酸半光磁漆（Alkyd semigloss enamel C04-63）又称 C04-54 各色醇酸半光磁漆，由长油度豆油季戊四醇醇酸树脂、颜料、体质颜料、催干剂及溶剂组成。漆膜坚韧、附着力强、户外耐久性好。

2. 技术配方 （质量，份）

（1）配方一

	白色	黑色
长油度豆油季戊四醇醇酸树脂	50.0	60.0
沉淀硫酸钡	12.0	11.0
轻质碳酸钙	12.0	12.0
钛白粉	18.0	—
群青	0.1	—
炭黑	—	3.0
环烷酸钙（2%）	1.0	1.0
环烷酸钴（2%）	0.3	0.5
环烷酸锰（2%）	0.5	0.5
环烷酸铅（10%）	2.0	2.0
环烷酸锌（4%）	1.0	1.0
二甲苯	1.0	4.0
200# 油漆溶剂汽油	2.1	5.0

（2）配方二

	红色	绿色
长油度豆油季戊四醇醇酸树脂	50.0	50.0
轻质碳酸钙	13.5	12.0
沉淀硫酸钡	13.5	12.0
钛白粉（金红石型）	7.5	—
中铬黄	—	1.0
柠檬黄	—	14.0
铁蓝	—	2.5
二甲苯	4.4	1.7
200# 油漆溶剂汽油	6.3	2.0
环烷酸钙（2%）	1.0	1.0
环烷酸钴（2%）	0.3	0.3
环烷酸锰（2%）	0.5	0.5

环烷酸铅（10%）	2.0	2.0	
环烷酸锌（4%）	1.0	1.0	

* 长油度豆油季戊四醇醇酸树脂的技术配方：

豆油（双漂）	58.240	56.500	57.420
季戊四醇	13.820	14.700	15.020
苯酐	27.940	28.800	27.560
氢氧化锂	—	0.045	—
黄丹	0.012	—	0.012
200# 溶剂汽油	72.500	73.000	72.000

3. 工艺流程

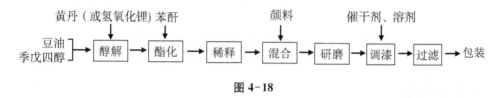

图 4-18

4. 生产工艺

将豆油投入反应釜中，升温，通 CO_2，搅拌，于 40 min 内升温至 120 ℃，加黄丹（或氢氧化锂），升温至 240 ℃，分批加入季戊四醇，加完后于 240 ℃保温 40 min，至物料 95%的乙醇容忍度为 5（25 ℃）为醇解终点。降温至 200 ℃，分批于 40 min 内加完苯酐，加完苯酐后于 200 ℃保温 1 h。然后升温至 240 ℃，酯化 2 h，至黏度、酸值合格后，停止加热。于 150 ℃加入溶剂稀释，制得 50%的长油度豆油季戊四醇醇酸树脂。

将部分长油度豆油醇酸树脂与颜料预混合，研磨分散至细度小于 30 μm，然后与其余长油度豆油醇酸树脂充分混合，再加入催干剂、溶剂，调匀，过滤包装。

5. 产品标准

外观	符合标准样板及色差范围，平整无光
黏度（涂-4 黏度计，25 ℃）/s	≥60
细度/μm	≤30
遮盖力/（g/m²）	
黑色	≤40
灰色	≤55
草绿色、军绿色	≤80
干燥时间/h	
表干	≤4
实干	≤15
烘干（70～80 ℃）	≤3
光泽	（40±10）%

硬度	≥0.3
柔韧性/mm	1
冲击强度/（kg·cm）	50
附着力/级	≤2
耐水性（12 h）	不起泡、不脱落，允许颜色变浅
耐汽油性（浸于 RH-75 汽油 8 h）	不起泡、不起皱，允许失光，1 h 内恢复

注：该产品符合 ZBG 51092 标准。

6. 产品用途

适用于各种车辆及要求半光的物件表面涂覆。刷涂或喷涂。常温干燥或 70～80 ℃烘干。用二甲苯或二甲苯与 200# 溶剂汽油混合溶剂稀释。

4.32　C04-64 各色醇酸半光磁漆

1. 产品性能

C04-64 各色醇酸半光磁漆（Alkyd semigloss enamel C04-64）又称汽车半光磁漆、C04-44 各色醇酸半光磁漆，由中油度豆油醇酸树脂、颜料、体质颜料、催干剂和溶剂调配而成。漆膜坚韧、附着力好，具有较好的户外耐久性，有柔和而不刺眼的光泽。

2. 技术配方　（质量，份）

（1）配方一

	白色	黑色
中油度豆油醇酸树脂*	50.0	60.0
轻质碳酸钠	12.0	12.0
沉淀硫酸钡	12.0	11.0
钛白粉（金红石型）	18.0	—
群青	0.1	—
炭黑	—	3.0
环烷酸钙（2%）	1.0	1.0
环烷酸钴（2%）	0.3	0.5
环烷酸锰（2%）	0.5	0.5
环烷酸铅（10%）	2.0	2.0
环烷酸锌（4%）	1.0	1.0
二甲苯	1.0	4.0
200# 溶剂汽油	2.1	5.0

（2）配方二

	红色	绿色
轻质碳酸钙	13.5	12.0
沉淀硫酸钡	13.5	12.0
中铬黄	—	1.0
柠檬黄	—	14.0
铁蓝	—	2.5
大红粉	7.5	—
中油度豆油醇酸树脂（50%）	50.0	50.0
环烷酸钙（2%）	1.0	1.0
环烷酸钴（2%）	0.3	0.3
环烷酸锰（2%）	0.5	0.5
环烷酸铅（10%）	2.0	2.0
环烷酸锌（4%）	1.0	1.0
200#油漆溶剂汽油	6.3	2.0
二甲苯	4.4	1.7

＊中油度豆油醇酸树脂的技术配方：

豆油	51.05	28.88
甘油	14.90	8.42
苯酐	34.05	19.26
黄丹	0.02	0.01
200#油漆溶剂汽油	70.00	43.43
二甲苯	14.00	

3. 工艺流程

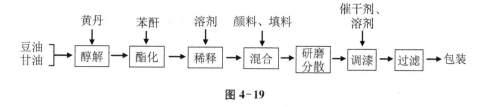

图 4-19

4. 生产工艺

将甘油、豆油投入反应釜中，加热至 120 ℃加入黄丹，逐渐升温至 230 ℃醇解，保温 1 h 使醇解完全，降温至 200 ℃加入苯酐和回流二甲苯，于 200～210 ℃酯化至酸值≤10 mgKOH/g，黏度（50%，涂-4，25 ℃）180～200 s。冷却至 160 ℃，加入 200#溶剂汽油（和二甲苯），得含固量 50%的中油度豆油醇酸树脂。

将部分中油度豆油醇酸树脂与颜料、填料经高速预混合后研磨分散至细度≤40 μm，加入其余中油度豆油醇酸树脂、溶剂和催干剂，充分调匀，过滤得 C04-64 各色醇酸半光醇酸磁漆。

5. 产品标准

外观	符合标准样板及其色差范围，平整无光
黏度（涂-4 黏度计）/s	≥60
细度/μm	≤40
遮盖力/（g/m²）	
白色	≤140
黑色	≤40
军绿色、草绿色	≤70
干燥时间/h	
表干	≤4
实干	≤15
光泽	（30±10)%
硬度	≥0.3
柔韧性/mm	1
冲击强度/（kg·cm）	50
附着力/级	≤2
耐水性（12 h）	不起泡、不脱落，允许漆膜颜色变浅
耐汽油性（浸于 NY-120 溶剂油 4 h）	不起泡、不起皱，允许失光，1 h 内恢复

注：该产品符合 ZBG 51038 标准。

6. 产品用途

适用于各种车辆内壁及金属、木器表面的涂覆。自干或 100 ℃ 以下烘干。以 X-6 醇酸稀释剂调整施工黏度。用量 60～90 g/m²，本漆不宜用于湿热带地区。

4.33 C04-82 各色醇酸无光磁漆

1. 产品性能

C04-82 各色醇酸无光磁漆（Alkyd flat enamel C04-82）又称平光醇酸磁漆、白平光醇酸磁漆、C04-53 各色醇酸无光磁漆、A21M 各色醇酸无光磁漆、A23M 各色醇酸无光磁漆，由长油度豆油季戊四醇醇酸树脂、颜料、体质颜料、催干剂、有机溶剂调配而成。漆膜耐久性和耐水性好；若烘干，则耐水性更好，细度好于 C04-83 各色醇酸无光磁漆。

2. 技术配方 （质量，份）

（1）配方一

	白色	黑色	黑色
长油度豆油季戊四醇醇酸树脂*	39.0	35.0	31.00
沉淀硫酸钡	15.0	27.0	27.00
滑石粉	14.0	16.0	16.00
钛白粉（金红石型）	19.0	—	—
群青	0.1	—	—
炭黑	—	2.5	2.10
二甲苯	4.0	7.0	13.95
200# 油漆溶剂汽油	4.1	7.5	6.00
环烷酸钙（2%）	1.0	1.0	0.50
环烷酸钴（2%）	0.3	0.5	0.10
环烷酸锰（2%）	0.5	0.5	0.15
环烷酸铅（10%）	2.0	2.0	1.70
环烷酸锌（4%）	1.0	1.0	1.50

（2）配方二

	红色	绿色
长油度豆油季戊四醇醇酸树脂（50%）	40.0	39.0
沉淀硫酸钡	26.0	15.0
滑石粉	13.0	14.0
大红粉	7.5	—
中铬黄	—	1.0
柠檬黄	—	15.0
铁蓝	—	3.0
环烷酸钙（2%）	1.0	1.0
环烷酸钴（2%）	0.3	0.3
环烷酸锰（2%）	0.5	0.5
环烷酸铅（10%）	2.0	2.0
环烷酸锌（4%）	1.0	1.0
200# 油漆溶剂汽油	4.7	4.2
二甲苯	4.0	4.0

* 长油度豆油季戊四醇醇酸树脂的技术配方：

豆油（双漂）	57.420	42.200
桐油	—	7.000
黄丹（98%）	0.012	0.020
季戊四醇	15.020	7.250
苯酐	27.560	13.470
200# 溶剂汽油	72.000	23.080
二甲苯	—	27.000

3. 工艺流程

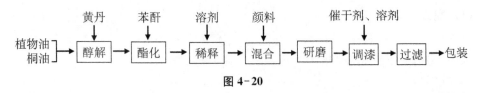

图 4-20

4. 生产工艺

将豆油、桐油投入反应釜，升温，通入 CO_2，搅拌，升温至 120 ℃加入黄丹，于 240 ℃加入季戊四醇（分批加入），240 ℃保温 40 min，醇解完毕，于 200 ℃加入苯酐（40 min 内加完），在 200 ℃保温酯化 1 h，然后升温至 220 ℃酯化 2 h。待酸值和黏度合格后，降温至 150 ℃，加入溶剂稀释，制成 50％的长油度豆油季戊四醇醇酸树脂溶液，60 ℃以下过滤。

将部分长油度季戊四醇醇酸树脂与颜料、填料混合均匀后，研磨分散至细度小于 40 μm，加入其余长油度豆油季戊四醇醇酸树脂，混匀后加入溶剂、催干剂，充分调匀，过滤包装。

5. 产品标准

外观	符合标准样板及色差范围，平整无光
黏度（涂-4 黏度计，25 ℃）/s	≥70
细度/μm	≤40
遮盖力/（g/m²）	
黑色	≤40
绿色、灰绿	≤70
白色	≤150
干燥时间/h	
表干	≤3
实干	≤15
烘干（70～80 ℃）	≤3
光泽	≤10％
硬度	≥0.3
冲击强度/（kg·cm）	≥40
柔韧性/mm	≤1
耐水性（24 h）	不起泡，不脱落，允许颜色轻微变浅
耐汽油性（浸于 RH-75 汽油 8 h）	不起泡，不起皱

6. 产品用途

用于各种车厢、船舱、车辆内外表面，以及仪表、光学仪器表面涂覆，也用于木器表面涂装。自干或 100 ℃以下烘干。

4.34　C04-83 各色醇酸无光磁漆

1. 产品性能

C04-83 各色醇酸无光磁漆（Alkyd flat enamel C04-83）又称平光醇酸磁漆、白平光醇酸磁漆、A21M 各色醇酸无光磁漆、A23M 各色醇酸无光磁漆、A24M 各色醇酸无光磁漆、A26M 各色醇酸无光磁漆、A28M 各色醇酸无光磁漆、A32M 各色醇酸无光磁漆、C04-43 各色醇酸无光磁漆。该漆膜具有良好的耐久性和耐水性，平整无光，常温或 100 ℃以下干燥。

2. 技术配方　（质量，份）

（1）配方一

	白色	白色	黑色
中油度亚麻油醇酸树脂*	—	39.0	35.0
中油度豆油醇酸树脂**	32.0	—	—
沉淀硫酸钡	—	15.0	27.0
钛白粉	25.0	19.0	—
群青	0.2	0.1	—
碳酸镁	10.00	—	—
滑石粉	12.50	14.0	16.0
炭黑	—	—	2.5
环烷酸钴（2%）	0.10	0.3	0.5
环烷酸锰（2%）	0.20	0.5	0.5
环烷酸钙（2%）	0.50	1.0	1.0
环烷酸铅（10%）	0.50	2.0	2.0
环烷酸锌（4%）	0.25	1.0	1.0
200# 油漆溶剂汽油	—	4.1	7.5
二甲苯	18.75	4.0	7.0

（2）配方二

	红色	绿色
中油度亚麻油醇酸树脂（50%）	40.0	39.0
沉淀硫酸钡	26.0	15.0
滑石粉	13.0	14.0
铁蓝	—	3.0
柠檬黄	—	15.0
中铬黄	—	1.0
大红粉	7.5	—
环烷酸钙（2%）	1.0	1.0

环烷酸钴（2%）	0.3	0.3
环烷酸锰（2%）	0.5	0.5
环烷酸铅（10%）	2.0	2.0
环烷酸锌（4%）	1.0	1.0
二甲苯	4.0	4.0
200# 油漆溶剂汽油	4.7	4.2

* 中油度亚麻油醇酸树脂的技术配方：

甘油	8.2000	17.00
亚麻油	26.1000	48.00
苯酐	16.5000	35.00
黄丹	0.0053	0.04
磷酸	—	0.05
二甲苯	2.4000	54.00
200# 油漆溶剂汽油	46.8000	36.00

* * 中油度豆油醇酸树脂的技术配方：

甘油（98%）	8.42	17.00
豆油	28.88	48.20
黄丹	0.01	0.04
苯酐	19.26	35.00
磷酸（85%）	—	0.05
200# 油漆溶剂汽油	43.43	36.00
二甲苯		54.00

3. 工艺流程

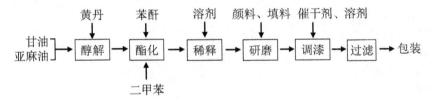

图 4-21

4. 生产工艺

（1）中油度亚麻油醇酸树脂的生产工艺

将亚麻油、甘油投入反应釜，加热至 120 ℃，加入黄丹，搅拌，升温至 230 ℃醇解完全（可溶于 3 倍甲醇），降温至 200 ℃，加入苯酐（磷酸）和回流二甲苯，逐步升温至 200 ℃，控温酯化 4 h 至酸值≤10 mgKOH/g，再升温至 230 ℃，保温至黏度（50%，涂-4 黏度计）150～300 s，降温，于 160 ℃加入溶剂稀释，得 50%的中油度亚麻油醇酸树脂液。

— 256 —

（2）调配无光磁漆

将部分中油度亚麻油醇酸树脂与颜料、填料混合均匀，研磨分散至细度小于 50 μm，加入其余中油度亚麻油醇酸树脂、溶剂和催干剂，充分调匀，过滤包装。

5. 产品标准

外观	符合标准样板及色差范围，平整无光
黏度（涂-4 黏度计，25 ℃）/s	≥70
细度/μm	≤50
遮盖力/（g/m²）	
黑色	≤40
中灰色	≤80
绿色	≤70
白色	≤150
干燥时间/h	
表干	≤3
实干	≤15
烘干（70～80 ℃）	≤3
光泽	≤10%
硬度	≥0.3
柔韧性/mm	≤2
冲击强度/（kg·cm）	≥40
附着力/级	1
耐水性（浸 12 h）	不起泡，不脱落，允许颜色轻微变浅
耐汽油性（浸于 NY-120 溶剂汽油 8 h）	不起泡，不脱落

注：该产品符合 BG 51037 标准。

6. 产品用途

适用于涂装车箱、船舱、车辆的内外表面及仪表盘。喷涂或刷涂，以 X-6 醇酸漆稀释剂稀释。使用量 70～90 g/m²。

4.35　C04-86 各色醇酸无光磁漆

1. 产品性能

C04-86 各色醇酸无光磁漆（Alkyd matt enamels C04-86）又称 C04-46 各色醇酸无光磁漆、醇酸内舱漆（平光），由中油度豆油醇酸树脂、颜料、体质颜料、催干剂、溶剂组成。漆膜平整无光，常温或 100 ℃ 以下干燥，其耐久性比酚醛无光磁漆好，但比 C04-83 无光磁漆耐久性差。

2. 技术配方 （质量，份）

中油度豆油醇酸树脂（50%）	41.30
钛白粉	8.00
锌钡白	37.00
群青	0.10
碳酸镁	5.00
硬脂酸铝	0.10
环烷酸钙（2%）	0.80
环烷酸钴（3%）	0.20
环烷酸铅（10%）	0.75
松节油	6.75

3. 工艺流程

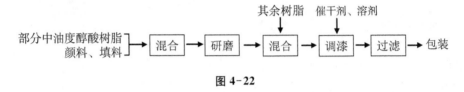

图 4-22

4. 生产工艺

将部分中油度豆油醇酸树脂与颜料、填料预混合，研磨分散至细度小于 50 μm，加入其余中油度豆油醇酸树脂，混匀后加入催干剂、溶剂，充分调匀，过滤包装。

5. 产品标准

黏度（涂-4 黏度计，25 ℃）/s	60～90
细度/μm	≤50
遮盖力（白）/（g/m²）	≤70
干燥时间/h	
表干	≤3
实干	≤24
柔韧性/mm	3
冲击强度/（kg·cm）	≥40
硬度	≥0.2

注：该产品符合 Q/HG 2084 标准。

6. 产品用途

用于轮船内舱、车厢内壁及特种车辆、仪表表面的涂装。使用量 60～90 g/m²。

4.36　C06-1铁红醇酸底漆

1. 产品性能

C06-1铁红醇酸底漆（Iron red alkyd primer C06-1）又称138铁红醇酸底漆、138A铁红醇酸底漆、1614铁红醇酸底漆，由干性植物油改性醇酸树脂（中油度或长油度）与氧化铁红、防锈颜料、体质颜料、催干剂及溶剂调配而成。漆膜具有良好的附着力和一定的防锈能力，与硝基磁漆、醇酸磁漆等多种面漆的层间结合力好。在一般气候条件下耐久性也较好，但在湿热带海洋气候和潮湿地区，耐久性稍差。

2. 技术配方　（质量，份）

（1）配方一

中油度亚麻油、桐油醇酸树脂*（50%）	44.2	42.0
氧化铁红	21.0	20.0
氧化铁黄	6.0	—
中铬黄	4.0	5.0
氧化锌	—	5.0
滑石粉	11.0	5.0
硫酸钡	—	8.0
200#油漆溶剂汽油	5.0	13.1
二甲苯	4.0	—
环烷酸钙（2%）	1.0	—
环烷酸钴（2%）	0.3	0.2
环烷酸锰（2%）	0.5	0.4
环烷酸铅（10%）	2.0	0.8
环烷酸锌（4%）	1.0	

（2）配方二

中油度亚麻油、桐油醇酸树脂（50%）	33.0
铁红	26.3
锌黄	6.7
沉淀硫酸钡	13.2
黄丹	1.1
三聚氰胺甲醛树脂（50%）	0.5
二甲苯	18.8
环烷酸钴（3%）	1.0
环烷酸锰（3%）	1.2
环烷酸铅（13%）	1.3

（3）配方三

J-555 亚麻仁油醇酸树脂（中油度，50%）	52.00
氧化铁红	15.80
氧化锌	4.80
硫酸钡	7.20
滑石粉	19.30
特殊抗结皮剂	0.05
萘酸钴（6%）	0.35
萘酸铅（24%）	0.50

（4）配方四

长油度亚麻油、桐油醇酸树脂＊＊（50%）	33.23
铁红	26.73
浅铬黄	11.63
滑石粉	11.68
二甲苯	14.71
环烷酸钙（2%）	0.53
环烷酸钴（3%）	0.02
环烷酸铅（12%）	1.00
环烷酸锰（3%）	0.17
环烷酸锌（4%）	0.53

＊中油度亚麻油、桐油醇酸树脂的技术配方：

亚麻仁油	12.50	24.58
桐油	12.50	24.58
甘油	9.29	18.02
苯酐	16.73	32.82
黄丹	0.01	0.01
松节油	15.59	36.00
二甲苯	29.39	84.00

＊＊长油度亚麻油、桐油醇酸树脂的技术配方：

亚麻仁油	18.90
桐油	12.70
甘油（95%）	6.34
黄丹	0.01
二甲苯	16.80
苯酐	13.10
200# 油漆溶剂汽油	32.20

3. 工艺流程

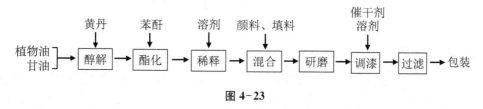

图 4-23

4. 生产工艺

先将亚麻仁油、桐油、甘油投入反应釜，加热至 120 ℃，加入黄丹，于 240 ℃保温醇解反应至完全。然后降温至 200 ℃，加入苯酐，于 200～220 ℃酯化至酸值小于 20 mgKOH/g，黏度（50%，25 ℃，加氏管）3.5～6.0 s，降温，于 150 ℃加入溶剂稀释，得 50% 的醇酸树脂。

将部分醇酸树脂与颜料、填料预混合后，研磨分散至细度≤50 μm，加入其余醇酸树脂溶剂及催干剂，充分调匀，过滤包装。

5. 产品标准

外观	铁红色，色调不定，漆膜平整
黏度（涂-4 黏度计，25 ℃）/s	≥60
细度/μm	≤50
干燥时间/h	
表干	≤2
实干	≤24
烘干（105±2）℃	≤0.5
硬度	≥0.3
柔韧性/mm	1
冲击强度/（kg·cm）	50
附着力/级	1
打磨性（300# 水砂纸加水打磨 30 次）	易打磨，不黏砂纸
耐硝基性	不咬起，不渗红
耐盐水性（浸 24 h）	不起泡，不生锈

注：该产品符合 ZBG 51010 标准。

6. 产品用途

用于黑色金属表面打底防锈用。主要用于汽车、电车、火车车厢、机器、仪表等表面在涂覆硝基、醇酸、氨基、过氯乙烯等面漆前，作防锈底漆。使用量≤150 g/m²。

4.37　C06-10醇酸二道底漆

1. 产品性能

C06-10醇酸二道底漆（Alkyd surfacer C06-10）又称175醇酸二道底漆、185醇酸二道底漆，由中油度植物油改性醇酸树脂、颜料、体质颜料、催干剂、有机溶剂组成。可常温干燥，如在100～110 ℃烘干1 h可提高漆膜性能，漆膜细腻，容易打磨，与腻子层及面漆结合力好。

2. 技术配方　（质量，份）

中油度亚麻油、桐油醇酸树脂（50%）	35.0
立德粉	9.0
轻质碳酸钙	36.5
滑石粉	11.0
环烷酸钴（2%）	0.5
环烷酸锰（2%）	0.5
环烷酸铅（10%）	2.0
二甲苯	2.0
200#油漆溶剂汽油	3.5

3. 工艺流程

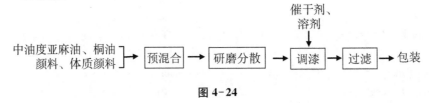

图4-24

4. 生产工艺

将中油度亚麻油、桐油醇酸树脂与颜料、体质颜料混合均匀，研磨分散至细度小于60 μm，加入溶剂、催干剂，充分调匀，过滤包装。

5. 产品标准

外观	白色、灰色，色调不定，平整光滑
细度/μm	≤60
黏度（涂-4黏度计，25 ℃）/s	≥80
干燥时间〔（105±2）℃〕/h	≤1
打磨性（烘干后400#水砂纸在25 ℃水中打磨）	不黏砂纸

注：该产品符合ZBG 51039标准。

6. 产品用途

涂在已打磨的腻子层，以填平腻子层的砂孔、纹道。使用量 120 g/m²。喷涂或刷涂。

4.38 C06-12 铁黑醇酸烘干底漆

1. 产品性能

C06-12 铁黑醇酸烘干底漆（Iron black alkyd baking primer C06-12），由中油度亚麻油醇酸树脂、铁黑、体质颜料、催干剂及溶剂组成，具有良好的附着力和防锈性能。

2. 技术配方 （质量，份）

中油度亚麻油醇酸树脂	45.0
氧化铁黑	19.0
炭黑	1.0
沉淀硫酸钡	18.5
环烷酸钴（2%）	0.5
环烷酸锰（2%）	0.5
环烷酸铅（10%）	2.0
二甲苯	5.5
200# 油漆溶剂汽油	8.0

3. 工艺流程

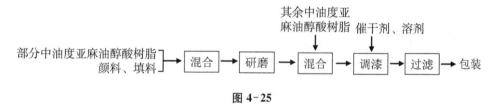

图 4-25

4. 生产工艺

将部分中油度亚麻油醇酸树脂与颜料、填料充分混匀，研磨分散，至细度小于 60 μm，然后与其余中油度亚麻油醇酸树脂混合，加入催干剂、溶剂，充分调匀，过滤包装。

5. 产品标准

外观	黑色，色调不定，漆膜平整
黏度（涂-4 黏度计）/s	60～120
干燥时间 [（100±2）℃] /h	≤2.5
细度/μm	≤60
柔韧性/mm	1
耐水性（浸 4 h）	1 h复原
硬度	≥0.3
附着力/级	≤2

6. 产品用途

用于黑色金属打底。刷涂或喷涂。涂覆后于（100±2）℃烘干。

4.39 C06-15 白色醇酸二道底漆

1. 产品性能

C06-15 白色醇酸二道底漆（White alkyd surfacer C06-15）又称白打底漆、白醇酸打底漆，由醇酸树脂、颜料、较多的体质颜料、催干剂及溶剂组成。该漆干燥快，易于打磨，特别适合用于头道底漆（或防锈底漆）与面漆之间的中间层，具有良好的结合力。

2. 技术配方 （质量，份）

钛白粉（金红石型）	21.80
云母粉	5.50
轻质碳酸钙	5.50
重金石粉	29.50
长油度豆油醇酸树脂（75%的溶剂油溶液）	22.10
环烷酸钴（6%）	0.17
环烷酸铅（24%）	0.33
200# 油漆溶剂汽油	15.10

3. 工艺流程

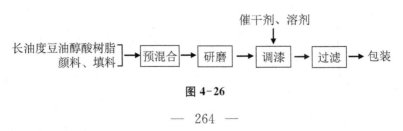

图 4-26

4. 生产工艺

将长油度豆油醇酸树脂漆料与颜料、填料混合均匀，研磨分散至细度小于 80 μm，加入催干剂、溶剂，充分调和，过滤包装。

5. 产品标准

外观	白色，漆膜平整
黏度（涂-4 黏度计）/s	60～100
细度/μm	≤80
干燥时间/h	
表干	≤1
实干	≤12
柔韧性/mm	1
打磨性	易打磨，不黏砂纸
冲击强度/（kg·cm）	50

6. 产品用途

适用于涂装面漆之前，填平已打磨腻子层的砂孔及纹道，如用于船壳二道底漆用。用量 100 g/m²，刷涂或喷涂，用 X-6 醇酸稀释剂调整黏度。

4.40　C06-32 锌黄醇酸烘干底漆

1. 产品性能

C06-32 锌黄醇酸烘干底漆（Zinc yellow alkyd baking primer C06-32）又称 C06-12 锌黄醇酸烘干底漆，由中油度亚麻油醇酸树脂、防锈颜料、体质颜料、催干剂和溶剂组成。该漆干燥快，附着力强，有良好的防锈能力。

2. 技术配方　（质量，份）

中油度亚麻油醇酸树脂（50%）	45.0
沉淀硫酸钡	5.0
中铬黄	10.0
锌铬黄	20.0
环烷酸钴（2%）	0.5
环烷酸锰（2%）	0.5
环烷酸铅（10%）	2.0
二甲苯	7.0
200# 油漆溶剂汽油	10.0

3. 工艺流程

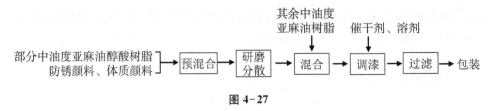

图 4-27

4. 生产工艺

将部分中油度亚麻油醇酸树脂与防锈颜料、体质颜料预混合后，研磨分散至细度小于 50 μm，然后与其余中油度亚麻油醇酸树脂混合均匀，加入催干剂、溶剂，充分调匀，过滤包装。

5. 产品标准

	重 QCYQC 51080-91	滇 QKYQ 066-90
外观	黄色，色调不定	黄色，色调不定
黏度/s	60～90	40～60
细度/μm	≤50	≤60
干燥时间/h		
表干	≤8	—
实干	≤24	—
烘干 [(100±2)℃] /h	≤0.5	≤2.5
柔韧性/mm	1	1
附着力/级	≤2	≤2
耐水性/h	—	4
遮盖力/ (g/m²)	≤120	—

6. 产品用途

适用于作轻金属表面，如铝镁合金表面底漆；也可用作黑色金属的防锈底漆。刷涂或喷涂。

4.41　C07-5 各色醇酸腻子

1. 产品性能

C07-5 各色醇酸腻子（All colors alkyd putty C07-5）由醇酸树脂、颜料、大量的体质颜料、适量的催干剂及溶剂研磨分散制得。腻子涂层坚硬，附着力好，耐候性比油性腻子好，易于刮涂，能常温干燥。

2. 技术配方 （质量，份）

	铁红色	灰色
长油度亚麻油醇酸树脂*（50%）	14.0	14.0
石粉	42.0	40.0
滑石粉	16.0	16.0
重晶石粉	8.5	8.5
黄丹粉（氧化铅）	0.4	0.4
氧化铁红	10.0	—
氧化锌	—	12.0
炭黑	—	0.2
环烷酸钴（2%）	0.3	0.3
环烷酸锰（2%）	0.3	0.3
环烷酸铅（10%）	1.0	1.0
环烷酸锌（4%）	1.0	1.0
200#油漆溶剂汽油	2.5	2.3
自来水	4.0	4.0

* 长油度亚麻油醇酸树脂的技术配方：

亚麻油（双漂）	30.92	69.600
甘油	6.09	—
环烷酸铅	0.12	—
季戊四醇	—	10.600
黄丹	—	0.035
苯酐	12.89	19.800
二甲苯	4.91	—
200#油漆溶剂汽油	45.07	80.000
松节油	—	12.000

3. 工艺流程

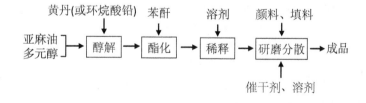

图 4-28

4. 生产工艺

将亚麻油与季戊四醇（或甘油）投入反应釜，于 120 ℃加入黄丹（或环烷酸铅），加热至 240 ℃保温醇解，醇解完全后，200 ℃加入苯酐，控制温度 220～240 ℃酯化至酸

值、黏度合格，降温，160 ℃加入溶剂稀释，过滤，得长油度亚麻油醇酸树脂（50％）。

将长油度亚麻油醇酸树脂与颜料、填料、催干剂、溶剂充分混匀，研磨分散至粒度小于 60 μm 得成品。

5. 产品标准

腻子外状	无结皮，无搅不开的硬块
腻子层颜色和外观	色调不定，涂刮后平整，无明显粗粒，干后无裂纹
稠度/cm	9～13
干燥时间/h	≤18
涂刮性	易于涂刮，不卷边
柔韧性/mm	≤100
打磨性（加 200 g 砝码，400# 水砂纸打磨 100 次）	易打磨成均匀平滑表面，无明显白点，不黏砂纸

6. 产品用途

用于填平金属及木材制品表面。

4.42　环氧酯醇酸腻子

1. 产品性能

本产品又称 6112 环氧醇酸腻子、H07-8 环氧酯醇酸腻子，由 624# 环氧酯、中油度醇酸树脂、颜料、填料、催干剂、溶剂研磨而成。腻子干燥后与底漆的附着力好，强硬，易于涂刮，打磨不黏砂纸，但打磨性比酚醛腻子或醇酸腻子稍差。

2. 技术配方 （质量，份）

624# 环氧酯（50％）*	8.0
中油度亚麻油醇酸树脂（50％）	8.0
沉淀硫酸钡	9.0
水磨石粉（碳酸钙）	40.0
石膏粉	10.0
滑石粉	10.0
黄丹（氧化铅）	0.5
立德粉	5.0
冶炼氧化锌	5.0
炭黑	0.1
环烷酸钴（3％）	0.4
环烷酸锰（10％）	1.0
二甲苯	4.0

*624#环氧酯的技术配方：

脱水蓖麻油酸	19.0
桐油酸	5.0
E-12环氧树脂（604）	26.0
氧化锌	0.05
二甲苯	21.95
双戊烯	18.0
丁醇	10.0

3. 工艺流程

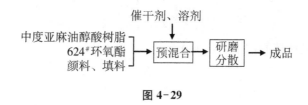

图4-29

4. 生产工艺

将中度亚麻油醇酸树脂、624#环氧酯、颜料、填料、催干剂、溶剂经预混合均匀后，投入平磨机中研磨2 h至细度小于50 μm，即得成品。

5. 产品标准

干燥时间(实干)/h	≤24
柔韧性/mm	≤50
打磨性	易打磨，打磨不起卷，不黏砂纸

6. 产品用途

适用于各种预先涂有底漆的金属表面的填嵌，采用涂刮。

4.43　环氧改性亚桐油醇酸腻子

1. 产品性能

该腻子由环氧改性亚桐油醇酸树脂、颜料、体质颜料、催干剂及溶剂组成，打磨性和涂刮性好，涂层坚硬，干燥快。

2. 技术配方 （质量，份）

环氧改性亚桐油醇酸树脂（50%）*	28.10
黄丹	0.14
石粉	46.20
氧化锌	6.35
滑石粉	15.62
环烷酸钙（2%）	0.65
环烷酸钴（3%）	0.59
环烷酸锰（2%）	1.31
环烷酸铅（10%）	1.04
二甲苯	适量

* 环氧改性亚桐油醇酸树脂的技术配方：

精制亚麻油	28.60
甘油（96.4%）	9.25
E-35 环氧树脂（637#）	17.30
氢氧化钠（25%的溶液）	0.18
桐油	9.25
苯酐	18.30
E-42 环氧树脂（634#）	17.30
二甲苯	92.50

3. 工艺流程

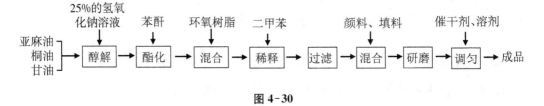

图 4-30

4. 生产工艺

将亚麻油、桐油、甘油投入反应釜中，升温至 110 ℃，搅拌，加入氢氧化钠水溶液，升温至 230 ℃醇解至可溶于 2.5 倍甲醇，降温至 200 ℃加入苯酐，于 210～230 ℃酯化至酸值≤40 mgKOH/g。加入环氧树脂，于 220 ℃保持至黏度合格（50%，涂-4 黏度计，25 ℃时，黏度 70～100 s），降温至 150 ℃，加入二甲苯稀释，得到 50%环氧改性亚桐油醇酸树脂。

将颜料、体质颜料、环氧改性亚桐油醇酸树脂混合均匀，加入催干剂、溶剂，混合研磨分散制得成品。

5. 产品标准

腻子外观	均匀膏状物，无搅不开的块状物
稠度/cm	8~13
干燥时间（实干）/h	≤18
柔韧性/mm	≤100
打磨性	易打磨，不黏砂
细度/μm	≤50

6. 产品用途

用于填平金属及木制品表面的凹坑和裂缝。施用采用刮涂法。有效贮存期 1 年。

4.44　C17-51 各色醇酸烘干皱纹漆

1. 产品性能

C17-51 各色醇酸烘干皱纹漆（All colors alkyd baking wrinkle enamel C17-51）又称 C11-1 各色醇酸烘干皱纹漆，由干性油醇酸树脂、桐油聚合油、颜料、体质颜料、较多的催干剂和有机溶剂组成。漆膜坚韧，对金属有良好的附着力，显示出均匀美观的皱纹，对于不甚平滑的物面，易于遮蔽。

2. 技术配方　（质量，份）

（1）配方一

	黑1	黑2
醇酸漆料*	56.0	60.0
桐油聚合油	9.0	3.0
炭黑	2.5	2.0
轻质碳酸钙	12.0	22.0
沉淀硫酸钡	12.0	—
硬脂酸铝	0.3	0.3
环烷酸钴（2%）	2.0	2.0
环烷酸锰（2%）	1.0	2.0
环烷酸铅（10%）	1.0	2.0
二甲苯	—	5.0
纯苯	4.2	

＊醇酸漆料的技术配方：

甘油	1.8
甲苯甘油酯	34.4

苯酐	18.0
松香改性苯酚甲醛树脂	6.0
锰液	0.3

（2）配方二

	红色	绿色
醇酸皱纹漆料（50%）	56.0	56.0
桐油聚合油	9.0	9.0
轻质碳酸钙	12.0	7.0
沉淀硫酸钡	12.0	7.0
硬脂酸铝	0.3	0.3
大红粉	5.0	—
中铬黄	—	1.0
柠檬黄	—	12.0
铁蓝	—	2.0
纯苯	2.2	2.2
环烷酸钴（2%）	1.5	1.5
环烷酸锰（2%）	1.0	1.0
环烷酸铅（10%）	1.0	1.0

3. 工艺流程

图 4-31

4. 生产工艺

将部分醇酸皱纹漆料、颜料、体质颜料和桐油聚合油混合均匀，经磨漆机研磨至细度小于 50 μm，再加入其余醇酸皱纹漆料、催干剂、溶剂，充分调匀，过滤得醇酸烘干皱纹漆。

5. 产品标准

指标名称	重 QCYQG51143	鄂 Q/WST-JC028
外观	符合标准样板及色差范围，皱纹均匀	
黏度/s	≥100	80～120
细度/s	≤80	≤50
干燥时间（烘干）/h	(160±10)℃，≤3	(120±2)℃，≤3
柔韧性 [（80±5）℃，3 h] /mm	—	≤3
出花纹时间 [（80±5）℃] /min	25～40	≤15

6. 产品用途

适用于科研仪器、仪表、电器、各种小型机械、文教用品、玩具及小五金零件等表面涂装。喷涂。使用量：细花 140～170 g/m²，中花 150～180 g/m²。烘烤干燥。

4.45 C30-11 醇酸烘干绝缘漆

1. 产品性能

C30-11 醇酸烘干绝缘漆（Alkyd insulating baking varnish C30-11）又称 1# 绝缘漆、清烘干绝缘漆，由植物油改性醇酸树脂、少量催干剂和溶剂组成。该漆属 B 级绝缘材料，形成的漆膜具有较好的耐油性、耐电弧性及绝缘性。

2. 技术配方 （质量，份）

亚麻油	50.92
甘油	13.88
邻苯二甲酸酐	32.28
黄丹	0.02
环烷酸钙（2%）	2.00
环烷酸钴（2%）	1.40
环烷酸锰（2%）	1.00
环烷酸锌（4%）	3.00
二甲苯	32.00
200# 溶剂汽油	63.50

3. 工艺流程

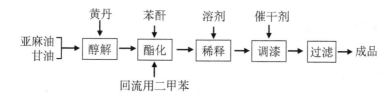

图 4-32

4. 生产工艺

将甘油和亚麻油投入反应釜内，搅拌，加热至 160 ℃醇解，加入黄丹，升温至 240 ℃，保温 1 h 左右，醇解完全后，降温至 190 ℃，加入苯酐和回流用二甲苯（5%），加热于 210～230 ℃酯化，至酸值小于 12 mgKOH/g，降温至 160 ℃，加入溶剂稀释，然后加入催干剂，充分调匀，过滤得 C30-11 醇酸烘干绝缘漆。

5. 产品标准

外观	黄褐色，透明液体，无机械杂质
漆膜外观	平整光滑
黏度（涂-4 黏度计）/s	30～50
酸值/（mgKOH/g）	≤12
含固量	≥45%
干燥时间［（105±2）℃］/h	≤2
耐油性［浸于（105±2）℃10#变压器油24 h］	通过试验
耐热性［烘干后于（150±2）℃，48 h］	通过试验
击穿强度/（kV/mm）	
常态	≥70
浸水后	≥30

注：该产品符合 ZBK 15007 标准。

6. 产品用途

主要用于电机、变压器绕组的浸渍，也用作覆盖漆，烘干。

4.46 C32-39 各色醇酸抗弧磁漆

1. 产品性能

C32-39 各色醇酸抗弧磁漆（All colors alkyd electric arc resistant paint C32-39）又称 C32-9 各色醇酸抗弧漆，由醇酸树脂、少量氨基树脂、颜料、催干剂和溶剂组成。漆膜坚韧，平滑有光，能耐矿物油、耐电弧，可常温干燥，属 B 级绝缘材料。

2. 技术配方 （质量，份）

	铁红色	灰色
中油度亚麻油醇酸树脂（50%）	68.5	75.0
三聚氰胺甲醛树脂（50%）	4.5	5.0
钛白	—	14.0
铁红	17.0	—
炭黑	—	0.2
黄丹	0.1	0.1
环烷酸钙（2%）	1.0	1.0
环烷酸钴（2%）	0.5	0.5
环烷酸锰（2%）	0.5	0.5
环烷酸铅（10%）	2.0	2.0

环烷酸锌（4%）	1.0	1.0
二甲苯	2.0	0.3
200# 油漆溶剂油	2.9	0.4

3. 工艺流程

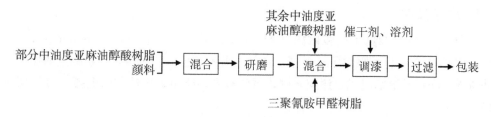

图 4-33

4. 生产工艺

先将部分中油度亚麻油醇酸树脂和颜料预混合，经磨漆机研磨至细度合格（细度小于 25 μm），再加入其余醇酸树脂、三聚氰胺甲醛树脂，混匀后加入溶剂和催干剂，充分调和均匀，过滤得 C32-39 各色醇酸抗弧磁漆。

5. 产品标准

外观	符合标准样板及色差范围，漆膜平整光滑
黏度（涂-4 黏度计）/s	90～130
细度/μm	
灰色	≤25
铁红色	≤30
干燥时间 [（25±1）℃]/h	≤24
硬度	≥0.2
耐油性（浸于 10# 变压器油）	通过试验
耐热性 [（150±2）℃，5 h]	通过试验
击穿强度/（kV/mm）	
常态	≥35
浸水后	≥12
体积电阻系数/（Ω·cm）	
常态	≥1×10^{13}
浸水后	≥1×10^{10}
耐电弧性/s	≥4

注：该产品符合 ZBG 51083 标准。

6. 产品用途

用于覆盖电机绕组和电器线圈及绝缘零件的表面的修饰。浸涂或喷涂，用二甲苯、

松节油或 $200^{\#}$ 油漆溶剂油作稀释剂。

4.47　C32-58各色醇酸烘干抗弧磁漆

1. 产品性能

C32-58各色醇酸烘干抗弧磁漆（All colors alkyd electric arc resistant paint C32-58）又称C32-8各色醇酸烘干抗弧漆，产品主要有灰色、红色两种，由醇酸树脂、少量氨基树脂、颜料及溶剂组成。漆膜坚硬，平滑有光，能耐矿物油和耐电弧，属B级绝缘材料。

2. 技术配方　（质量，份）

（1）配方一

	灰1	灰2
中油度蓖麻油醇酸树脂（50%）*	50.0	—
中油度豆油醇酸树脂（50%）	—	65.0
三聚氰胺甲醛树脂（50%）	16.7	9.0
立德粉	31.3	16.0
钛白粉	—	8.2
二氧化锰	2.0	0.5
氧化铁黑	—	0.8
二甲苯	—	0.5

注：该技术配方为灰色醇酸抗弧烘干漆的技术配方。

（2）配方二

中油度蓖麻油醇酸树脂（50%）*	48.4
三聚氰胺甲醛树脂（50%）	16.1
立德粉	32.3
甲苯胺红	2.6

注：该技术配方为红色醇酸烘干抗弧漆的技术配方。

* 中油度蓖麻油醇酸树脂的技术配方：

	（一）	（二）
蓖麻油	50.0	26.0
甘油（98%）	17.6	10.6
苯酐	32.4	20.2
松节油	47.0	—
二甲苯	47.0	43.2

3. 工艺流程

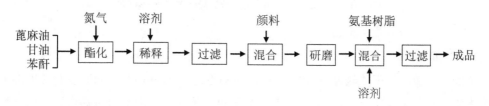

图 4-34

4. 生产工艺

将蓖麻油、甘油和苯酐投入反应釜中，通入氮气，搅拌加热，于 200～210 ℃保温酯化，至酸值、黏度合格后降温，于 140 ℃加入溶剂稀释，过滤，得到 50%的中油度蓖麻油醇酸树脂。将颜料和部分醇酸树脂混合，研磨分散至细度小于 25 μm，加入氨基树脂、溶剂、充分调和均匀，过滤得成品。

5. 产品标准

外观	符合标准样板及色差范围，漆膜平整光滑
黏度（涂-4 黏度计）/s	90～130
细度/μm	
灰色	≤25
红色	≤30
干燥时间［(105±2)℃］/h	≤3
硬度	≥0.35
耐油性（浸于 10# 变压器油）	通过试验
耐热性［干燥后在 (105±2)℃，10 h］	通过试验
击穿强度/（kV/mm)	
常态	≥40
浸水后	≥15
体积电阻系数/（Ω·cm)	
常态	≥1×10^{13}
浸水后	≥1×10^{10}
耐电弧性/s	≥4

6. 产品用途

用于电机、电器绕组的涂覆。浸涂或喷涂，用二甲苯稀释，烘干。

4.48 C33-11醇酸烘干绝缘漆

1. 产品性能

C33-11醇酸烘干绝缘漆（Alkyd insulating baking paint C33-11）又称320醇酸烘干绝缘漆、1159醇酸烘干绝缘漆、C33-1醇酸烘干绝缘漆、醇酸云母黏合漆，由干性植物油改性醇酸树脂、溶剂调配而成。该漆具有良好的柔韧性，并有较高的介电性能，属B级绝缘材料。

2. 技术配方 （质量，份）

亚麻油	34.00
桐油	4.00
甘油（98%）	20.40
氢氧化锂	0.04
邻苯二甲酸酐	37.24
二甲苯	64.32
200#油漆溶剂汽油	40.00

3. 工艺流程

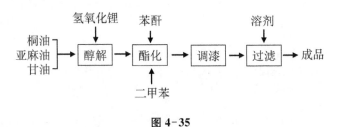

图4-35

4. 生产工艺

将亚麻油、桐油和甘油投入反应釜，搅拌，加热至160 ℃，加入氢氧化锂，逐渐升温至240 ℃，保温醇解，醇解完全后，降温至190 ℃，加入苯酐和二甲苯（回流用，约5%）。平稳升温，于190～210 ℃酯化，至酸值、黏度合格后，降温至160 ℃，加入二甲苯和200#溶剂汽油，充分调匀，过滤得C33-11醇酸烘干绝缘漆。

5. 产品标准

外观	黄褐色透明液体，无机械杂质
黏度（涂-4黏度计）/s	30～60
酸值/（mgKOH/g）	≤12
含固量	≥45%

干燥时间（85～90 ℃）/h	≤2
耐油性（浸于 135 ℃10#变压器油 3 h）	通过试验
耐热性［(150±2)℃，50 h］	通过试验
击穿强度/（kV/mm）	
常态	≥70
浸水后	≥35

注：该产品符合 ZBK 15008 标准。

6. 产品用途

用作云母带和柔软云母的黏合剂，用 X-6 醇酸漆稀释剂稀释，烘干。

4.49　醇酸晾干绝缘漆

1. 产品性能

该漆由干性油改性醇酸树脂、催干剂和溶剂组成，具有良好的柔韧性、耐热性、耐水性和一定的绝缘性。

2. 技术配方 （质量， 份）

精制亚麻油	26.0
季戊四醇（100％）	9.2
邻苯二甲酸酐	3.9
松香铅	1.19
亚麻油酸铅锰	1.5
200#油漆溶剂汽油	15.0
二甲苯	35.0

3. 工艺流程

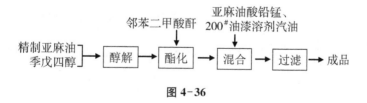

图 4-36

4. 生产工艺

将精制亚麻油、季戊四醇投入反应釜，搅拌，加热，于 240 ℃醇解至完全，200 ℃加入苯酐，加温至 210～230 ℃，保温酯化至酸值、黏度合格，然后加入亚麻油酸铅锰及 200#油漆溶剂汽油，充分调匀，过滤得醇酸晾干绝缘漆。

5. 产品标准

漆膜颜色及外观	符合标准样板及色差范围，平整光滑
黏度（涂-4黏度计）/s	30～60
干燥时间（实干）/h	≤48

6. 产品用途

适用电器表面和绝缘部件的表面覆盖。

4.50 C36-51醇酸烘干电容器漆

1. 产品性能

C36-51醇酸烘干电容器漆（Alkyd baking enamel for condenser C36-51）又称醇酸氨基电容器漆、电容器覆盖用醇酸磁漆、C36-1醇酸烘干电容器漆，具有良好的附着力、绝缘性、防潮性及耐温变性。

2. 技术配方 （质量，份）

短油度亚麻油、桐油醇酸树脂（50%）	62.5
三聚氰胺甲醛树脂（50%）	6.0
柠檬黄	22.0
铁蓝	1.8
环烷酸锰（2%）	0.5
环烷酸锌（4%）	0.2
200#油漆溶剂汽油	3.0
二甲苯	4.0

3. 工艺流程

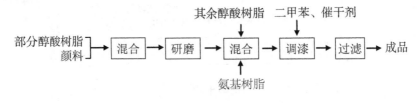

图4-37

4. 生产工艺

将部分醇酸树脂和颜料混合均匀，研磨分散至细度小于25 μm。加入其余醇酸树脂和氨基树脂，混匀后加入溶剂、催干剂，充分调和均匀，制得成品。

5. 产品标准

外观	符合标准样板及色差范围，漆膜平整光滑
黏度（涂-4 黏度计）/s	60～100
细度/μm	≤25
干燥时间 [(25±1)℃放0.5 h后，于0.5 h内由60 ℃升至（120±2）℃，于120 ℃烘烤]/h	≤2
硬度	≤0.4
柔韧性/mm	≤3
耐水性（浸48 h）	漆膜完整，不起泡，不起皱
耐变温性 [按-(60±5)℃，30 min，（25±1)℃ 15 min；（80±2）℃，30 min；（25±1)℃，30 min 循环 4 次]	漆膜外观无变化

6. 产品用途

适用于涂覆各种陶瓷电容器及作电容器元件标志。浸涂或喷涂，用二甲苯稀释。

4.51　C37-51醇酸烘干电阻漆

1. 产品性能

C37-51醇酸烘干电阻漆（Alkyd baking enamel for resistor C37-51）又称 C37-1 各色醇酸烘干电阻漆、绿电阻漆，由醇酸树脂、少量氨基树脂、颜料、催干剂及溶剂组成。具有良好的绝缘性、防潮性、附着力和机械强度。

2. 技术配方 （质量，份）

	（一）	（二）
中油度亚麻油醇酸树脂（50%）	70.0	62.5
三聚氰胺甲醛树脂（50%）	—	7.0
钛白粉	3.0	3.0
浅铬黄	10.0	10.0
柠檬黄	5.0	5.0
铁蓝	3.0	3.0
滑石粉	4.5	4.5
环烷酸铅（10%）	0.6	0.5
环烷酸锌（4%）	0.4	0.4
二甲苯	3.5	3.5

3. 工艺流程

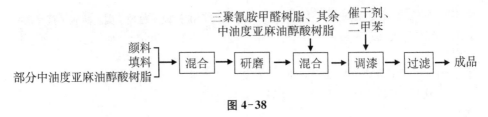

图 4-38

4. 生产工艺

将部分中油度亚麻油醇酸树脂、颜料、填料混合均匀，经磨漆机研磨至细度小于 40 μm，加入其余中油度亚麻油醇酸树脂和三聚氰胺甲醛树脂，混匀后，加入二甲苯和催干剂，充分调和均匀，过滤得 C37-51 醇酸烘干电阻漆。

5. 产品标准

外观	符合标准样板，在色差范围内，漆膜平整光滑
黏度（涂-4 黏度计）/s	≥50
细度/μm	≤40
干燥时间 [(150±2)℃] /h	≤3
硬度	≥0.4
柔韧性/mm	1
附着力（干燥后）/级	≤2
防潮性（400 h）	漆膜不膨胀，无龟裂
耐温变性	漆膜不破坏、无裂纹、不剥落、不膨胀
沉淀性	≤2.5%

注：该产品符合 ZBG 51085 标准。

6. 产品用途

用于涂覆非线性电阻，也可喷涂于其他金属表面，作防潮漆。喷涂或浸涂，烘干。

4.52 环氧改性醇酸绝缘漆

1. 产品性能

该绝缘漆由环氧改性长油度醇酸树脂、颜料和溶剂组成的磁漆，具有良好的耐热性和耐油性，并有一定的绝缘性，烘干。

2. 技术配方 （质量，份）

环氧改性长油度醇酸树脂（50%）*	76.9
立德粉	15.4
氧化铁红	7.7
甲苯	调整黏度（适量）

* 环氧改性长油度醇酸树脂的技术配方：

亚麻仁油（双漂）	47.73
亚麻仁油酸	12.00
E-20 环氧树脂（601#）	18.00
苯酐	14.91
重质苯	6.00
二甲苯	47.50
季戊四醇	7.36
黄丹	0.01
松节油	28.50

3. 工艺流程

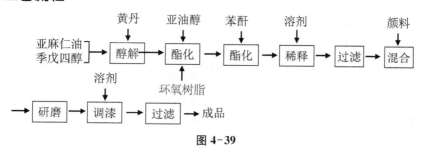

图 4-39

4. 生产工艺

将亚麻仁油、季戊四醇投入反应釜，加入黄丹，搅拌加热，在（240±5）℃醇解，醇解完全后，降温至 200 ℃，加入亚麻油酸、环氧树脂和 6 份回流二甲苯，保温酯化 1.5 h 后，加入苯酐，加热升温至 220 ℃，保温酯化至酸值、黏度合格后，冷却至 160 ℃，加入 41.5 份二甲苯和松节油，稀释得 50%的环氧改性长油度醇酸树脂。

将氧化铁红、立德粉与部分环氧改性长油度醇酸树脂混合，研磨分散，至细度小于 45 μm，加入其余环氧改性长油度醇酸树脂，混匀后，加入适量二甲苯，调整黏度至（涂-4 黏度计，20 ℃）≥40 s，过滤，制得环氧改性醇酸绝缘漆。

5. 产品标准

外观	铁红色，漆膜平整光滑
黏度（涂-4 黏度计，20 ℃）/s	≥40
细度/μm	≤45

柔韧性/mm	1
硬度	≥0.3

6. 产品用途

用作电机、电器元件的绝缘覆盖层，烘干。

4.53 C42-32 各色醇酸甲板防滑漆

1. 产品性能

C42-32 各色醇酸甲板防滑漆（All colors alkyd deck paint C42-32）又称 C42-31 各色醇酸甲板漆、C42-1 各色醇酸甲板防滑漆、C42-2 各色醇酸甲板防滑漆，由醇酸树脂、其他高分子树脂、颜料、催干剂和溶剂组成。漆膜具有良好的附着力和耐油性、耐海水冲击性、耐晒、耐磨和耐刷洗性。表面粗糙，可防止打滑。常温下干燥。

2. 技术配方 （质量， 份）

（1）配方一

	红色	绿色
铁红	10.0	—
沉淀硫酸钡	17.0	9.0
铁蓝	—	2.0
氧化锌	0.5	—
浅铬黄	—	7.0
柠檬黄	—	6.0
纯酚醛环氧改性醇酸树脂* （50%）	65.0	66.0
环烷酸钙（2%）	1.0	1.0
环烷酸钴（2%）	0.4	0.4
环烷酸锰（2%）	0.5	0.5
环烷酸铅（10%）	1.6	1.6
环烷酸锌（4%）	1.0	1.0
200# 油漆溶剂汽油	1.0	2.0
二甲苯	2.0	3.5

（2）配方二（黑色）

苯基苯酚纯酚醛醇酸树脂	66.0
沉淀硫酸钡	22.8
炭黑	3.2
环烷酸钙（2%）	1.0
环烷酸钴（2%）	0.5
环烷酸锰（2%）	0.5

环烷酸铅（10%）	2.0
环烷酸锌（4%）	1.0
二甲苯	2.0
200# 油漆溶剂汽油	1.0

*纯酚醛环氧改性醇酸树脂的技术配方：

桐油酸	5.15
亚麻油酸	16.00
苯酐	5.60
604# 环氧树脂	13.10
甘油	3.35
松香	2.30
纯酚醛树脂	4.50
松节油	25.00
二甲苯	25.00

3. 工艺流程

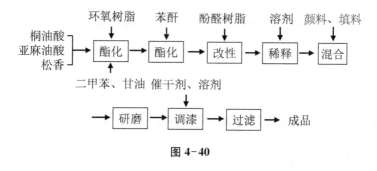

图 4-40

4. 生产工艺

将桐油酸、亚麻油酸、松香、604# 环氧树脂、适量的二甲苯投入反应釜，加热，在 180～200 ℃酯化，至酸值≤70 mgKOH/g 以下。加入甘油，于 200 ℃保温 1 h。加入苯酐，200 ℃保温酯化至酸值小于 30 mgKOH/g 以下。加入纯酚醛树脂，加热至 230 ℃，保温至黏度 4～6 s（格氏管，25 ℃），降温至 160 ℃，加入溶剂稀释，得 50%的纯酚醛环氧改性长油度亚麻油、桐油酸醇酸树脂液。

将部分改性醇酸树脂、颜料、填料混合均匀，经磨漆机研磨至细度小于 50 μm，再加入其余纯酚醛环氧改性醇酸树脂，混匀加入溶剂、催干剂，充分调和均匀，过滤得甲板防滑漆。

5. 产品标准

外观	符合标准样板，在色差范围内，平整光滑
黏度（涂-4 黏度计）/s	≥70
细度/μm	≤50

— 285 —

干燥时间/h	
表干	≤4
实干	≤24
附着力/级	≤2
硬度	≥0.3
遮盖力/（g/m²）	
绿色	≤50
黑色	≤40
铁红	≤140
耐盐水性/d	2
耐柴油性/h	48
耐磨性（750g 500 rad）失重	≤0.10%

6. 产品用途

用于船舶、舰艇的钢铁甲板及浮桥、码头等金属或木质表面的涂装。

4.54　C43-31各色醇酸船壳漆

1. 产品性能

C43-31各色醇酸船壳漆（Alkyd ship hull paint C43-31）又称C43-1各色醇酸船壳漆、867白醇酸船壳漆。该漆漆膜光亮，耐候性优良，附着力好，并有一定的耐水性。

2. 技术配方　（质量，份）

（1）配方一

	白1	白2
长油度亚麻油季戊四醇醇酸树脂（50%）	60.0	44.54
酚醛树脂液（50%）	7.0	—
43#厚油*	—	13.80
炼油（熟梓油）	—	0.49
钛白粉（金刚石型）	25.0	22.8
氧化锌（一级）	—	4.55
群青	0.2	0.01
环烷酸钴（2%）	0.5	0.99
环烷酸铅（10%）	2.0	1.23
环烷酸锌（4%）	1.0	—
环烷酸锰（2%）	0.5	—
环烷酸钙（2%）	1.0	—
松香水	—	10.85

双戊烯	—	0.74
二甲苯	1.8	—
200# 油漆溶剂汽油	1.0	—

* 43# 厚油的技术配方：

梓油（双漂）	45.0
桐油	20.0
豆油	35.0

（2）配方二

	蓝灰色	黑色
长油度亚麻油季戊四醇醇酸树脂*	65.0	70.0
酚醛树脂（50%）	6.5	7.0
炭黑	0.5	3.2
酞菁蓝	0.5	—
钛白粉	17.0	—
环烷酸钙（2%）	1.0	1.0
环烷酸钴（2%）	0.5	0.8
环烷酸锰（2%）	0.5	0.5
环烷酸铅（10%）	2.0	2.5
环烷酸锌（4%）	1.0	1.0
二甲苯	3.5	10.0
200# 溶剂汽油	2.0	4.0

* 长油度亚麻油季戊四醇醇酸树脂的技术配方：

亚麻油（双漂）	69.600
季戊四醇	10.600
邻苯二甲酸酐	19.800
黄丹	0.035
松节油	12.000
200# 油漆溶剂汽油	80.000

3. 工艺流程

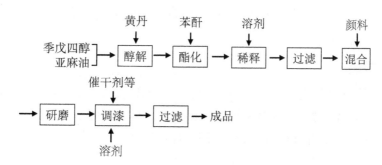

图 4-41

4. 生产工艺

将季戊四醇、亚麻油投入反应釜，搅拌，加热，120 ℃加入黄丹，加热至 240 ℃，醇解完全后，降温至 200 ℃，加入苯酐，于 210～230 ℃保温酯化，至酸值、黏度合格后，冷却。160 ℃加入溶剂稀释，制得 50％的长油度亚麻油季戊四醇酸树脂液。

将部分亚麻油季戊四醇醇酸树脂与颜料混合，研磨至细度≤30 μm，加入醇酸树脂、酚醛树脂及其他物料，混匀，加入催干剂、溶剂，充分调匀得 C43-31 各色醇酸船壳漆。

5. 产品标准

指标名称	重 QCYQG 51084	鄂 Q/WST-JC 025
漆膜颜色及外观	符合标准样板及色差范围，平整光滑	
黏度（涂-4 黏度计）/s	60～100	≥60
细度/μm	≤30	≤35
遮盖力/（g/m²）		
白色	≤200	≤140
黑色	≤50	≤40
蓝色	—	≤80
干燥时间/h		
表干	≤4	≤8
实干	≤20	≤24
附着力/级		≤2
光泽	≥80％	≥80％
耐水性/h	—	8

6. 产品用途

适用于涂装水线以上的船壳部位，也可用于船舱、房间、桅杆等部位的涂装，刷涂或喷涂。用 X-6 醇酸稀释剂或 200# 油漆溶剂汽油稀释。用量：白色≤150 g/m²，黑色≤50 g/m²。

4.55　C43-32 各色醇酸船壳漆

1. 产品性能

C43-32 各色醇酸船壳漆（All colors alkyd topside paint C43-32）又称 C43-2 醇酸船壳漆、432 蓝灰船壳漆，由纯酚醛改性醇酸树脂、颜料、催干剂和溶剂组成。比一般醇酸磁漆具有更好的附着力和耐盐水性，耐候性良好。

2. 技术配方 （质量，份）

纯酚醛改性醇酸树脂（50%）	65.00
钛白粉（金红石型）	16.00
群青	0.30
酞菁蓝	0.50
氧化铁	3.50
环烷酸钙（2%）	0.35
环烷酸钴（2%）	0.35
环烷酸铅（10%）	0.80
二甲苯	2.80
松节油	10.00

3. 工艺流程

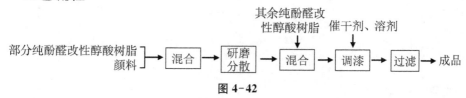

图 4-42

4. 生产工艺

将颜料与部分纯酚醛改性醇酸树脂混合均匀，经磨漆机研磨至细度小于 30 μm，再加入其余纯酚醛改性醇酸树脂，混匀后加入溶剂、催干剂，充分调和均匀，过滤，制得 C43-32 醇酸船壳漆（蓝灰色）。

5. 产品标准

外观	符合标准样板，平整光滑，无刷痕
黏度（涂-4 黏度计）/s	70～90
细度/μm	≤30
干燥时间/h	
表干	≤10
实干	≤24
遮盖力（蓝灰）/（g/m²）	≤90
附着力/级	≤3
柔韧性/mm	1
耐盐水性（浸 24 h）	不起泡，不脱落

6. 产品用途

适用于船壳、甲板上、船上建筑、港口水上设备等钢铁或木质外部表面的涂装，喷涂或刷涂。使用量 60～100 g/m²。

4.56　C43-33 各色醇酸船壳漆

1. 产品性能

C43-33 各色醇酸船壳漆（All colors alkyd topside paint C43-33）又称 C43-3 各色醇酸船壳漆，由中油度醇酸树脂与金红石型钛白粉等颜料、体质颜料、催干剂、溶剂组成。具有较好的户外耐久性及附着力，漆膜平整光滑。

2. 技术配方　（质量，份）

中油度亚麻仁油醇酸树脂（50%）	117.32
氧化锌	2.00
钛白粉（金红石型）	35.60
硫酸钡	6.40
铬黄	5.00
酞菁蓝浆	1.20
炭黑浆	10.08
环烷酸钴（3%）	2.00
环烷酸锰（2%）	1.00
环烷酸铅（10%）	4.00
环烷酸锌	4.00
氧化铅浆	4.40
松节油	6.00
轻溶剂油	3.00
丁醇	2.00

3. 工艺流程

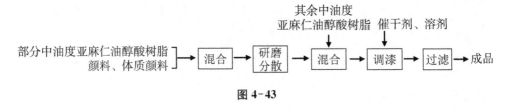

图 4-43

4. 生产工艺

将颜料、体质颜料与部分中油度亚麻仁油醇酸树脂预混合均匀，经磨漆机研磨分散至细度小于 40 μm，加入其余中油度亚麻仁油醇酸树脂，混匀后加入溶剂、催干剂，充分调匀，过滤得 C43-33 醇酸船壳漆（蓝灰色）。

5. 产品标准

外观	符合标准样板，漆膜平整光滑，无刷痕
黏度（涂-4黏度计）/s	70～90
细度/μm	≤40
干燥时间/h	
表干	≤10
实干	≤24
柔韧性/mm	1
冲击强度/（kg·cm）	50
附着力/级	≤3
遮盖力/（g/m²）	≤110
耐盐水性（浸于3%的NaCl，3h）	不起泡，不脱落

6. 产品用途

适用于船舶的船壳部位及户外钢铁表面的涂装。用量 60～100 g/m²，喷涂或刷涂。以 X-6 醇酸稀释剂稀释。可常温干燥，也可在 60～70 ℃烘干。

4.57　960氯化橡胶醇酸磁漆

1. 产品性能

该磁漆施工性能好，表干快，附着力强，具有良好的耐碱性、耐水性，由 $C_{5\sim9}$ 低碳合成脂肪酸与桐油改性醇酸树脂（960醇酸树脂）、中度氯化橡胶、颜料和溶剂组成。

2. 技术配方 （质量，份）

	白色	中灰色	绿色
960醇酸树脂*（50%）	42.0	45.0	46.0
氯化橡胶液（30%）	28.0	34.0	32.0
钛白（R-820）	23.0	16.0	—
美术绿	—	—	17.0
炭黑（滚筒）	—	0.4	—
二甲苯	7.0	4.6	5.0

* 960醇酸树脂的技术配方：

$C_{5\sim9}$合成脂肪酸（酸值320～420 mgKOH/g）	27.0
桐油	33.0
季戊四醇	16.2

顺丁烯二酸松香（软化点≥130 ℃）	10.0
邻苯二甲酸酐（苯酐）	13.8
二甲苯	50.0
松节油	42.0

3. 工艺流程

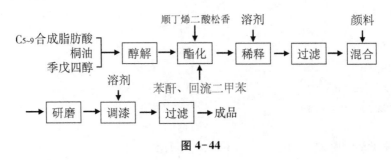

图4-44

4. 生产工艺

将 $C_{5\sim9}$ 低碳合成脂肪酸、桐油投入反应釜，搅拌，加热，加入季戊四醇，升温至 (240 ± 2) ℃，保温醇解（1.5～2.0）h。取样测定至1∶10（无水乙醇）澄清为醇解终点。降温至200 ℃，停止搅拌，加入顺丁烯二酸松香，待其溶解后，启动搅拌，加入苯酐和回流用二甲苯（8份）。于195～210 ℃保温酯化至酸值、黏度合格，降温，于160 ℃加入42份二甲苯和松节油，用离心机过滤得50％的960醇酸树脂。

将颜料和适量960醇酸树脂混合均匀，研磨分散至细度小于30 μm，再加入其余960醇酸树脂和溶剂，充分调和均匀，过滤得960氯化橡胶醇酸磁漆。

5. 产品用途

适用于金属或带碱性的水泥表面涂装。

4.58　C53-31红丹醇酸防锈漆

1. 产品性能

C53-31红丹醇酸防锈漆（Red lead alkyd anticorrosive print C53-31）又称C53-1红丹醇酸防锈漆、718#红丹醇酸防锈漆、红丹醇酸桥梁漆、快燥醇酸红丹防锈漆，由醇酸树脂、酚醛漆料、红丹、体质颜料、催干剂和溶剂组成。具有良好的防锈性能，较红丹油性防锈漆的附着力、干性好。漆膜坚韧平整。

2. 技术配方 （质量，份）

	（一）	（二）
中油度干性油醇酸树脂（50%）	15.0	27.0
中油度酚醛漆料（50%）	10.0	—
红丹	60.0	60.0
轻质碳酸钙	6.0	—
膨润土	0.5	—
沉淀硫酸钡	—	4.0
滑石粉	—	4.0
环烷酸钴（2%）	0.3	0.18
环烷酸锰（2%）	0.2	0.2
环烷酸铅（10%）	1.0	0.65
200# 溶剂汽油	7.0	3.69

3. 工艺流程

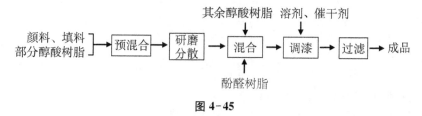

图 4-45

4. 生产工艺

将颜料、填料与部分醇酸树脂混合均匀，经研磨分散至细度小于 60 μm，再加入其余醇酸树脂、酚醛漆料，混匀后加入溶剂、催干剂，充分调和均匀，过滤得 C53-31 红丹醇酸防锈漆。

5. 产品标准

外观	橘红色，漆膜平整，允许略有刷痕
黏度（涂-4 黏度计）/s	≥40
细度/μm	≤60
遮盖力/（g/m²）	≤230
干燥时间/h	
表干	≤4
实干	≤24
硬度	≥0.2
冲击强度/（kg·cm）	40
附着力/级	≤2
耐盐水性（浸盐水 96 h）	不起泡，不生锈

注：该产品符合 ZBG 51006 标准。

6. 产品用途

用于钢铁结构表面，作防锈打底涂层，自干。

4.59　C53-32 锌灰醇酸防锈漆

1. 产品性能

C53-32 锌灰醇酸防锈漆（Zinc grey alkyd anticorrosive paint C53-32）又称 C53-2 锌灰醇酸防锈漆、灰防锈漆，由长油度醇酸树脂与防锈颜料、体质颜料、催干剂、溶剂组成。漆膜干燥较快，并具有一定的防锈性能，耐久性好。

2. 技术配方 （质量，份）

	（一）	（二）
钛白粉	13.0	14.0
氧化锌	7.0	5.0
沉淀硫酸钡	9.0	6.0
炭黑	0.2	0.2
滑石粉	2.0	3.0
长油度亚麻油季戊四醇醇酸树脂（50%）	62.0	—
长油度亚桐油醇酸树脂（50%）	—	63.0
200# 油漆溶剂汽油	2.0	5.0
二甲苯	2.9	2.0
环烷酸钴（2%）	0.1	0.1
环烷酸锰（2%）	0.3	0.4
环烷酸铅（10%）	1.0	1.0
环烷酸锌（4%）	0.5	0.3

3. 工艺流程

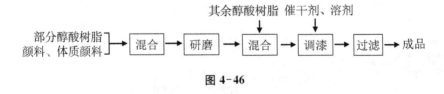

图 4-46

4. 生产工艺

将颜料、体质颜料和部分长油度亚麻油季戊四醇醇酸树脂混合均匀，经磨漆机研磨至细度小于 40 μm，再加入其余长油度亚麻油季戊四醇醇酸树脂，混匀后加入溶剂、催干剂，充分调匀得 C53-32 锌灰醇酸防锈漆。

5. 产品标准

外观	灰色，平整光滑
黏度（涂-4 黏度计）/s	≥60
细度/μm	≤40
干燥时间/h	
表干	≤6
实干	≤24
遮盖力/（g/m²）	≤50
冲击强度/（kg·cm）	50
硬度	≥0.3
耐盐水性（常温）/h	48

注：该产品符合辽 QJ/DQ 02-C07-90 标准。

6. 产品用途

适用于一般金属表面作防锈涂漆。喷涂或刷涂。用 200# 溶剂汽油或二甲苯调整黏度。

4.60　中油度醇酸锌黄底漆

1. 产品性能

该底漆由中油度醇酸树脂、锌黄等颜料、填料、催干剂及溶剂组成，具有良好的柔韧性、稳定性、耐热性和耐水性。

2. 技术配方　（质量，份）

	（一）	（二）
中油度豆油醇酸树脂（50%）	56.7	—
中油度亚麻油醇酸树脂（45%）	—	41.18
锌黄	26.0	36.49
中铬黄	4.6	—
轻质碳酸钙	3.3	—
滑石粉	—	12.50
环烷酸钙（2%）	0.7	—
环烷酸钴（3%）	0.3	0.37
环烷酸锰（3%）	0.3	—
环烷酸铅（10%）	1.5	1.56
环烷酸锌（4%）	—	1.25
二甲苯	6.4	3.14
200# 油漆溶剂油		3.14

3. 工艺流程

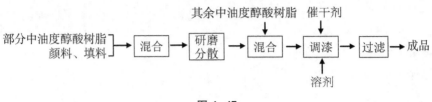

图 4-47

4. 生产工艺

将颜料、填料与部分中油度醇酸树脂混合均匀，经磨漆机研磨分散至细度小于 50 μm，再加入其余中油度醇酸树脂，混匀后加入溶剂和催干剂，充分调匀，过滤得中油度醇酸锌黄底漆。

5. 产品标准

外观	黄色，漆膜平整
黏度（涂-4 黏度计）/s	40～60
干燥时间/h	
表干	≤4
实干	≤24
细度/μm	≤50
柔韧性/mm	1
附着力/级	≤2
冲击强度/（kg·cm）	50

6. 产品用途

配方（一）用于金属表面，作防腐蚀涂饰；配方（二）用于铝镁合金钢和钢铁表面，作打底防腐蚀涂饰，刷涂或喷涂。

4.61　环氧改性亚桐油醇酸锌黄底漆

1. 产品性能

该底漆由环氧改性亚桐油醇酸树脂、锌黄等颜料、填料、催干剂、溶剂组成。该底漆比一般油基底漆及醇酸底漆具有更优越的防锈性、防潮性和耐水性。

2. 技术配方 （质量， 份）

环氧改性亚桐油醇酸树脂（50%）*	48.50
锌黄	21.90
氧化锌	13.70
滑石粉	13.70
环烷酸钴（2%）	0.74
环烷酸铅（10%）	1.10
二甲苯	适量

*环氧改性亚桐油醇酸树脂的技术配方：

精制亚麻油	28.60
甘油（98%）	9.25
637#环氧树脂	17.30
氢氧化钠溶液（25%）	0.18
桐油	9.25
苯酐	18.30
634#环氧树脂	17.30
二甲苯	92.50

3. 工艺流程

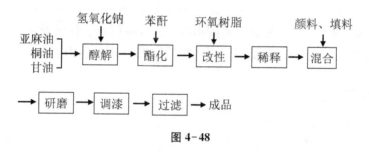

图 4-48

4. 生产工艺

将亚麻油、桐油、甘油投入反应釜，混合，加热，在110 ℃加入氢氧化钠溶液，继续加热至230 ℃，醇解至可溶于2.5倍甲醇。降温至200 ℃，加入苯酐，加热，于220～230 ℃酯化至酸值达45～55 mgKOH/g时，停止加热，加两种环氧树脂，在220 ℃保温至黏度合格，降温，160 ℃加入二甲苯稀释，过滤得50%的环氧改性亚桐油醇酸树脂。

将颜料、填料与部分环氧改性亚桐油醇酸树脂混匀，经磨漆机研磨至细度小于50 μm，再加入其余环氧改性亚桐油醇酸树脂，混匀后加入催干剂和适量二甲苯，充分调匀，至黏度为70～90 s（涂-4黏度计，20 ℃），过滤得环氧改性亚桐油醇酸锌黄底漆。

5. 产品标准

外观	黄色，漆膜平整
黏度（涂-4 黏度计）/s	70～90
细度/μm	≤50
干燥时间/h	
表干	≤2
实干	≤24
柔韧性/mm	1
冲击强度/（kg·cm）	50

6. 产品用途

用于铝及铝镁合金制品、机械仪表等底层的涂装，也可用于黑色金属制品底层的涂装，刷涂或喷涂。

4.62　C53-33锌黄醇酸防锈漆

1. 产品性能

C53-33锌黄醇酸防锈漆（Zinc chromate alkyd anticorrosive paint C53-33）又称C53-3锌黄醇酸防锈漆、726醇酸锌黄防锈漆，由醇酸树脂、锌黄及其他防锈颜料、催干剂和有机溶剂组成。具有良好的附着力和防锈性能，干燥速度快。

2. 技术配方　（质量，份）

	（一）	（二）
长油度亚麻油季戊四醇醇酸树脂（50%）	26.98	27.00
锌铬黄	22.80	23.00
中铬黄	4.98	5.00
氧化锌	15.20	15.00
熟油	0.22	—
酚醛树脂（50%）	14.00	14.00
环烷酸钴（2%）	0.98	0.20
环烷酸锰（2%）	0.95	0.30
环烷酸铅（10%）	0.76	1.00
环烷酸锌（4%）	—	0.50
二甲苯	13.15	4.00
200# 油漆溶剂油		10.00
双戊烯	0.66	—

3. 工艺流程

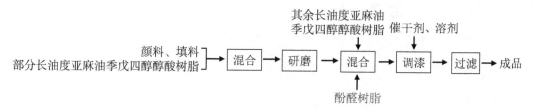

图 4-49

4. 生产工艺

将颜料、填料和部分长油度亚麻油季戊四醇醇酸树脂混匀后，经磨漆机研磨至细度小于 $40\ \mu m$，然后加入其余长油度亚麻油季戊四醇醇酸树脂、酚醛树脂，混合均匀，加入溶剂、催干剂，充分调和均匀得锌黄醇酸防锈漆。

5. 产品标准

	辽 QJ/DQ 02-C03	粤 Q（HG）/2Q18
外观	黄色、平整	暗黄色、平整
黏度（涂-4 黏度计）/s	≥60	50～80
细度/μm	≤40	≤60
遮盖力/（g/m²）	≤200	≤270
干燥时间/h		
表干	≤4	≤10
实干	≤24	≤24
附着力/级	≤2	≤2
耐盐水/h	24	24
柔韧性/mm	—	1
冲击强度/（kg·cm）	—	50

6. 产品用途

适用于铝金属及其他轻金属器材物件等表面，作防锈打底涂层，刷涂或喷涂。使用量≤120 g/m²，用 X-6 醇酸稀释剂或用 200# 溶剂汽油和二甲苯混合溶剂调整黏度，自干。

4.63　C54-31 各色醇酸耐油漆

1. 产品性能

C54-31 各色醇酸耐油漆由醇酸树脂、防锈颜料、催干剂和有机溶剂组成。漆膜坚韧，对机油具有较强的抵抗力，并具有一定的抗冲击强度。

2. 技术配方 （质量，份）

长油度亚麻油醇酸树脂	57.0
氧化铁红	20.0
中铬黄	3.0
氧化锌	8.0
环烷酸钴（2%）	0.8
环烷酸锰（2%）	0.4
环烷酸铅（10%）	1.5
环烷酸锌（4%）	0.2
二甲苯	9.1

3. 工艺流程

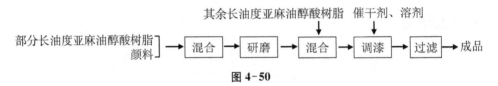

图 4-50

4. 生产工艺

将颜料与部分长油度亚麻油醇酸树脂混合研磨至细度小于 30 μm，再加入其余长油度亚麻油醇酸树脂，混匀后加入溶剂、催干剂，充分调匀后，过滤得 C54-31 各色醇酸耐油漆。

5. 产品标准

	QJ/DQ02 C 09-90 （大连）	X/3200-NQJ-037-91 （南京）
外观	符合标准样板及色差范围，平整光滑	
黏度(涂-4 黏度计)/s	50～100	45～100
细度/μm	≤30	≤40
干燥时间/h		
表干	≤12	≤4
实干	≤48	≤24
柔韧性/mm	1	1
冲击强度/（kg·cm）	50	—
耐油性/h	—	72

6. 产品用途

适用于机床内壁接触矿物油的部位及柴油机接触矿物油的部位，作防锈耐机油涂层。使用量 100～120 g/m²，喷涂或刷涂。可用 X-6 醇酸漆稀释剂调整黏度。

4.64　C61-51 铝粉醇酸烘干耐热漆（分装）

1. 产品性能

C61-51 铝粉醇酸烘干耐热漆（分装）[Aluminium alkyd heat resistant baking paint (two package) C65-51] 又称 61-1 铝粉醇酸烘干耐热漆（分装）、铝粉耐热醇酸磁漆，由植物油改性醇酸树脂溶于有机溶剂组成清漆组分 A，浮型铝银粉为组分 B；使用前将组分 A 和组分 B 按 ω（组分 A）：ω（组分 B）＝70％：30％的比例混合均匀。漆膜平整，附着力强，受热后不易起泡，有较好的耐水性和耐潮性。

2. 技术配方　（质量，份）

组分 A：

长油度豆油季戊四醇醇酸树脂（50％）*	52.5
二甲苯	10.5
200# 油漆溶剂油	7.0

组分 B：

浮型铝银粉	30.0

*长油度豆油季戊四醇醇酸树脂的技术配方：

豆油（双漂）	42.20
桐油	7.00
氧化铅（红丹）	0.02
季戊四醇	7.25
苯酐	13.47
200# 油漆溶剂油	23.08
二甲苯	7.00

3. 工艺流程

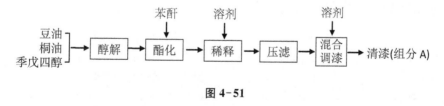

图 4-51

4. 生产工艺

将豆油、季戊四醇加入反应釜中，搅拌，加热，于 220 ℃加入桐油，加热至 240 ℃保温醇解完全。降温，200 ℃加入苯酐，在 200～220 ℃酯化当酸值和黏度合格后，降温，160 ℃加入溶剂稀释，得 50％的长油度豆油季戊四醇醇酸树脂。

将50%长油度豆油季戊四醇醇酸树脂与二甲苯、200#油漆溶剂油，充分调和均匀得清漆组分A。

组分B为浮型铝银粉。组分A、组分B分别包装。

5. 产品标准

外观	铝色，漆膜平整
黏度（测清漆，涂-4黏度计）/s	20~40
酸值/（mgKOH/g）	≤12
干燥时间［（150±2）℃］/h	≤1
柔韧性/mm	≤2
附着力/级	≤2
耐水性（2 h）	不起泡，允许轻微失光
耐热性［（320±10）℃，3 h］	不起泡，不开裂
冲击强度/（kg·cm）	30

6. 产品用途

可在150 ℃以下长期使用，主要用于金属表面，作耐热涂层。用于铝制品涂覆时，则能在310 ℃短期使用。用二甲苯作稀释剂。

4.65　硅铬酸铅醇酸防锈漆

1. 产品性能

该防锈漆由长油度亚麻油醇酸树脂、硅铬酸铅等防锈颜料、催干剂、溶剂等组成，其中硅铬酸铅颜料的特点是铬酸盐包覆二氧化硅，因此，颜料颗粒的表面层能逐步反应起缓蚀作用，有效期长。硅铬酸铅醇酸防锈漆可分底漆、中层漆和面漆，从底漆到面漆硅铬酸铅的含量依次递减。

2. 技术配方　（质量，份）

	底漆	中层漆	面漆
长油度亚麻油醇酸树脂（67%油度，70%）	7.0	12.6	47.5
亚麻油	20.3	18.0	—
豆油卵磷脂	0.14	0.18	0.1
硅铬酸铅	65.7	40.4	13.4
铁红	—	21.8	—
钛白	—	—	20.0
酞菁蓝	—	—	0.36
膨润土	0.4	0.36	0.27

乙醇	0.2	0.14	0.11
催干剂和防结皮剂	0.86	0.92	1.46
200#溶剂汽油	5.4	5.6	16.8

3. 工艺流程

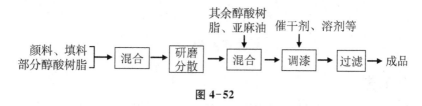

图 4-52

4. 生产工艺

将颜料、填料与部分醇酸树脂混合均匀，研磨分散至细度合格后，再加入其余醇酸树脂、亚麻油等，混匀后加入催干剂、溶剂，充分调匀，过滤得硅铬酸铅醇酸防锈漆。

5. 产品用途

用于金属表面的防腐蚀涂装。

4.66　磷铬盐醇酸防锈漆

1. 产品性能

该防锈漆由长油度亚桐油醇酸树脂、磷酸锌、铬酸锌等颜料组成，其中磷酸盐与铬酸盐配合使用，防锈效果比单独使用要好得多。漆膜坚韧，附着力强。

2. 技术配方　（质量，份）

亚麻油、桐油醇酸树脂（60％油度，50％）	65.00
磷酸锌	10.50
四盐基铬酸锌	5.25
铬酸锶	1.75
含铅氧化锌	3.5
碳酸钙	3.0
滑石粉	5.65
高岭土	3.5
催干剂	1.85

3. 工艺流程

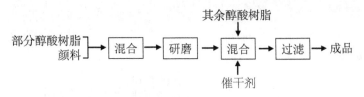

图 4-53

4. 生产工艺

将各颜料、填料与部分醇酸树脂混合均匀，经磨漆机研磨分散至细度小于 50 μm，然后加入其余醇酸树脂、催干剂，充分调匀，过滤得磷铬盐醇酸防锈漆。

5. 产品用途

用于金属表面，作防锈底漆。刷涂或喷涂。

4.67　中油度醇酸耐热漆

1. 产品性能

该漆由中油度醇酸、颜料、催干剂组成，漆膜平整坚韧，具有良好的耐热性。

2. 技术配方　（质量，份）

中油度豆油醇酸树脂（50%）	64.8
云母粉	7.0
钛白粉	20.0
锌白	3.0
炭黑	0.7
5# 干料	2.0
环烷酸锰（3%）	1.0
环烷酸铅	1.0
环烷酸钙	0.5

3. 工艺流程

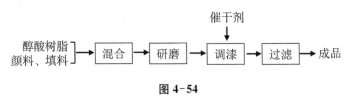

图 4-54

4. 生产工艺

将颜料、填料和醇酸树脂混合均匀，经研磨分散至细度小于 40 μm，加入催干剂，充分调匀，过滤得中油度醇酸耐热漆。

5. 产品标准

黏度（涂-4 黏度计，25 ℃）/s	50～90
干燥时间/h	
表干	≤4
实干	≤24
细度/μm	≤40

6. 产品用途

用于船内管道表面涂装。

4.68　醇酸树脂面漆

1. 产品性能

醇酸树脂漆膜的硬度、光泽和防腐性能等都比较好。

2. 技术配方　（质量，份）

（1）配方一

失水偏苯三甲酸	6.3
1，3-丁二醇	7.2
邻苯二甲酸酐	7.4
丁醇	6.3
甘油-豆油脂肪酸酯	10.6
氨水（25%）	适量

（2）配方二

蓖麻油	40.75
季戊四醇	9.82
甘油	5.89
氧化铅	0.01223
苯二甲酸酐	28.45
二甲苯	5.70
丁醇	12.20
异丙醇	12.20
一乙醇胺	7.95

3. 生产工艺

（1）配方一的生产工艺

先把失水偏苯三甲酸、邻苯二甲酸酐、甘油豆-油脂肪酸酯和1，3-丁二醇4种原料投入反应釜，通入二氧化碳，加热使之熔化以后，开动搅拌器搅拌，逐渐升温至180 ℃，以熔融法进行酯化反应，待酸值达到60～65 mgKOH/g时即可降温冷却，待温度降到130 ℃时，加入丁醇溶解，于60 ℃以下加入氨水中和，控制pH值在8.0～8.5，所得产物即为水溶性醇酸树脂。

（2）配方二的生产工艺

将蓖麻油、甘油、季戊四醇投入反应釜，通入二氧化碳，在搅拌条件下升温至120 ℃，加入氧化铅，继续升温至230 ℃，保温3 h，醇解完成后降温至180 ℃，停止搅拌。加入苯二甲酸酐和二甲苯，回流冷凝器通入冷却水，升温到180 ℃回流保温酯化。每隔半小时取样测一次酸值，直至酸值达80 mgKOH/g左右，停止加热，然后降温抽真空脱除溶剂，当温度降至120 ℃加入丁醇及异丙醇，继续降温至50～60 ℃加入乙醇胺中和，pH值控制在8.0～8.5。

4. 产品标准

外观	棕色透明黏稠状液体
pH值	8.0～8.5
水溶性	加蒸馏水稀释微显乳光

5. 产品用途

常用作面漆。

4.69 酸固化氨基醇酸清漆

这种酸固化的清漆成膜物质是氨基树脂与醇酸树脂。在酸性固体剂使用下，醇酸树脂中的羟基与氨基树脂的羟甲基交联，使漆膜在固化过程中形成网状结构。

1. 技术配方 （质量，份）

油度蓖麻油麻酸树脂（50%）	66.6
丁醇醚化脲甲醛树脂（60%）	100.0
二丙酮醇	15.6
二甲苯	8.8
硅油溶液（10%）	0.5
固化剂（浓硫酸）	10.0
丁醇	95.0

2. 产品用途

该涂料漆膜坚硬、光亮，耐水性和耐磨性均好，可用作木器清漆。固化剂用量：100 份固体氨基树脂加 2 份浓硫酸固化。

4.70　醇酸树脂家具漆

1. 产品性能

该漆干燥很快、漆膜光亮坚硬，耐候性和耐油性好，一般作家具漆或色漆的罩光。

2. 技术配方　（质量，份）

醇酸树脂（50%）	84.00
二甲苯	12.80
环烷酸钴（40%）	0.45
环烷酸锌（3%）	0.35
环烷酸钙（2%）	2.40

3. 产品用途

用作家具漆或色漆的罩光。另外，该漆外观透明无杂质，黏度（涂-4 黏度计）40～60 s；不挥发分≥45%；酸值≤12 mgKOH/g。

4.71　糠油酸醇酸树脂漆

这是用糠油酸代替花生油（椰子油）制备的醇酸树脂漆，可用于生产各色硝基漆。

1. 技术配方　（质量，份）

糠油酸	19.980
苯酐	17.570
季戊四醇	3.075
二甲苯（回流用）	5.000
三羟甲基丙烷	12.200
甲苯（稀释用）	37.440
丁醇（稀释用）	4.160

2. 生产工艺

将糠油酸、甘油、苯酐和二甲苯投入反应锅内，升温，黏化后开始搅拌，继续升温至回流，温度控制在 170～190 ℃，当黏度和酸值合格时将温度降至 180 ℃以下。转入稀释锅，搅拌均匀，降至 70 ℃压滤装桶。所得树脂黏度（涂-4 黏度计，25 ℃）为 80～120 s，酸值在 13 mgKOH/g 以下，细度为 10 μm 以下，含固量为 50％±2％。

3. 产品用途

可用于生产各色硝基漆。

4.72　C-954 醇酸磁漆

此漆用低级脂肪酸，以缓和桐油的反应速度，在技术配方中用桐油代替耗量很大的豆油和亚麻油等食用油料，而所得漆质量与同类品种相当。

1. 技术配方　（质量，份）

桐油（经沉淀处理）	150.0
低碳合成脂肪酸（酸值 360～420 mgKOH/g）	80.0
季戊四醇（工业一级品）	67.5
顺丁烯二酸松香（409# 或 422#）	80.0
苯二甲酸酐（工业一级品）	82.5
二甲苯	～95
梓油（经脱酸处理）	60
松节油	～380

2. 生产工艺

将桐油、梓油和低碳合成脂肪酸投入反应锅内，搅拌升温至 100 ℃，加入季戊四醇，继续升温至 235～240 ℃，保温醇解 1.5～2.0 h。取样测定 [V（样品）∶V（无水乙醇）＝1∶10] 当溶解透明时，停止搅拌。加入顺丁烯二酸松香，待松香全部溶解后开动搅拌器，在 220 ℃加入苯酐及 35 份二甲苯，于 200～210 ℃酯化，当黏度为 70～120 s（涂 4 杯黏度计，25 ℃）和酸值≤15 mgKOH/g 时，即可放料稀释，加入其余二甲苯和松节油，控制含固量为 50％±2％，压滤去渣后即可包装。

3. 产品用途

与一般磁漆相同。

4.73　醇酸调和底漆

1. 产品性能

该调和底漆对已刷底油的木材和醇酸调和漆漆膜附着力良好，漆膜从无光到半光，可供木门窗打底用。

2. 技术配方 (质量，份)

锌钡白	43.6
硫酸钡	4.6
环烷酸铅	1.6
环烷酸钙	1.0
环烷酸锰	0.3
200$^\#$溶剂汽油	12.3
二甲苯	1.5
滑石粉	6.1
醇酸调和料	28.0
环烷酸钴	0.5
环烷酸锌	0.5

3. 生产工艺

将上述原料按配方量混合均匀，于高速搅拌机内搅拌，再经研磨磨至粒度 47 μm，调漆、过滤、包装即得成品。

4. 产品用途

用作门窗等的底漆。用法与一般底漆相同。

第五章 酚醛树脂漆

5.1 F01-1 酚醛清漆

1. 产品性能

F01-1 酚醛清漆（Phenolic varnish F01-1）又称 405 酚醛清漆、水砂纸漆，由松香改性酚醛树脂、干性油、催干剂、有机溶剂组成。该漆漆膜光亮，耐水性好，但易泛黄。

2. 技术配方（质量，份）

	（一）	（二）
松香改性酚醛树脂	13.5	20.0
桐油	27.0	50.0
亚麻油、桐油聚合油	14.0	30.0
乙酸铅	0.5	—
环烷酸钴（3%）	0.5	—
环烷酸锰（2%）	0.5	—
萘酸铅（7%）	—	3.8
萘酸锰（3%）	—	1.8
萘酸钴（2%）	—	1.8
黄色氧化铅	—	0.1
200# 油漆溶剂油	44.0	76.0

3. 工艺流程

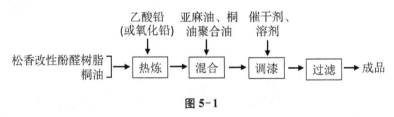

图 5-1

4. 生产工艺

将松香改性酚醛树脂和桐油投入熬炼锅中，加热至 190 ℃，搅拌，加入乙酸铅（或氧化铅），加热至 270～280 ℃，保温至黏度合格，降温，加入亚麻油、桐油聚合油，混匀后，加入溶剂，充分调和均匀，过滤得 F01-1 酚醛清漆。

5. 产品标准

原漆色号（Fe-Co 比色）	≤14#
原漆外观及透明度	透明，无机械杂质
黏度/s	60～90
酸值/（mgKOH/g）	≤10
含固量	≥50％
干燥时间/h	
表干	≤5
实干	≤15
回黏性/级	≤2
光泽	≥100％
硬度	≥0.3
柔韧性/mm	1
耐水性/h	0.5

注：该产品符合 ZBG 51081 标准。

6. 产品用途

主要用于木器家具的涂装，可显示出木器的底色和花纹，也可用于油性色漆表面，作罩光用。使用量≤40 g/m²，刷涂。

5.2　F01-14 酚醛清漆

1. 产品性能

F01-14 酚醛清漆（Phenolic varnish F01-14）又称 916 清漆、硬脂酚醛清漆、家具清漆，由松香改性酚醛树脂与桐油为主的干性油经熬炼后，再加入催干剂、有机溶剂调配而成。漆膜光亮，干燥较快，且坚硬耐水，但较脆、易返黄。

2. 技术配方 （质量，份）

松香改性酚醛树脂*	16.0
松香改性顺丁烯二酸树脂	5.0
甘油松香	4.0
桐油	25.0
200# 油漆溶剂油	48.0
环烷酸钴（2％）	0.5
环烷酸铅（10％）	1.0
环烷酸锰	0.5

* 松香改性酚醛树脂技术配方：

松香	69.64
甲醛	11.50
苯酚	11.87
甘油	6.30
氧化锌	0.14
H 促进剂	0.55

3. 工艺流程

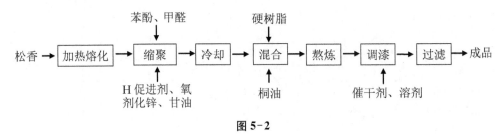

图 5-2

4. 生产工艺

将松香投入反应釜，加热熔化，于 110 ℃加入苯酚、甲醛和 H 促进剂，在 95～100 ℃保温 4 h，升温至 200 ℃，加入氧化锌，继续升温至 260 ℃，加入甘油，在 260 ℃保温反应 2 h，然后在 280 ℃保温反应 2 h，升温至 290 ℃，保持至酸值≤12 mgKOH/g、软化点（环球法）135～150 ℃即为合格，出锅冷却得松香改性酚醛树脂。

将松香改性酚醛树脂、松香改性顺丁烯二酸树脂、甘油松香、桐油投入炼制锅中，在 270～280 ℃保温熬炼至黏度合格（50%，黏度 60～90 s），降温，冷却至 150 ℃，加入 200# 油漆溶剂油、催干剂，充分调匀得 F01-14 酚醛清漆。

5. 产品标准

	武汉 Q/WST-JC048	柳州 Q/450200 LZQG5106
外观	透明，无机械杂质	
色号	≤15#	≤15#
黏度/s	60～100	≥70
含固量	≥50%	≥50%
干燥时间/h		
表干	≤3	≤3
实干	≤24	≤15
耐水性/h	24	24

6. 产品用途

用于木器、竹器和金属表面的涂饰罩光。使用量≤40 g/m²，涂刷。用 200# 油漆溶剂油或松节油稀释。

5.3　F01-15 纯酚醛清漆

1. 产品性能

F01-15 纯酚醛清漆（Pure phenolic varnish F01-15）由油溶性酚醛树脂、改性酚醛树脂、干性油经熬炼后与催干剂、有机溶剂调制而成。漆膜光亮坚硬，耐水性好，自干、烘干均可。

2. 技术配方　（质量，份）

油溶性叔丁酚甲醛树脂*	8.0
松香改性酚醛树脂	4.0
桐油	34.5
亚麻油、桐油聚合油	7.5
200# 油漆溶剂油	44.0
环烷酸钴（2%）	0.5
环烷酸锰（2%）	0.5
环烷酸铅（10%）	1.0

* 油溶性叔丁酚甲醛树脂（纯酚醛树脂）的技术配方：

对叔丁基苯酚	24.850
甲醛	27.300
氢氧化钙	0.083
冰乙酸（99%）	0.166
草酸	0.075
水	19.926
二甲苯	27.600

3. 工艺流程

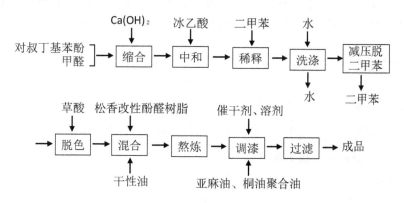

图 5-3

4. 生产工艺

将对叔丁基苯酚和甲醛投入缩合反应釜，搅拌，加热至 85 ℃，加入氢氧化钙，保温缩合。缩合完毕，加入冰乙酸中和，然后加二甲苯稀释，用自来水将反应物料洗涤至中性，静置分水后，减压蒸馏脱去二甲苯，缩合物用草酸脱色得纯酚醛树脂。

将纯酚醛树脂、松香改性酚醛树脂、桐油投入熬制锅搅拌混合，加热至 270 ℃，在 270～280 ℃保温熬制至黏度（涂-4 黏度计，50%，25 ℃）30～60 s，即为合格，加入亚麻油、桐油聚合油，立即降温，冷却至 150 ℃，加入溶剂、催干剂，充分调和均匀，过滤得成品。

5. 产品标准

色号（Fe-Co）	≤14#
外观	透明，无机械杂质
黏度（涂-4 黏度计，25 ℃）/s	30～60
含固量	≥50%
干燥时间/h	
表干	≤4
实干	≤24

6. 产品用途

适用于户外交通工具（电车等，作磁漆的罩光漆），以及食品容器用的铁外壁和其他木质、金属器件表面的涂装，也用于制造水砂纸。

5.4　F01-16 酚醛醇溶清漆

1. 产品性能

F01-16 酚醛醇溶清漆又称黑色酚醛耐油快干漆，由热塑性酚醛树脂、醇溶黑和乙酸组成。该清漆具有良好的耐油性和绝缘性，干燥较快，黏结力较好。

2. 技术配方 （质量，份）

热塑性酚醛树脂*	31.0
醇溶黑	3.8
乙醇	65.2

* 热塑性酚醛树脂的技术配方：

苯酚（100%）	57.15
甲醛（34.55%）	42.07
草酸	0.78

3. 工艺流程

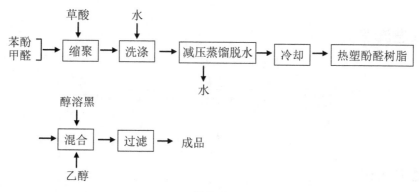

图 5-4

4. 生产工艺

将苯酚、甲醛投入缩合反应釜，搅拌、加热，加入草酸，于 90～98 ℃回流反应至无甲醛味，然后用水洗至中性，减压蒸馏脱水，冷却得热塑性酚醛树脂。将热塑性酚醛树脂、醇溶黑和乙醇混合分散均匀，过滤得 F01-16 酚醛醇溶清漆。

5. 产品标准

外观	黑色，无机械杂质
干燥时间/h	
表干	≤0.5
实干	≤1
黏度（涂-4 黏度计）/s	≥60

6. 产品用途

用于黏涂发电机纸圈，也供标志使用。

5.5　F01-36 醇溶酚醛烘干清漆

1. 产品性能

F01-36 醇溶酚醛烘干清漆（Alcohol soluble phenolic baking varnish F01-36）又称醇溶酚醛清漆，该漆具有良好的醇溶性和黏合性。

2. 技术配方（质量，份）

苯酚	37.0
甲醛（37%）	37.0

| 氨水（25%） | 2.6 |
| 乙醇（95%） | 23.4 |

3. 工艺流程

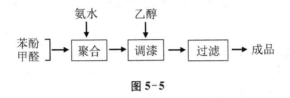

图 5-5

4. 生产工艺

将苯酚投入缩合反应釜，加热熔化，加入甲醛和氨水，搅拌，加热升温至 85 ℃，于 85~95 ℃保温聚合至聚合物黏度达 80~100 s，降温冷至 80 ℃，加入乙醇，充分调匀，过滤得 F01-36 醇溶酚醛烘干清漆。

5. 产品标准

外观	黄褐色、透明、无机械杂质
含固量	50%~60%
干燥时间 [(105±2)℃] /h	≤2
闪点/℃	≥21
树脂游离酚含量	≤14%

注：该产品符合 ZBG 51019 标准。

6. 产品用途

用于绝缘零件表面的涂覆及黏合层压制品。

5.6　耐强酸酚醛漆

本漆以热固型酚醛树脂为成膜材料，可用于实验室及化验室等与酸经常接触的部件表面的涂刷。

1. 技术配方　（质量，份）

（1）配方一

热酚醛清漆（50%）	70.43
萘	6.57
甲苯	13.80
高岭土（或瓷粉）	12.67
石墨粉（200 目）	25.40

（2）配方二

热固性酚醛清漆（50%）	140.8
甲苯	25.9
石墨粉（200目）	25.4
萘	12.7

2. 生产工艺

先在反应釜中加入甲苯，在50℃左右投入萘，待溶解后加入清漆，于30～40℃边搅拌边加入高岭土（或石墨粉），混合均匀即得耐强酸酚醛漆。

3. 产品用途

可用于实验室及化验室中与酸经常接触部件表面的保护。

5.7　膨胀型酚醛防火漆

1. 产品性能

这种防火漆是以酚醛清漆为基料，加入一定比例的防火添加剂制成的，遇火即膨胀发泡，阻隔火焰蔓延，适宜于交通运输工具的轮船、火车、汽车上使用。

2. 技术配方　（质量，份）

	（一）	（二）	（三）
磷酸二氢铵	11	—	7
磷酸氢二铵	—	7	—
三聚氰胺	—	—	5
季戊四醇	6	4	4
钛白粉	14	—	15
淀粉	1.5	—	2
锑白粉	—	14	—
双氰胺	8	5.5	—
催干剂	0.5～2.0	0.8～1.5	0.5～2.0
酚醛清漆	45～55	42～52	50
松香水	适量	适量	适量

3. 生产工艺

除双氰胺以外的其他各种物料按配方量投入容器搅匀，加入部分酚醛清漆，在三辊机或砂磨打浆，达到细度要求后，将此料浆放入带有搅拌器的酚醛清漆中，边加边搅拌均匀，加催干剂，视黏稠程度适当加入有机溶剂，如松香水、200#溶剂汽油等即得膨胀型酚醛防火漆。若要做成色漆，还须加入颜料在防火料浆中，打成色浆再配漆。

4. 产品用途

适宜在交通运输工具的轮船、火车、汽车上使用。因防火漆固体分重，不宜喷涂。涂刷厚度比一般油漆稍厚，才能达到防火的目的。

5.8　纯酚醛电泳涂料

1. 产品性能

漆膜光亮，耐热、耐盐雾、雨水性能良好，附着力划圈法测定为1级。

2. 技术配方　（质量，份）

纯酚醛树脂	9.0
亚麻仁油（双漂）	25.5
桐油	8.2
顺丁烯二酸酐	7.4
丁醇	5.0
乙醇胺	4.2
无离子水	适量
二甲苯（回流）	适量

3. 生产工艺

将纯酚醛树脂加溶剂制成酚醛树脂溶液，然后加入技术配方中的其他物料，在分散机上分散均匀，再用溶剂稀释至固体分为15%，即可电泳涂装。

4. 产品用途

广泛用作汽车、自行车、棉纺机械和拖拉机零件、小五金的电泳漆。在电压为30～50 V的电泳槽中，加热到50 ℃，电泳1 h，即得平整光洁的漆膜。

5.9　短油酚醛清漆

1. 产品性能

该清漆由松香改性酚醛树脂、松香改性失水苹果酸树脂、干性油、催干剂和有机溶剂组成。漆膜具有较好的硬度、光泽和耐水性。

2. 技术配方 （质量，份）

松香改性酚醛树脂	16.0
松香改性失水苹果酸树脂*	5.0
甘油松香	4.0
桐油	25.0
松节油	24.0
200#油漆溶剂油	23.9
环烷酸钴（2%）	0.6
环烷酸铅（10%）	1.5

* 松香改性失水苹果酸树脂的技术配方：

失水苹果酸	9.09
甘油	15.16
松香	75.75

3. 工艺流程

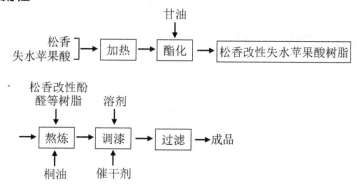

图 5-6

4. 生产工艺

将松香、失水苹果酸投入反应釜，加热至 200 ℃后，加入甘油，升温至 250 ℃保温 3 h。然后升温至 270 ℃，保温至酸值≤20 mgKOH/g，升温至 280 ℃，保温 1 h，出锅得外观清澈透明的松香改性失水苹果酸树脂。

将桐油和所有树脂投入熬炼锅，加热至 270~280 ℃，保温至黏度（50%，涂-4 黏度计，25 ℃）≥60 s，然后降温，于 160 ℃加入溶剂、催干剂、充分调匀，过滤得短油酚醛清漆。

5. 产品标准

外观	透明、无机械杂质
色号	≤14#
黏度（涂-4 黏度计，25 ℃）/s	60~90

干燥时间/h	
表干	≤3
实干	≤14
耐水性（浸入水中 24 h）	不起泡，不脱落
硬度	≥0.25
光泽	≥95％

6. 产品用途

适用于木器、竹器、家具、金属等表面罩光。

5.10 脱水蓖麻油酚醛清漆

1. 产品性能

该清漆由脱水蓖麻厚油、酚醛树脂、松香钙皂、催干剂和有机溶剂组成。漆膜光亮坚硬，耐水性较好。

2. 技术配方 （质量， 份）

酚醛树脂	100.00
脱水蓖麻厚油（40～60 s）	336.17
松香钙皂*	6.38
氧化铅	1.28
松香水	391.49
环烷酸钴（2％）	4.26
环烷酸锰（2％）	8.51
环烷酸铅（10％）	5.96

＊松香钙皂的技术配方：

特级松香	94.34
消石灰	5.66

3. 工艺流程

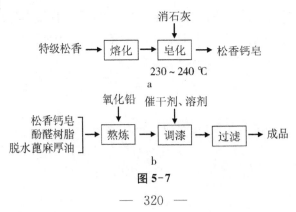

图 5-7

4. 生产工艺

将松香加热熔化，升温至 200 ℃，在搅拌下缓慢加入消石灰，加完后，在 230～240 ℃保温至酸值≤100 mgKOH/g，出锅、冷却得松香钙皂。

将酚醛树脂、松香钙皂、脱水蓖麻厚油投入炼制锅，加热熔化，220 ℃加入氧化铅，升温至 270 ℃。然后自然升温至 280 ℃，保温至黏度（50%，涂-4 黏度计，25 ℃）≥60 s，降温，140 ℃加入松香水、催干剂，充分调和得脱水蓖麻油酚醛清漆。

5. 产品标准

外观	透明、无机械杂质
色号	≤15#
黏度/s	60～100
干燥时间/h	
表干	≤6
实干	≤18
耐水性/h	24

6. 产品用途

主要用于木器、家具、竹器、金属表面的罩光涂装。

5.11　酚醛缩丁醛烘干清漆

1. 产品性能

该烘干清漆（Baking varnish）由酚醛树脂、聚乙烯醇缩丁醛、醇溶剂组成。它具有一定的耐酸和耐热性。

2. 技术配方　（质量，份）

酚醛树脂	22.00
聚乙烯醇缩丁醛	7.10
乙醇	35.45
丁醇	35.45

3. 工艺流程

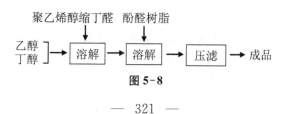

图 5-8

4. 生产工艺

先将 22.55 份乙醇和 22.55 份丁醇投入溶解锅，搅拌下，缓慢加入聚乙烯醇缩丁醛树脂，配成 13% 的缩丁醛溶液，加热，于 45～55 ℃搅拌溶解。然后加入酚醛树脂，再加入剩余的丁醇和乙醇，搅拌 1 h，在真空减压下过滤得酚醛缩丁醛烘干清漆。

5. 产品标准

外观	浅黄至褐色，透明，无机械杂质
黏度 [涂-4 黏度计，(22±1)℃] /s	28～38
含固量	≥20%
柔韧性/mm	≤3
干燥时间 [(105±2)℃] /h	≤2

6. 产品用途

用于金属表面涂装及黏合层压制品。

5.12　石油树脂改性酚醛漆

1. 产品性能

石油树脂价廉易得，易溶于烃类溶剂中，可部分代替桐油和其他植物油，制成黏度较低的树脂基料，可与其他树脂基料混溶，制成各种涂料，所得涂料具有良好的耐水性、耐酸碱性、保色性和保光性。石油树脂改性的酚醛调和漆，具有干燥速度快、光泽度高等特点。

2. 技术配方 （质量， 份）

（1）基料的技术配方

酚醛树脂（103#、210#、424#）	12～53
催化剂	0.1～1.5
桐油	5～8
404# 石油树脂	1～18
105# 石油树脂	5～18
200# 溶剂汽油	20～45

（2）色漆的技术配方

	中黄色调和漆	中绿色调和漆
基料	30～53	30～53
中铬黄	16～22	0.2～3.0

铁黄	0.5～2.0	—
沉淀硫酸钡	10～38	5～30
沉淀碳酸钙	3～20	5～201
分散剂	0.1～0.5	—
增稠剂	0.2～1.2	—
200#溶剂汽油	2～5	1～5
催干剂	0.5～2.0	1～3
添加剂	0.2～1.2	—
铁蓝	—	1～3
柠檬黄	—	10～21

3. 生产工艺

（1）基料的生产工艺

在室温下，将各物料按配方量混合投入反应釜，然后升温至 120 ℃加入催化剂，继续升温至 270～290 ℃，保温 0.5～2.5 h，降温出料，加入溶剂兑稀即得基料。

（2）色漆的生产工艺

将基料投入混合罐中，在搅拌下加入颜填料、溶剂等，经研磨至细度≤40 μm 即得色漆。

4. 产品标准

黏度（涂-4 黏度计，25 ℃）/s	70～120
干燥时间〔（25±1）℃，相对湿度（652± 5）%〕/h	
表干	<8
实干	<24
光泽	>90%
含固量	>75%
细度/μm	≤40

5. 产品用途

与酚醛调和漆相同，无其他特殊要求。

5.13 硅烷酚醛浸漆

该漆成本低、制作简单，主要含有酚醛树脂、极性有机溶剂、硅酸镁、甲基苯基硅氧烷和无定型水合二氧化硅。该浸漆主要用于电子元件的浸涂或电涂。引自德国专利DE 284146。

1. 技术配方 （质量，份）

酚醛树脂	80
甲基苯基硅氧烷	140
硅酸镁	550
丙酮	190
无定型水合二氧化硅	40

2. 生产工艺

将酚醛树脂、丙酮、硅酸镁与甲基苯基硅氧烷混合后加入无定型水合二氧化硅，经球磨研细过筛得硅烷酚醛浸漆。

3. 产品用途

用于电子元件的浸涂或电涂。采用浸涂或电涂的方式。

5.14 绝热酚醛涂料

1. 产品性能

该涂料由酚醛树脂、水泥及无机填添料组成，具有良好的绝热性能，涂饰地板可获得良好的装饰、耐磨效果。引自国际专利申请 W 091-4291。

2. 技术配方 （质量，份）

碱性酚醛树脂	500
丁内酯	70
高低熔点玻璃料	200
氢氧化铝	120
二氧化锰	50
硼酸锌	30
水泥	300
水	100

3. 生产工艺

将粉料混合研磨过筛后，与液料混合物混合得绝热酚醛涂料。

4. 产品用途

直接涂覆于物件表面或地面。

5.15　金属防腐底漆

这种底漆含酚醛树脂、颜填料、阻蚀剂，用作金属防腐蚀底漆。引自波兰专利 PL 147986。

1. 技术配方 （质量， 份）

线型酚醛树脂	120
聚乙酸乙烯酯	80
铬酸锌	50
丹宁（阻蚀剂）	30
铁黄	4
酞菁蓝	2
炭黑	20
膨润土分散剂	10
滑石粉	30
丁醇	100
异丙醇	270
甲苯	345

2. 生产工艺

将树脂料与异丙醇、丁醇和甲苯的混合溶剂混合，加入其余物料，经球磨过筛得金属防腐底漆。

3. 产品用途

用作金属防腐蚀底漆，喷涂或浸涂，形成 201 μm 厚的底漆层。

5.16　磁性红丹防锈漆

1. 产品性能

该防锈漆用于船舶水线以上部分钢铁器材、钢铁构筑物等表面，作防锈打底之涂层。该漆防锈性优良、耐磨蚀性和附着力好。

2. 技术配方 （质量， 份）

（1）防锈漆的技术配方

红丹粉（98%）	60.00
低碳酸钡	0.50

漆料	23.00
碳酸钙	10.00
催干剂（铅、锰液）	1.50
200# 溶剂汽油	5.00

（2）漆料的技术配方

210# 酚醛树脂	3.46
甘油松香	13.86
200# 溶剂汽油	30.00
桐油	13.00
厚油	39.00
黄丹	0.68

3. 生产工艺

先炼制漆料，然后与防锈漆技术配方中其余物料混合搅拌均匀，研磨至细度≤60 μm，过滤包装。

4. 产品用途

用于船舶水线以上部分钢铁器材、钢铁构筑物等表面，作防锈打底之涂层。涂于物件表面，黏度 30～60 s，表干 4 h，实干 24 h。

5.17　F03-1 各色酚醛调和漆

1. 产品性能

F03-1 各色酚醛调和漆（All colors phenolic ready-mixed paint F03-1）又称磁性调和漆、磁性调和色漆，由干性植物油、松香改性酚醛树脂、颜料和有机溶剂组成。漆膜光亮、鲜艳，有一定的耐候性。

2. 技术配方 （质量，份）

（1）配方一

	白色	黑色	绿色
松香改性酚醛调和漆料	25.0	37.0	33.0
亚麻油、桐油聚合油	12.0	12.0	12.0
轻质碳酸钙	—	5.0	5.0
沉淀硫酸钡	—	30.0	20.0
钛白	50.0	—	—
柠檬黄	—	—	18.2
炭黑	—	3.0	

铁蓝	—	—	1.8
200# 油漆溶剂汽油	11.0	11.0	8.0
环烷酸钴（2%）	0.5	0.5	0.5
环烷酸锰（2%）	0.5	0.5	0.5
环烷酸铅（10%）	1.0	1.0	1.0

（2）配方二

	红色	黄色	蓝色
松香改性酚醛调和漆料	34.0	33.0	35.0
亚麻油、桐油聚合油	12.0	12.0	12.0
沉淀硫酸钡	30.0	20.0	20.0
轻质碳酸钙	5.0	5.0	5.0
大红粉	6.5	—	—
中铬黄	—	20.0	—
铁蓝	—	—	5.0
立德粉	—	—	12.0
环烷酸钴（2%）	0.5	0.3	0.3
环烷酸锰（2%）	0.5	0.3	0.3
环烷酸铅（10%）	1.0	1.0	1.0
200# 油漆溶剂汽油	10.5	8.4	9.4

3. 工艺流程

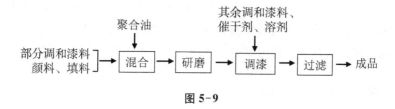

图 5-9

4. 生产工艺

将颜料、填料、部分松香改性酚醛调和漆料和亚麻油、桐油聚合油混合均匀，经磨漆机研磨分散至细度小于 35 μm，加入其余调和漆料，混匀后加入 200# 油漆溶剂汽油和催干剂，充分调和均匀，过滤得 F03-1 各色酚醛调和漆。

5. 产品标准

	Q/WST-JC 061	Q/NQ 15
外观	符合标准样板及色差范围，平整光滑	
黏度/s	≥70	70~105
细度/μm	≤40	≤35
遮盖力/（g/m²）		
白色	≤200	≤220

绿色	≤80	—
天蓝色	≤100	≤140
红色、黄色	≤180	≤150
黑色	≤40	≤50
干燥时间/h		
表干	≤4	≤6
实干	≤24	≤24
光泽	≥85%	≥90%
柔韧性/mm	≤1	≤1
硬度	—	≥0.2

6. 产品用途

适用于室内、室外木材制品和金属表面的涂饰。以刷涂为主，用 X-6 醇酸稀释剂或 200$^#$ 油漆溶剂油稀释。

5.18 F04-1 各色酚醛磁漆

1. 产品性能

F04-1 各色酚醛磁漆（Phenolic enamel F04-1）又称 A-6、A-7、A-8、A-9、A-10、A-11、A-12、A-13、A-14、MO-1、MO-6、MO-21、MO-23、MO-24 酚醛磁漆，由干性植物油和松香改性酚醛树脂熬炼后，与颜料、体质颜料研磨，加入催干剂和溶剂调制而成。该漆具有良好的附着力、光泽好、色彩鲜艳，但耐候性比醇酸磁漆差。

2. 技术配方 （质量，份）

（1）配方一（红色）

	（一）	（二）
酚醛漆料（56%）	91.75	72.00
亚麻油、桐油聚合油	8.75	7.00
甲苯胺红	11.00	—
轻质碳酸钙	7.00	5.00
大红粉	—	7.00
200$^#$ 油漆溶剂油	10.00	7.00
环烷酸锌（3%）	0.70	—
环烷酸钴（2%）	0.18	0.50
环烷酸锰（2%）	0.84	0.50
环烷酸铅（10%）	0.45	1.00

（2）配方二（黄色）

	（一）	（二）
酚醛漆料（56%）	91.25	65.00
亚麻油、桐油聚合油	8.75	7.00
轻质碳酸钙	3.50	3.00
中铬黄	20.00	35.00
环烷酸锌（3%）	0.70	—
环烷酸钴	0.18	0.50
环烷酸锰（2%）	0.84	0.50
环烷酸铅（10%）	—	1.00
200# 油漆溶剂油	3.00	3.00

（3）配方三（蓝色）

	（一）	（二）
亚麻油、桐油聚合油	7.0	8.75
酚醛漆料（56%）	68.0	91.25
钛白粉	2.0	2.7
立德粉	12.0	—
铁蓝	3.0	10.0
轻质碳酸钙	3.0	3.5
200# 油漆溶剂油	3.0	5.0
环烷酸钴（2%）	0.5	0.18
环烷酸锰（2%）	0.5	0.84
环烷酸铅（10%）	1.0	—
环烷酸锌（3%）	—	0.7

（4）配方四（黑色）

	（一）	（二）
酚醛漆料（56%）	91.25	77.7
亚麻油、桐油聚合油	8.75	7.0
轻质碳酸钙	7.0	5.0
硬质炭黑	3.5	3.0
环烷酸钴（2%）	0.51	0.5
环烷酸锰（2%）	0.84	0.8
环烷酸铅（10%）	—	1.0
环烷酸锌（3%）	0.7	—
200# 油漆溶剂油	9.0	5.0

（5）配方五（白色）

	（一）	（二）
白特酯胶漆料（58%）	100.0	53.0
亚麻油、桐油聚合油	—	3.0
钛白粉	33.0	5.0

立德粉	—	35.0
轻质碳酸钙	3.5	—
群青	—	0.01
环烷酸锌（3%）	0.7	—
环烷酸钴（2%）	0.075	0.5
环烷酸锰（2%）	—	0.5
环烷酸铅（10%）	0.3	1.0
200# 油漆溶剂油	—	2.0

（6）配方六（绿色）

	（一）	（二）
酚醛漆料（56%）	68.00	91.25
亚麻油、桐油聚合油	7.00	8.75
轻质碳酸钙	5.00	3.50
中铬黄	7.00	—
柠檬黄	6.00	—
铁蓝	2.00	—
中铬绿	—	19.0
环烷酸锌（3%）	—	0.7
环烷酸钴（2%）	0.50	0.18
环烷酸锰（2%）	0.50	0.84
环烷酸铅（10%）	1.00	—
200# 油漆溶剂油	3.00	5.0

（7）配方七

	中灰色	铁红色
酚醛漆料（56%）	91.25	91.25
亚麻油、桐油聚合油	8.75	8.75
钛白粉（金红石型）	18.00	—
中铬黄	1.93	—
轻质碳酸钙	3.50	3.50
轻质炭黑	1.35	—
铁红	—	15.00
200# 油漆溶剂油	6.00	12.00
环烷酸锌（3%）	0.70	0.70
环烷酸钴（2%）	0.18	0.18
环烷酸锰（2%）	0.84	2.16

3. 工艺流程

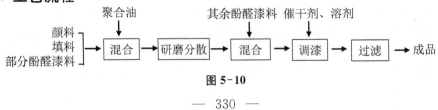

图 5-10

4. 生产工艺

将颜料、填料、聚合油和部分酚醛漆料混合均匀，经磨漆机研磨至细度小于 30 μm，再加入其余酚醛漆料混匀，加入溶剂油、催干剂，充分调和均匀，过滤得 F04-1 各色酚醛磁漆。

5. 产品标准

外观	符合标准样板及 色差范围，平整光滑
黏度（涂-4 黏度计，25 ℃）/s	≥70
细度/μm	≤30
遮盖力/（g/m²）	
黑色	≤40
铁红色、草绿色	≤60
蓝色	≤70
浅灰色	≤100
红色、黄色	≤160
干燥时间/h	
表干	≤6
实干	≤18
柔韧性/mm	1
冲击强度/（kg·cm）	50
附着力/级	≤2
光泽	≥90%
耐水性/h	2
硬度	≥0.25
回黏性/级	≤2

注：该磁漆符合 ZBG 51020 标准。

6. 产品用途

主要适用于建筑、交通工具、机械设备等室内木质和金属表面的涂装，作保护装饰之用。以刷涂为主，用 200# 油漆溶剂油或松节油稀释。

5.19　F04-11 各色纯酚醛磁漆

1. 产品性能

F04-11 各色纯酚醛磁漆（All colors phenolic resin enamel F04-11）又称水陆两用漆，由纯酚醛与干性油熬炼后，加颜料研磨，用催干剂、溶剂调配而成。常温干燥，漆膜坚韧，耐水性、耐候性和耐化学品性均比 F04-1 酚醛磁漆好。

2. 技术配方 （质量，份）

（1）配方一

	白色	黑色
纯酚醛漆料	138.00	175.00
钛白粉	40.00	—
氧化锌	10.00	—
群青	0.06	—
炭黑	—	7.00
环烷酸钙 （2%）	1.00	1.60
环烷酸钴 （2%）	0.60	1.20
环烷酸铅 （10%）	8.00	11.00
环烷酸锌 （4%）	0.20	0.60
200# 油漆溶剂油	2.00	3.60

（2）配方二

	红色	黄色
纯酚醛漆料	163.0	128.0
大红粉	20.0	—
中铬黄	—	60.0
200# 油漆溶剂油	4.2	2.0
环烷酸钴 （2%）	1.0	0.6
环烷酸铅 （10%）	10.0	8.0
环烷酸钙 （2%）	0.6	1.0
环烷酸锌 （4%）	1.2	0.4

3. 工艺流程

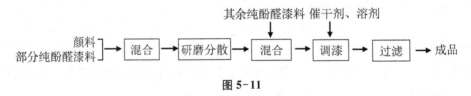

图 5-11

4. 生产工艺

将颜料与部分纯酚醛漆料混合均匀，经磨漆机研磨至细度小于 $25~\mu m$，再加入其余纯酚醛漆料，混匀后加入催干剂、溶剂，充分调和均匀，过滤得 F04-11 各色纯酚醛磁漆。

5. 产品标准

外观	符合标准样板及色差范围，漆膜平整光滑
黏度（涂-4 黏度计，25 ℃）/s	≥75
细度/μm	≤25
遮盖力/（g/m²）	
灰色	≤80
草绿色	≤60
干燥时间/h	
表干	≤4
实干	≤18
光泽	≥90％
硬度	≥0.3
柔韧性/mm	1
冲击强度/（kg·cm）	50
闪点/℃	≥29

注：该产品符合 ZBG 51023 标准。

6. 产品用途

主要用于涂装要求耐潮湿、干湿交替的木质和金属表面，喷涂或刷涂。使用量 70～90 g/m²。

5.20　F04-13 各色酚醛内用磁漆

1. 产品性能

F04-13 各色酚醛内用磁漆（All colors phenolic enamels for interior use F04-13）又称内用磁漆、内用酚醛磁漆，由松香改性酚醛树脂与干性油、松香钙脂熬炼成的短油度漆料、颜料、催干剂、有机溶剂组成。

2. 技术配方 （质量，份）

（1）配方一

	红色	中绿色
酚醛内用磁漆料*	78.5	68.5
轻质碳酸钙	5.0	5.0
柠檬黄色	—	18.0
铁蓝色	—	1.0
大红粉色	7.0	—

200# 油漆溶剂油	7.0	5.0
环烷酸钴（2%）	0.5	0.5
环烷酸锰（2%）	0.5	0.5
环烷酸铅（10%）	1.5	1.5

＊酚醛内用磁漆料的技术配方：

酚醛树脂	12.0
松香钙脂	12.0
梓油聚合油	8.6
桐油	25.0
乙酸铅	1.4
200# 油漆溶剂油	41.0

（2）配方二

	白色	黑色
室内用酚醛磁漆料	55.0	—
酚醛内用磁漆料	—	82.5
钛白粉	5.0	
立德粉	35.0	
群青	适量	—
炭黑	—	3.0
轻质碳酸钙	—	5.0
环烷酸钴（2%）	0.5	0.5
环烷酸锰（2%）	0.5	0.5
环烷酸铅（10%）	1.5	1.5
200# 油漆溶剂油	2.5	7.0

3. 工艺流程

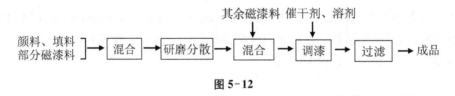

图 5-12

4. 生产工艺

（1）酚醛内用磁料的生产工艺

将松香钙脂、酚醛树脂和桐油投入熬炼釜中，加热，190 ℃加入乙酸铅，继续升温，在 290 ℃保温至终点，出釜，加入梓油聚合油和 200# 油漆溶剂油，充分混匀，得黏度为 $(6.5 \sim 7.0) \times 10^{-1}$ Pa·s 的酚醛内用磁漆料。

（2）酚醛内用磁漆的生产工艺

将颜料、填料与部分内用磁漆料混合，搅拌均匀，经磨漆机研磨至细度小于 30 μm，再加入其余内用磁漆料，混匀后加入溶剂和催干剂，充分调和均匀，过滤得酚醛内用磁漆。

5. 产品标准

	Q/HQJ1.4	Q/3201-NQJ-008
外观	符合标准样板及色差范围,平整光滑	
黏度/s	70～110	70～110
细度/μm	≤30	≤30
干燥时间/h		
表干	≤4	≤4
实干	≤18	≤18
硬度	≥0.3	≥0.3
柔韧性/mm	≤3	—
遮盖力/（g/m²）		
白色	≤200	—
红色、黄色	≤150	≤150
中蓝色、绿色	≤80	≤80
黑色	≤40	≤50
光泽	90%	≥90%

6. 产品用途

适用于室内金属和木质器具的涂饰，以刷涂为主，也可喷涂。使用量 60～90 g/m²。

5.21　白色水陆两用酚醛磁漆

1. 产品性能

该磁漆由两用酚醛磁漆料、颜料、催干剂和有机溶剂组成。漆膜坚韧，具有良好的耐水性、耐湿性、耐候性及耐腐蚀性。

2. 技术配方 （质量， 份）

两用酚醛磁漆料*	68.8
锑白	11.0
钛白	9.0
氧化锌	5.0
200# 油漆溶剂油	5.0
环烷酸钴（3%）	0.4
环烷酸锰（2%）	0.8

＊两用酚醛磁漆料的技术配方：

210# 酚醛树脂	5.3
对叔丁基苯酚甲醛树脂	9.7
亚麻厚油	7.7
桐油	34.3
乙酸铅	0.3
二甲苯	5.0
200# 油漆溶剂油	38.0

3. 工艺流程

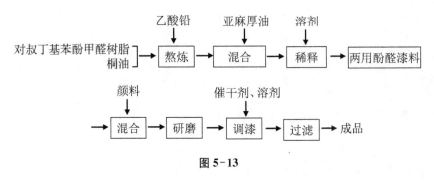

图 5-13

4. 生产工艺

将桐油和对叔丁基苯酚甲醛树脂投入熬炼釜中，加热，在 190 ℃时加入乙酸铅，继续升温至 290 ℃，保温至终点，加入亚麻厚油。降温，140 ℃加入混合溶剂稀释得两用酚醛磁漆料。

将颜料与部分两用酚醛磁漆料混合研磨至细度小于 25 μm，再加入其余两用酚醛磁漆料，加入溶剂和催干剂，充分调和均匀，过滤得白色水陆两用酚醛磁漆。

5. 产品标准

外观	符合标准样板及色差范围，平整光滑
黏度（涂-4 黏度计，25 ℃）/s	75～105
干燥时间/h	
表干	≤4
实干	≤18
光泽	≥90%
柔韧性/mm	1
硬度	≥0.3
冲击强度/（kg·cm）	50
闪点/℃	≥29

注：该产品符合 ZBG 51023 标准。

6. 产品用途

用于船舶水线部位、浮筒及其他机械设备（干、湿交替的）表面的涂装，刷涂或喷涂。

5.22　F04-14酚醛防虫磁漆

1. 产品性能

该磁漆由松香改性酚醛树脂与干性油熬炼制得的F01-14酚醛清漆、催干剂、杀虫剂组成，具有良好的防虫性，漆膜光亮、坚硬耐水。

2. 技术配方　（质量，份）

F01-14酚醛清漆*	41.00
立德粉	40.00
杀虫剂	8.63
二甲苯	8.57

＊F01-14酚醛清漆的技术配方：

松香改性酚醛树脂	16.0
松香改性顺丁烯二酸树脂	5.0
甘油松香	4.0
桐油	25.0
环烷酸钴（2%）	0.5
环烷酸锰（2%）	0.5
环烷酸铅（10%）	1.0

3. 工艺流程

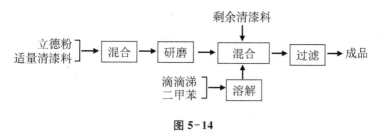

图5-14

4. 生产工艺

将立德粉与适量酚醛清漆料混合，研磨分散至细度小于25 μm，再加入剩余酚醛清漆料，加入溶有滴滴涕的二甲苯，充分混合均匀得F04-14酚醛防虫磁漆。

5. 产品用途

用于电话、电缆线路及需防虫蛀地板的涂装。

5.23　F04-60各色酚醛半光磁漆

1. 产品性能

F04-60各色酚醛半光磁漆（All colors phenolic semigloss enamel F04-60）又称F04-10各色酚醛半光磁漆、1426各色酚醛半光磁漆、2026各色酚醛半光磁漆，由松香改性酚醛树脂、聚合干性油与季戊四醇熬炼制得的酚醛无光漆料（长油度）、颜料、体质颜料、催干剂和有机溶剂组成。漆膜坚硬，平整半光，附着力好，但耐候性比醇酸半光磁漆差。可常温干燥，也可烘干。

2. 技术配方　（质量，份）

（1）配方一

	白色	黑色
白特无光漆料	22.0	—
酚醛无光漆料	—	33.0
立德粉	50.0	—
炭黑	—	3.0
轻质碳酸钙	17.0	49.0
200#油漆溶剂油	9.4	13.4
环烷酸锰（2%）	0.3	0.3
环烷酸钴（2%）	0.3	0.3
环烷酸铅（10%）	1.0	1.0

（2）配方二

	灰色	草绿色
酚醛无光漆料	22.0	32.0
轻质碳酸钙	22.0	32.0
炭黑	0.3	0.6
中铬黄	—	20.0
铁蓝	—	2.4
立德粉	40.0	—
环烷酸钴（2%）	0.3	0.3
环烷酸锰（2%）	0.3	0.3
环烷酸铅（10%）	1.0	1.0
200#油漆溶剂油	14.1	11.4

3. 工艺流程

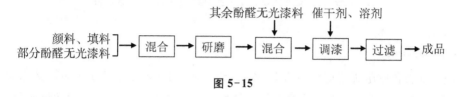

图 5-15

4. 生产工艺

先将颜料、填料与部分酚醛无光漆料混合均匀，研磨分散至细度小于 40 μm，然后加入其余酚醛无光漆料，混匀后再加入催干剂、溶剂，充分调和均匀，过滤得 F04-60 各色酚醛半光磁漆。

5. 产品标准

外观	符合标准样板及色差范围，平整半光
黏度（涂-4 黏度计）/s	70～110
细度/μm	≤40
遮盖力/（g/m²)	
灰色	≤80
草绿色	≤70
干燥时间/h	
表干	≤4
实干	≤18
光泽	20%～40%
硬度	≥0.3
柔韧性/mm	1
冲击强度/（kg·cm)	50
附着力/级	≤1
耐水性/h	24

注：该产品符合 ZBG 51022 标准。

6. 产品用途

用于涂覆要求半光的钢铁、木材（如仪器、仪表）表面，使用量 60～70 g/m²。喷涂，不可刷涂。

5.24 F04-89各色酚醛无光磁漆

1. 产品性能

F04-89各色酚醛无光磁漆（All colors phenolic flat enamel F04-89）又称F04-9、2013各色酚醛无光磁漆，由松香改性酚醛树脂、聚合干性油与季戊四醇熬炼制得的长油度无光漆料、颜料、体质颜料、催干剂和有机溶剂制成。漆膜坚硬，附着力强，但耐候性比醇酸无光磁漆差。可常温干燥，也可烘干。

2. 技术配方 （质量，份）

（1）配方一

	白色	灰色
特白无光漆料（长油度）	14.0	—
酚醛无光漆料（长油度）	—	14.0
立德粉	50.0	40.0
轻质碳酸钙	25.0	30.0
炭黑	—	0.3
环烷酸钴（2%）	0.2	0.2
环烷酸锰（2%）	0.3	0.3
环烷酸铅（10%）	0.5	0.5
200# 油漆溶剂油	10.0	13.7

（2）配方二

	草绿色	黑色
酚醛无光漆料	24.0	25.0
轻质碳酸钙	40.0	57.0
炭黑	0.6	3.0
中铬黄	20.0	—
铁蓝	2.4	—
200# 油漆溶剂油	12.0	14.0
环烷酸钴（2%）	0.2	0.2
环烷酸锰（2%）	0.3	0.3
环烷酸铅	0.5	0.5

3. 工艺流程

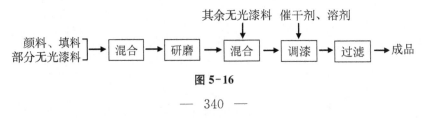

图 5-16

4. 生产工艺

将颜料、体质颜料与部分无光漆料混匀后，经磨漆机研磨分散至细度小于 $50~\mu m$，再加入其余无光漆料，混匀后加入溶剂、催干剂，充分调和均匀，过滤得无光酚醛磁漆。

5. 产品标准

外观	符合标准样板及色差范围，平整无光
黏度/s	70～110
细度/μm	≤50
遮盖力/（g/m²）	
黑色	≤35
草绿色	≤75
灰色	≤80
干燥时间/h	
表干	≤4
实干	≤18
光泽	≤10%
柔韧性/mm	≤3
硬度	≥0.25
附着力/级	≤1
耐水性/h	24

注：该产品符合 ZBG 51021 标准。

6. 产品用途

用于涂覆要求无光的金属和木质器件表面。适合喷涂，不宜刷涂。使用量 50～70 g/m²。用 200# 油漆溶剂油或松节油稀释。

5.25　F06-1 红灰酚醛底漆

1. 产品性能

F06-1 红灰酚醛底漆（Red grey phenolic primer F06-1）又称红灰打底漆、头道底漆、头道酚醛底漆，由中油度松香改性酚醛树脂漆料、颜料、体质颜料、催干剂和有机溶剂组成。具有良好的附着力，好打磨，且有一定的防锈能力。

2. 技术配方 （质量，份）

酚醛底漆料（中油度）	31.00
含铅氧化锌	18.00

轻质碳酸钙	13.00
沉淀硫酸钡	6.00
瓷土	9.00
氧化铁红	12.50
黄丹	1.50
炭黑	0.05
200# 油漆溶剂油	6.95
环烷酸钴 (2%)	0.75
环烷酸锰 (2%)	1.25

3. 工艺流程

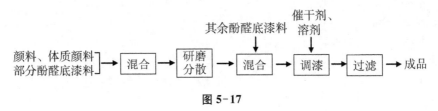

图 5-17

4. 生产工艺

将颜料、体质颜料与部分酚醛底漆料（中油度）混合均匀，研磨分散至细度小于 50 μm，再加入其余酚醛底漆料，混匀，加入溶剂和催干剂，充分调和均匀，过滤得 F06-1 红灰酚醛底漆。

5. 产品标准

外观	色调不定，漆膜平整
黏度（涂-4 黏度计）/s	≥120
细度/μm	≤60
遮盖力/（g/m²）	
红灰色	≤60
铁红色	≤120
干燥时间/h	
表干	≤1
实干	≤24
冲击强度/（kg·cm）	50
耐硝基性	合格

注：该产品符合 Q/WSFJC 045 标准，由武汉双虎涂料股份有限公司生产。

6. 产品用途

主要用于钢铁和木质表面的打底，喷涂或刷涂，用 200# 油漆溶剂油稀释。

5.26　F06-8锌黄、铁红、灰酚醛底漆

1. 产品性能

F06-8锌黄、铁红、灰酚醛底漆（Zinc yellow，Iron red and Grey phenolic primer F06-8），由中油度松香改性酚醛树脂漆料、颜料、体质颜料、催干剂和有机溶剂组成。该漆具有良好的附着力和防锈性能。

2. 技术配方　（质量，份）

（1）配方一（锌黄色）

中油度松香改性酚醛树脂漆料（50%）*	42.0
轻质碳酸钙	20.0
锌铬黄	7.0
中铬黄	4.5
沉淀硫酸钡	12.5
滑石粉	5.0
环烷酸钴（2%）	0.3
环烷酸锰（2%）	0.5
环烷酸铅（10%）	1.0
200# 油漆溶剂油	7.2

* 中油度松香改性酚醛漆料的技术配方：

松香改性酚醛树脂	17.0
桐油	34.0
亚麻油、桐油聚合油	6.0
乙酸铅	0.5
200# 油漆溶剂油	42.5

（2）配方二（铁红色）

中油度松香改性酚醛树脂漆料（50%）	43.0
氧化铁红	17.5
浅铬黄	9.0
沉淀硫酸钡	5.0
滑石粉	5.0
轻质碳酸钙	10.0
环烷酸钴（2%）	0.3
环烷酸锰（2%）	0.5
环烷酸铅（10%）	1.0
200# 油漆溶剂油	8.7

（3）配方三（灰色）

中油度松香改性酚醛漆料（50%）	43.0
钛白粉	3.0
立德粉	23.0
炭黑	0.3
滑石粉	5.0
轻质碳酸钠	10.0
沉淀硫酸钡	5.0
环烷酸钴（2%）	0.3
环烷酸锰（2%）	0.5
环烷酸铅（10%）	1.0

3. 工艺流程

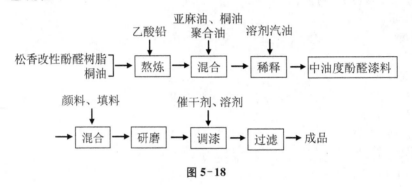

图 5-18

4. 生产工艺

将松香改性酚醛和桐油投入熬制锅中，加热，升温至 180 ℃，加入乙酸铅，继续升温至 270～275 ℃，保温至黏度（50%，涂-4 黏度计，25 ℃）≥100 s 即为合格，降温，加入亚麻油、桐油聚合油，冷却至 160 ℃，加入 200# 溶剂油稀释，过滤得中油度酚醛漆料（50%）。

将颜料、填料和部分中油度酚醛漆料混合，搅拌均匀，经磨漆机研磨至细度小于 40 μm，再加入其余中油度酚醛漆料，混匀，加入溶剂和催干剂，充分调和均匀得 F06-8 锌黄、锌铁红、灰酚醛底漆。

5. 产品标准

外观	锌黄、铁红、灰色，色调不定，外观平整
黏度/s	≥60
细度/μm	
锌黄、灰色	≤40
铁红色	≤50
干燥时间/h	

表干	≤4
实干	≤24
烘干 [（65±2）℃] /h	≤4
硬度	≥0.35
冲击强度/（kg·cm）	≥40
柔韧性/mm	1
附着力/级	1
耐盐水性/h	
铁红、灰色	24
锌黄	36
打磨性（400# 水砂纸打磨 30 次）	不黏砂纸

注：该产品符合 ZBG 51024 标准。

6. 产品用途

适用于铝合金等轻金属表面涂底，铁红和灰色用于钢铁金属表面涂底。

5.27　F06-9 锌黄、铁红纯酚醛底漆

1. 产品性能

F06-9 锌黄、铁红纯酚醛底漆（Zinc chromate ，iron red oil-reactive phenolic primer F06-9）又称锌黄、铁红酚醛底漆，由纯酚醛树脂漆料、颜料、体质颜料、催干剂和有机溶剂组成。该底漆具有良好的附着力和防锈性，是仅次于环氧底漆的优良防锈漆。

2. 技术配方 （质量， 份）

	锌黄	铁红
纯酚醛漆料	49.5	45.0
锌铬黄	10.0	7.5
氧化铁红	—	12.0
氧化锌	8.0	7.0
滑石粉	8.0	13.5
环烷酸钙（2%）	0.5	0.5
环烷酸钴（2%）	0.3	0.3
环烷酸锰（2%）	0.5	0.5
环烷酸铅（10%）	3.0	3.0
环烷酸锌（3%）	0.3	0.2
二甲苯	10.0	5.5
200# 油漆溶剂油	9.9	5.0

3. 工艺流程

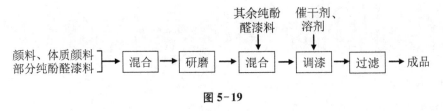

图 5-19

4. 生产工艺

将颜料、填料与适量纯酚醛漆料混合均匀，经磨漆机研磨至细度小于 50 μm，再加入其余纯酚醛漆料，加入溶剂、催干剂，调和均匀，过滤得成品。

5. 产品标准

外观	铁红、锌黄，色调不定
黏度（涂-4 黏度计）/s	50～100
细度/μm	≤50
干燥时间/h	
表干	≤4
实干	≤18
烘干［（105±2）℃］/min	
锌黄	≤60
铁红	≤35
硬度	≥0.35
冲击强度/（kg·cm）	50
柔韧性/mm	1
耐盐水性/h	
锌黄	48
铁红	24
附着力/级	≤2
耐热性（200 ℃）/h	8

注：该产品符合 ZBG 51025-89 标准。

6. 产品用途

锌黄用于涂覆铝合金表面，铁红用于涂装钢铁表面，喷涂或刷涂，用二甲苯、松节油稀释。

5.28 F06-12 铁黑酚醛烘干底漆

1. 产品性能

F06-12 铁黑酚醛烘干底漆（Iron black phenolic baking primer F06-12）由酚醛底漆、氧化铁黑等颜料、体质颜料、催干剂和有机溶剂组成，具有良好的附着力和防锈性能。

2. 技术配方 （质量, 份）

中油度酚醛底漆料（50%）	90.0
氧化铁黑	37.0
轻质碳酸钙	7.0
沉淀硫酸钡	7.0
滑石粉	28.0
炭黑	3.0
环烷酸钴（2%）	0.4
环烷酸锰（2%）	0.6
环烷酸铅（10%）	2.0
200# 溶剂汽油	25.0

3. 工艺流程

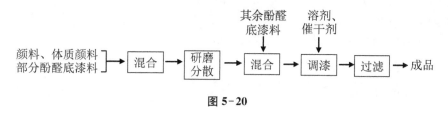

图 5-20

4. 生产工艺

将颜料、体质颜料和部分酚醛底漆料混合均匀，经磨漆机磨至细度小于 60 μm，再加入其余酚醛底漆料，混匀后，加入溶剂、催干剂，充分调和后，过滤得 F06-12 铁黑酚醛烘干底漆。

5. 产品标准

外观	黑色，漆膜平整
黏度（涂-4 黏度计，25 ℃）/s	70~90
细度/μm	≤60
干燥时间 [（130±2）℃] /h	≤1

柔韧性/mm	≤3
冲击强度/（kg·cm）	50

6. 产品用途

用于自行车等各种金属物件表面打底，喷涂或刷涂。用二甲苯、松节油稀释。

5.29 F06-13灰色酚醛二道底漆

1. 产品性能

F06-13灰色酚醛二道底漆（Grey phenolic surfacer F06-13）又称二道底漆、SQD-21各色酚醛二道底漆、白灰底漆，由低油度松香改性酚醛树脂漆料、颜料、体质颜料、催干剂和溶剂组成。漆膜干燥快、易打磨。

2. 技术配方 （质量， 份）

短油度酚醛漆料（50%）*	27.0
轻质碳酸钙	25.0
沉淀硫酸钡	2.0
立德粉	31.5
炭黑	0.5
环烷酸钴（2%）	0.5
环烷酸锰（2%）	0.5
环烷酸铅（10%）	1.0
200# 油漆溶剂油	12.0

* 短油度酚醛漆料的技术配方：

松香改性酚醛树脂	23.5
桐油	22.5
亚麻油、桐油聚合油	10.5
乙酸铅	0.5
200# 油漆溶剂油	43.0

3. 工艺流程

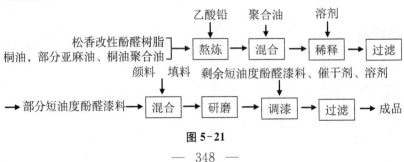

图 5-21

4. 生产工艺

将松香改性酚醛树脂、桐油和部分亚麻油、桐油聚合油混合，加热，升温至 180 ℃，加入乙酸铅，继续升温至 270～275 ℃，保温至黏度（50%，涂-4 黏度计，25 ℃）≥100 s 即为合格，降温，加入其余亚麻油、桐油聚合油，冷却至 160 ℃，加入 200# 油漆溶剂油稀释，得 50% 的短油度酚醛漆料。

将颜料、填料和部分 50% 的短油度酚醛漆料，混合均匀，经磨漆机研磨至细度小于 60 μm，加入剩余短油度酚醛漆料、溶剂、催干剂，充分调和，过滤得 F06-13 灰色酚醛二道底漆。

5. 产品标准

外观	灰色，色调不定
黏度（涂-4 黏度计）/s	100～150
细度/μm	≤60
干燥时间/h	
表干	≤4
实干	≤12
耐硝基性	不咬起，不渗红
使用量/（g/m²）	≤120

注：该产品符合 Q/XQ 0016 标准。

6. 产品用途

用于底漆或腻子层表面，以填平底层的针孔、纹路和砂纸痕迹。使用量 ≤120 g/m²。

5.30　F06-15 铁红酚醛带锈底漆

1. 产品性能

F06-15 铁红酚醛带锈底漆（Iron red phenolic on rest primer F06-15）又称 7148 铁红酚醛带锈底漆，由酚醛树脂漆料、颜料、体质颜料、催干剂和有机溶剂组成。该底漆可直接涂覆于锈蚀的金属表面，具有良好的附着力和防锈性能。

2. 技术配方 （质量，份）

酚醛防锈漆料	88.0
磷酸锌	19.0
铬酸钡	7.0

硬脂酸铝粉	5.0
氧化铁红	28.0
氧化锌	14.0
铬酸锌	20.0
亚硝酸钠	4.0
环烷酸钴（2%）	1.6
环烷酸锰（2%）	1.4
环烷酸铅（10%）	4.0
200# 油漆溶剂油	8.0

3. 工艺流程

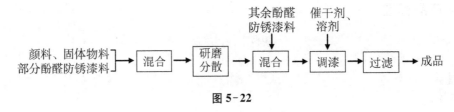

图 5-22

4. 生产工艺

将颜料、体质颜料、缓蚀剂等固体物料和适量酚醛防锈漆料混匀后，经磨漆机研磨分散，至细度小于 50 μm，再加入剩余酚醛防锈漆料，混匀后再加入溶剂、催干剂，充分调和均匀，过滤得 F06-15 铁红酚醛带锈底漆。

5. 产品标准

外观	铁红色，平整光滑
黏度（涂-4 黏度计，25 ℃）/s	≥50
细度/μm	≤50
柔韧性/mm	1
硬度	≥0.15
冲击强度/（kg·cm）	50
附着力/级	2
干燥时间/h	
表干	≤4
实干	≤24
遮盖力/（g/m²）	≤75

注：该产品符合 Q/STL 012 标准。

6. 产品用途

该漆可用于涂覆锈厚 50 μm 左右钢铁的表面，也可用于未锈蚀钢铁的表面。刷涂、喷涂或辊涂。

5.31　F07-2铁红酚醛腻子

1. 产品性能

F07-2铁红酚醛腻子又称SQF07-1缝纫机腻子，由短油度松香改性酚醛树脂漆料、颜料、体质颜料、催干剂和有机溶剂组成。该腻子涂刷性好，易打磨。

2. 技术配方　（质量，份）

短油度松香改性酚醛树脂漆料	29.0
氧化铁红	14.0
重晶石粉	39.0
滑石粉	18.0
水磨石粉	88.0
黄丹	0.6
氧化锌	2.0
环烷酸钴（2%）	0.4
环烷酸锰（2%）	0.6
环烷酸铅（10%）	1.0
200#油漆溶剂油	7.4

3. 工艺流程

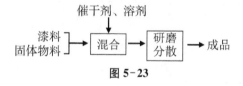

图5-23

4. 生产工艺

将短油度酚醛漆料与颜料、填料、溶剂、催干剂等按配方量混合、研磨分散，得F07-2铁红酚醛铁红腻子。

5. 产品标准

腻子外观	无结皮、无搅不开的硬块
腻子层外观	色调不定，平整，无明显粗粒、无刮痕、无气泡，干后无裂纹
稠度/cm	9～11
干燥时间（自干）/h	≤24
涂刮性	涂刮容易，不卷边
柔韧性/mm	≤100
打磨性	易打磨成平滑表面，无明显白点

6. 产品用途

用于缝纫机头等凹凸不平的金属表面填平。

5.32　F11-54 各色酚醛油烘干电泳漆

1. 产品性能

F11-54 各色酚醛油烘干电泳漆（Oleo-phenolic baking electro-depostion paint F11-54）又称 F08-6 各色酚醛油水溶漆、F08-4 各色纯酚醛烘干电泳漆，由顺丁烯二酸酐与干性植物油聚合物、丁醇醚化的酚醛树脂组成的酚醛油电泳漆料、颜料、蒸馏水组成。该漆稳定性好，漆膜附着力强，耐水性和耐腐蚀性好。

2. 技术配方 （质量，份）

（1）配方一

	灰色	黑色
酚醛油电泳漆料	70.7	76.0
炭黑	0.2	3.6
酞菁蓝	0.1	—
钛白粉	10.0	—
立德粉	2.0	—
蒸馏水	17.0	20.4

（2）配方二

	军黄色	中黄色	草绿色
酚醛油电泳漆料	71.0	73.0	70.9
钛白粉	0.5	—	10.0
立德粉	—	—	1.5
中铬黄	8.0	12.0	—
炭黑	0.4	—	0.1
氧化铁黄	4.1	—	9.0
酞菁蓝	—	—	0.5
蒸馏水	16.0	15.0	18.0

3. 工艺流程

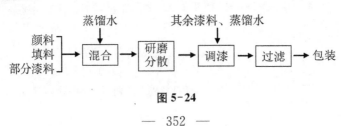

图 5-24

4. 生产工艺

将颜料、填料与部分漆料（漆料制法：将顺丁烯二酸酐与干性植物油聚合后，再与丁醇醚化的二甲酚酚醛树脂熬炼，加入胺类、助溶剂、蒸馏水，制得酚醛油电泳漆料）预混合均匀，经研磨分散至细度小于 $40~\mu m$，再加入其余漆料、蒸馏水，充分调和均匀，过滤得 F11-54 酚醛油烘干电泳漆。

5. 产品标准

外观	平整光亮
细度/μm	$\leqslant 40$
含固量	$\geqslant 48\%$
漆液 pH 值	8.4 ± 0.4
漆液电导率/（$\mu \Omega$/cm）	$\leqslant 2.0 \times 10^3$
漆液泳透力/cm	$\geqslant 8$
干燥时间 [（160 ± 2）℃]/h	$\leqslant 1$
柔韧性/mm	1
附着力/级	$\leqslant 2$
冲击强度/（kg·cm）	50
耐盐水性/h	12
漆膜厚度/μm	22 ± 4
光泽（黑色）	$\geqslant 90\%$

注：该产品符合 ZBG 51099 标准。

6. 产品用途

适用于涂覆表面经磷化处理过钢铁的表面，以电泳施工方式涂覆，烘干。

5.33　F11-95 各色酚醛油烘干电泳底漆

1. 产品性能

F11-95 各色酚醛油烘干电泳底漆（Oleo phenolic baking electro-deposition primer F11-95）由干性植物油与顺丁烯二酸酐的聚合物、丁醚化的酚醛树脂、颜料、体质颜料和蒸馏水组成。漆液稳定性好，漆膜具有良好的附着力、耐水性和耐腐蚀性，并有一定的防锈能力。

2. 技术配方 （质量，份）

（1） 配方一

	草绿色	军黄色
酚醛油电泳漆料	56.4	57.3
沉淀硫酸钡	4.0	4.0
滑石粉	4.0	4.0
氧化铁红	—	1.0
氧化铁黄	4.0	8.0
中铬黄	7.0	3.1
钛白粉	—	0.5
立德粉	2.0	—
炭黑	0.1	0.1
酞菁蓝	0.5	—
蒸馏水	22.0	22.0

（2） 配方二

	灰色	铁红色	铁黑色
酚醛油电泳漆料	57.7	57.0	57.0
沉淀硫酸钡	4.0	4.0	4.0
滑石粉	4.0	4.0	4.0
氧化铁红	—	13.0	—
氧化铁黑	—	—	13.0
钛白粉	2.0	—	—
立德粉	10.0	—	—
炭黑	0.2	—	—
酞菁蓝	0.1	—	—
蒸馏水	22.0	22.0	22.0

3. 工艺流程

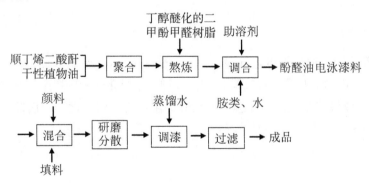

图 5-25

4. 生产工艺

先将顺丁烯二酸酐与干性植物油聚合，得到的聚合物与丁醇醚化的二甲酚甲醛树脂熬炼，加入胺类、蒸馏水和助溶剂调匀得酚醛油电泳漆料。

取适量漆料与颜料、填料、蒸馏水混匀，经磨漆机研磨分散至细度小于 $50~\mu m$，加入其余漆料、蒸馏水，充分调和均匀，过滤得 F11-95 各色酚醛油烘干电泳底漆。

5. 产品标准

外观	符合标准样板，漆膜平整
细度/μm	≤50
含固量	≥48%
pH 值	8.4±0.4
电导率/($\mu\Omega^{-1}$/cm)	≤1.8×10³
漆液泳透力/cm	≥10
干燥时间 [(160±2)℃]/h	≤1
柔韧性/mm	1
附着力/级	1
冲击强度/(kg·cm)	50
耐盐水性/h	18
漆膜厚度/μm	(22±4)

注：该漆符合 ZBG 51100 标准。

6. 产品用途

适用于以电泳施工方式涂覆于表面经磷化处理的钢铁等金属表面。贮存期为 1 年。

5.34　F14-31 红棕酚醛透明漆

1. 产品性能

F14-31 红棕酚醛透明漆（Reddish brown phenolic transparent paint F14-31）又称改良金漆、木器漆、木器代用漆、F14-1 红棕酚醛透明漆，由松香改性酚醛树脂与干性油熬炼后加天然沥青、催干剂、油溶性颜料和有机溶剂制成，是中油度清漆。漆膜透明光亮，可显示木面的木纹，有一定的防潮耐水性，但在阳光下易褪色。

2. 技术配方 （质量，份）

松香改性酚醛树脂	28.0
亚麻油、桐油聚合油	16.0
桐油	57.0

天然沥青	5.0
松香酸铅	4.0
烛红糊（油溶红颜料）	4.0
松节油	20.0
200# 油漆溶剂油	64.0
环烷酸钴（2%）	0.4
环烷酸锰（2%）	0.6
环烷酸铅（10%）	1.0

3. 工艺流程

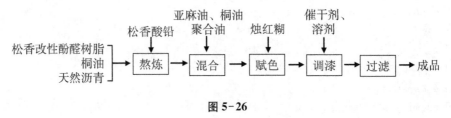

图 5-26

4. 生产工艺

将松香改性酚醛树脂、桐油、天然沥青和松香酸铅投入炼制锅中，搅拌，加热，升温至 270 ℃，于 270～280 ℃保温熬炼至黏度合格，降温 200 ℃，加入亚麻油、桐油聚合油，冷却至 180 ℃，加入烛红糊，160 ℃加入松节油和 200# 油漆溶剂油及催干剂，充分调和均匀，过滤得 F14-31 红棕酚醛透明漆。

5. 产品标准

	鄂 Q/WST-JC 042	重 Q/CYQG 51164
外观	透明红棕色	平整光滑
黏度/s	60～100	≥60
干燥时间/h		
表干	≤6	≤4
实干	≤18	≤18
硬度	≥0.25	—
光泽	≥100%	≥90%
含固量	≥50%	≥50%
耐水性/h	24	18
柔韧性/mm	—	1

6. 产品用途

适用于室内木器、家具涂饰。以刷涂为主，用 200# 油漆溶剂油或松节油稀释，使用量≤30 g/m²。

5.35　F17-51各色酚醛烘干皱纹漆

1. 产品性能

F17-51各色酚醛烘干皱纹漆（All colors phenolic baking wrinkle paint F17-51）又称F11-1各色酚醛烘干皱纹漆，由松香改性酚醛树脂与桐油熬炼制得的酚醛皱纹漆料、颜料、体质颜料、催干剂和有机溶剂组成。漆膜坚硬，皱纹均匀，光泽适中。

2. 技术配方　（质量，份）

（1）配方一

	白色	黑色
酚醛皱纹漆料*	45.5	52.0
沉淀硫酸钡	5.5	12.0
轻质碳酸钙	5.0	16.0
钛白粉	10.0	—
立德粉	20.0	—
炭黑	—	2.0
甲苯	—	9.0
纯苯	11.5	6.0
环烷酸钴（2%）	0.8	1.0
环烷酸锰（2%）	0.5	0.5
环烷酸铅（10%）	1.2	1.5

（2）配方二

	红色	绿色
酚醛皱纹漆料	51.5	48.0
沉淀硫酸钡	10.0	11.0
轻质碳酸钙	18.5	18.0
大红粉	5.0	—
柠檬黄	—	7.5
中铬黄	—	1.5
铁蓝	—	1.0
甲苯	8.0	7.0
纯苯	4.0	3.0
环烷酸钴（2%）	1.0	1.0
环烷酸锰（2%）	0.5	0.5
环烷酸铅（10%）	1.5	1.5

＊酚醛皱纹漆料的技术配方：

松香改性酚醛树脂	5.5
亚麻油、桐油聚合油	5.0
石灰松香	9.0
桐油	45.5
甲苯	35.0

3. 工艺流程

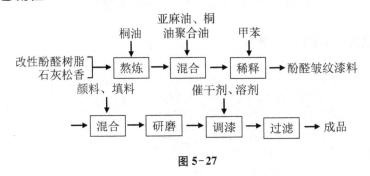

图 5-27

4. 生产工艺

将松香改性酚醛树脂、石灰松香和 60% 桐油投入熬炼锅中，加热，搅拌，250 ℃加入其余的 40% 桐油，然后在 240～250 ℃保温至黏度（65%，涂-4 黏度计，25 ℃时 100～150 s）合格，冷却至 110 ℃，加入甲苯稀释，过滤得含固量 65% 的酚醛皱纹漆料。

将颜料、体质颜料和适量酚醛皱纹漆料混合，经研磨分散，至细度小于 70 μm，再加入剩余酚醛皱纹漆料，混匀后加入溶剂、催干剂，充分调和均匀，得 F17-51 各色酚醛烘干皱纹漆。

5. 产品标准

	沪 Q/GHTD 10	鄂 Q/WST-JC 033
外观	符合标准样板及色差范围，皱纹均匀	
黏度/s	60～100	70～120
细度/μm	≤90	≤60
显纹时间 [(100±5)℃] /h		
浅色	—	≤3
深色	—	≤5

6. 产品用途

适用于仪器、仪表、医疗器材、电器、放映机、文教用品、照明、照相器材、小五金等表面，作涂饰保护层。以喷涂为主，用甲苯或二甲苯调节黏度。烘烤温度以 90～110 ℃为宜。

5.36 F23-11醇溶酚醛罐头烘干漆

1. 产品性能

F23-11醇溶酚醛罐头漆（Alcohol soluble phenolic baking can paint F23-11）又称F23-1醇溶酚醛罐头漆，由热固型醇溶酚醛树脂、醇溶剂组成。漆膜硬而脆，具有一定的防腐蚀性。

2. 技术配方 （质量，份）

苯酚	20.5
甲醛 (37%)	32.0
甲酚	5.9
丁醇 (98%)	9.8
氨水 (25%)	1.4
乙醇 (95%)	30.4

3. 工艺流程

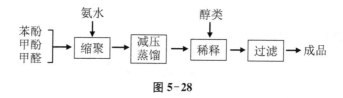

图 5-28

4. 生产工艺

将苯酚、甲酚、甲醛投入缩聚反应釜中，用氨水调 pH 值至 6~7。加热，在 50 ℃反应 3 h，在 60 ℃保温反应 3 h，至挥发点 60 ℃为终点。然后在 50 ℃减压蒸馏，升温至 65 ℃立即停止。向釜内加入自来水，继续蒸馏至 90 ℃、(650~700)×133.3 Pa，停止蒸馏，加入丁醇及乙醇稀释，调整黏度至 13~20 s（涂-4 黏度计，25 ℃），过滤，制得成品。

5. 产品标准

外观	深棕色透明液体
黏度（涂-4 黏度计）/s	13~20
干燥时间 [（165±5）℃] /min	≤30
含固量	40%~45%
游离酚	≤7%

6. 产品用途

用于涂装罐头的内壁和底盖，使用量 20～25 g/m²。

5.37　F23-13 酚醛烘干罐头漆

1. 产品性能

F23-13 酚醛烘干罐头漆（Phenolic baking can paint F23-13）又称酚醛罐头清漆（抗酸）、F23-3 酚醛烘干罐头漆，由松香改性酚醛树脂与干性油熬炼制得的中油度酚醛漆料、催干剂和有机溶剂组成。漆膜坚韧，附着力极强，抗酸性、耐水性优良。

2. 技术配方　（质量，份）

松香改性酚醛树脂	20.0
桐油	27.8
聚合油	12.2
200# 油漆溶剂油	38.0
环烷酸锌（4%）	2.0

3. 工艺流程

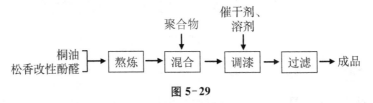

图 5-29

4. 生产工艺

将松香改性酚醛树脂与桐油投入炼制锅中，加热，于 270～280 ℃熬炼至黏度合格，降温，于 200 ℃加入聚合油，在 150 ℃加入 200# 油漆溶剂油、催干剂，充分调和均匀制得 F23-13 酚醛烘干罐头清漆。

5. 产品标准

外观	棕色透明液体
黏度/s	≥20
干燥时间 [（165±5）℃] /min	≤30
柔韧性/mm	1
冲击强度/ (kg·cm)	50
含固量	≥50%

6. 产品用途

用于涂装各种酸性食品罐头的内壁。使用量≤20 g/m²，烘干。

5.38　F23-53 白酚醛烘干罐头漆

1. 产品性能

F23-53 白酚醛烘干罐头漆（White phenolic baking can paint F23-53）又称白酚醛罐头烘漆，由酚醛树脂、干性油、溶剂、催干剂组成。漆膜坚韧，附着力强，耐水、抗硫。

2. 技术配方 （质量，份）

酚醛树脂	17.530
桐油	20.000
高黏度亚麻油、桐油聚合油	10.000
亚麻仁油酸锰	0.051
二甲苯	8.550
200# 油漆溶剂油	29.360
氧化锌	12.040
中黏度亚麻油、桐油聚合油	2.470

3. 工艺流程

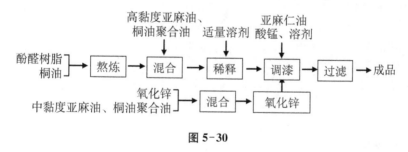

图 5-30

4. 生产工艺

先将氧化锌（一级）与中黏度聚合油调和制得氧化锌浆。将酚醛树脂、桐油投入熬制锅中，加热，在 270～280 ℃保温至黏度合格，200 ℃加入高黏度聚合油，150 ℃加入溶剂稀释，并加入亚麻仁油酸锰，混合均匀后加入氧化锌，调和均匀，过滤得 F23-53 白酚醛烘干罐头漆。

5. 产品标准

黏度（涂-4黏度计，25℃）/s	73～98
含固量	≥50%
干燥时间 [（165±5）℃] /min	≤30

注：该产品符合辽 Q 714-84 标准。

6. 产品用途

适用于各种食品罐头镀锡铁板内部表面的涂装。

5.39　F30-12 酚醛烘干绝缘漆

1. 产品性能

F30-12 酚醛烘干绝缘漆（Phenolic blackboard paint F30-12；Phenolic insulating baking varnish F30-12）又称 F30-32 酚醛烘干绝缘漆，由酚醛树脂、钙脂松香、干性植物油经熬炼后，再加 200# 油漆溶剂油、催干剂调配而成。漆膜具有耐油、耐振、耐电压、防潮性能，属 A 级绝缘材料。

2. 技术配方　（质量，份）

松香改性酚醛树脂	15.1
钙脂松香	2.0
亚麻油、桐油聚合油	15.1
桐油	20.0
200# 油漆溶剂油	46.3
环烷酸钴（2%）	0.2
环烷酸锰（2%）	0.3
环烷酸铅（10%）	1.0

3. 工艺流程

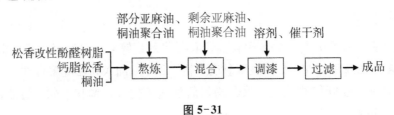

图 5-31

4. 生产工艺

将松香改性酚醛树脂、钙脂松香、桐油和部分亚麻油、桐油聚合油加入熬炼锅中，加热，升温至 270 ℃，在 270～280 ℃保温熬炼至黏度合格，降温至 200 ℃，加入其余亚麻油、桐油聚合油，冷却至 150 ℃，加入 200# 油漆溶剂油和催干剂，充分调和均匀，过滤得 F30-12 酚醛烘干绝缘漆。

5. 产品标准

	沪 Q/CHTD 116	陕 Q/XQ 0018
外观	黄褐色液体，透明度不高，无机械杂质	
黏度/s	30～50	40～90
酸值/（mgKOH/g）	≤15	≤15
含固量	≥45%	≥45%
柔韧性/mm	≤1	≤1
干燥时间 [（105±2）℃] /h	≤1.5	≤1.5
击穿强度/（kV/mm）		
常态	≥60	≥60
浸水	≥20	≥20
吸水性/h	2	2

6. 产品用途

用于电机、变压器绕组和一般电工器材作绝缘涂层。浸漆法施工，烘干。可用 200# 油漆溶剂油调节黏度。

5.40 F30-17 酚醛烘干绝缘漆

1. 产品性能

F30-17 酚醛烘干绝缘漆（Phenolic baking insulating paint F30-17）又称 F30-7 酚醛烘干绝缘漆，由松香改性酚醛树脂与干性油熬炼，加入三聚氰胺甲醛树脂、催干剂、溶剂调配而成。具有较好的厚层干透性、耐水性、防潮性及附着力。

2. 技术配方 （质量，份）

松香改性酚醛树脂	26.07
桐油	15.65
亚麻厚油	10.44
铅皂	1.74
环烷酸钴（2%）	0.20

丁醇改性三聚氰胺树脂（50%）	15.00
二甲苯	7.40
松香水	23.50

3. 工艺流程

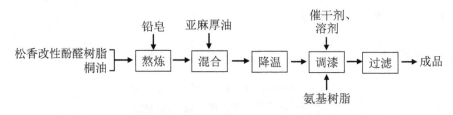

图 5-32

4. 生产工艺

将松香改性酚醛树脂和桐油投入炼制锅中，搅拌，加热至 275 ℃，加入铅皂，于 270～280 ℃保温熬炼 8 h，停止加热，加入亚麻厚油，降温后，于 110 ℃加入溶剂、催干剂，混匀后再加入丁醇改性三聚氰胺甲醛树脂，充分调和均匀，过滤得 F30-17 酚醛烘干绝缘清漆。

5. 产品标准

外观	透明无机械杂质
黏度（涂-4 黏度计，25 ℃）/s	60～80
酸值/（mgKOH/g）	≤15
含固量	≥45%
干燥时间（105 ℃）/min	≤30
击穿强度/（kV/mm）	
常态	≥50
浸水	≥20
抗甩性[干后漆膜在(110±2)℃通过 2500 r/min、1 h]	不飞溅

注：该产品符合津 Q/HG 2-22 标准。

6. 产品用途

用于浸渍缩醛漆包线、玻璃棉布或丝绸绝缘的电线所制成的电机线圈。

5.41　F30-31 酚醛烘干绝缘漆

1. 产品性能

F30-31 酚醛烘干绝缘漆（Phenolic insulating baking varnish F30-31；Phenolic baking insulating paint F30-31）由松香改性酚醛树脂、桐油（干性植物油）、催干剂和溶剂组成。漆膜具有耐潮、绝缘性能，属 A 级绝缘材料。

2. 技术配方 （质量， 份）

桐油	49.0
松香改性酚醛树脂	41.0
二甲苯	17.0
200# 油漆溶剂油	90.0
环烷酸钴 （2%）	1.4
环烷酸锌 （3%）	0.8
环烷酸钙 （2%）	0.8

3. 工艺流程

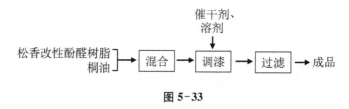

图 5-33

4. 生产工艺

将松香改性酚醛树脂与桐油炼制后加入溶剂、催干剂，充分调和均匀，过滤得 F30-31 酚醛烘干绝缘漆。

5. 产品标准

外观	黄褐色，透明度不大于 2 级，无机械杂质
黏度（涂-4 黏度计）/s	20～50
酸值/（mgKOH/g）	≤14
含固量	≥45%
干燥时间 ［（120±2)℃]/h	≤2.0
柔韧性/mm	≤3
击穿强度/（kV/mm）	
常态	≥60
浸水后	≥25
闪点/℃	≥29

6. 产品用途

适用于电机、电器等绕组的浸渍，或涂覆于金属、塑料表面绝缘、防潮。采用浸漆方式施工，烘干。

5.42　F34-31酚醛烘干漆包线漆

1. 产品性能

F34-31酚醛烘干漆包线漆（Phenolic wire baking varnish F34-31；Phenolic wire baking enamel F34-31）类似F34-1、1825#油基漆包线漆，由松香改性酚醛树脂、顺丁烯二酸酐树脂、钙脂松香、干性油、溶剂和催干剂组成。漆膜坚韧，具有良好的绝缘性、耐油性，对铜线有良好的附着力。

2. 技术配方 （质量，份）

松香改性酚醛树脂	7.5
顺丁烯二酸酐树脂	6.0
钙脂松香	7.0
桐油	22.0
低黏度亚麻油、桐油聚合油（涂-4黏度计，15～25 s）	6.0
高黏度亚麻油、桐油聚合油（涂-4黏度计，130～180 s）	4.0
200#油漆溶剂油	46.0
环烷酸钴（2%）	0.2
环烷酸锰（2%）	0.3
环烷酸铅（10%）	1.0

3. 工艺流程

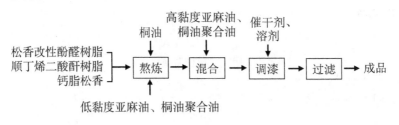

图 5-34

4. 生产工艺

将松香改性酚醛树脂、顺丁烯二酸酐树脂、钙脂松香、桐油和低黏度亚麻油、桐油聚合油（15～25 s）加入熬炼锅中，加热升温至270 ℃，在270～275 ℃保温至黏度合格，降低温度至200 ℃，加入高黏度亚麻油、桐油聚合油，冷却至150 ℃，加入溶剂油和催干剂，充分调匀，过滤得F34-31酚醛烘干漆包线漆。

5. 产品标准

外观	浅棕黄色，均匀透明，无机械杂质
黏度（涂-4 黏度计）/s	40～160
含固量	≥60%
干燥时间 [（200±2）℃]/min	≤15
击穿强度（100 ℃烘 6 h）/（kV/mm）	≥50
耐油性（200 ℃烘干后，浸入 100 ℃变压器油 24 h）	漆膜完整
吸水率（100 ℃烘 0.5 h 后）	≤1%

6. 产品用途

用于浸涂直径 0.70～2.44 mm 的漆包线。该漆用漆包线涂线机施工。

5.43　F35-11 酚醛烘干硅钢片漆

1. 产品性能

F35-11 酚醛烘干硅钢片漆（Phenolic baking paint for silicon steel sheet F35-11）又称 F35-1 酚醛烘干硅钢片漆、202 硅钢片漆，由松香改性酚醛树脂、钙脂松香、干性植物油、催干剂和溶剂组成。漆膜坚固，具有良好的耐油、抗潮、绝缘性能，属 A 级绝缘材料。

2. 技术配方　（质量，份）

松香改性酚醛树脂	15.5
钙脂松香	8.3
桐油	24.4
亚麻仁油	11.9
黄丹	0.38
二氧化锰	0.22
煤油	39.3

3. 工艺流程

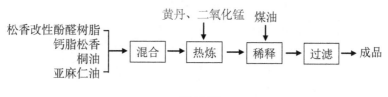

图 5-35

4. 生产工艺

将松香改性酚醛树脂、钙脂松香、桐油和亚麻仁油投入混合罐中，加热至 110 ℃，加入黄丹和二氧化锰，继续升温至 260 ℃，于 260～270 ℃保温至黏度合格，然后降温至 170 ℃，加入煤油，充分调和均匀，过滤得 F35-11 酚醛烘干硅钢片漆。

5. 产品标准

外观	黄褐色透明液体，无机械杂质
黏度（涂-4 黏度计）/s	60～90（80～120）
含固量	≥60%
干燥时间 [（200±2）℃] /min	≤12
体积电阻系数/（Ω·cm）	≥1×10¹³
耐油性（浸在 105 ℃变压器油 24 h）	合格

6. 产品用途

适用于电机、电器、变压器硅钢片间抗潮绝缘。采用浸涂或喷涂施工，用 200# 油漆溶剂油稀释。

5.44　F37-11 酚醛烘干电位器漆

1. 产品性能

F37-11 酚醛烘干电位器漆（Phenolic baking paint for potentiometer F37-11）又称 F37-31 酚醛电位器烘干漆、6031 电位器清漆，由二苯酚基丙烷甲醛树脂与丁醇醚化得到的丁醇改性酚醛树脂和溶剂组成。该器漆具有优异的黏合性和良好的耐磨、防水及绝缘性。

2. 技术配方 （质量， 份）

二苯酚基丙烷（80%）	21.41
甲醛（37%）	31.14
氢氧化钠（98%）	0.74
丁醇	43.80
二甲苯	3.63

3. 工艺流程

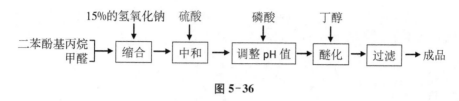

图 5-36

4. 生产工艺

在反应锅中加入二苯酚基丙烷和甲醛，缓慢加入 15% 的氢氧化钠溶液，加热，于 60 ℃保温缩合 6 h，然后降温至 30 ℃，加入 5% 的稀硫酸中和反应物料，至 pH 值 3～4，静置，放掉下层母液，加入丁醇和二甲苯，用水洗至中性，分去水层后，用 10% 的磷酸调整 pH 值至 5.0～5.5。升温至 90 ℃，保温回流进行醚化，至 125～130 ℃，取样测定容忍度 [V（酚醛烘电位器干漆）∶V（二甲苯）＝1∶3] 和黏度（涂-4 黏度计测定为 20～40 s），合格后降温，过滤得 F37-11 酚醛烘干电位器漆。

5. 产品标准

外观	紫褐色液体，透明度不大于 2 级，无机械杂质
黏度（涂-4 黏度计，25 ℃）/s	20～40
含固量	≥40%
干燥时间 [（150±2）℃] /h	≤1
吸水率	≤1%
容忍度	透明

注：该产品符合沪 Q/HG 14-342 标准。

6. 产品用途

适用于涂覆碳膜电位器表面及其他要求电阻稳定的器件。使用时加入炭黑研磨调节电阻。施工采用辊涂法。以二甲苯、丁醇为稀释剂，烘干。

5.45　F41-31 各色酚醛水线漆

1. 产品性能

F41-31 各色酚醛水线漆（Deep colors phenolic boat topping paints F41-31；Phenolic boat topping paints F41-31）又称铁红水线漆，由酚醛树脂、干性植物油熬炼的酚醛水线漆料、颜料、体质颜料、催干剂、溶剂组成。漆膜光亮、坚牢、平滑美观，干燥快，能耐干湿交替、海浪冲击及风侵蚀。

2. 技术配方 （质量，份）

	铁红色	中绿色
酚醛水线漆料	60.0	59.0
硫酸钡	5.0	5.0
氧化锌	3.0	—
氧化铁红	20.0	—
柠檬黄	—	18.5
中铬黄	—	3.5
酞菁蓝	—	0.7
立德粉	—	3.0
200# 油漆溶剂油	8.0	6.3
环烷酸锰（2%）	1.0	1.0
环烷酸钴（2%）	1.0	1.0
环烷酸铅（10%）	2.0	2.0

3. 工艺流程

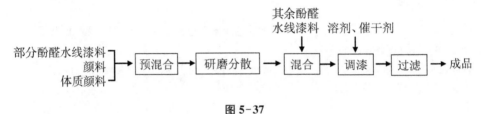

图 5-37

4. 生产工艺

将颜料、体质颜料与部分酚醛水线漆料预混合，经磨漆机研磨分散均匀，至细度小于 40 μm，加入其余酚醛水线漆料，混匀后加入溶剂、催干剂，充分调和均匀，过滤得 F41-31 各色酚醛水线漆。

5. 产品标准

外观	符合标准色板及其色差范围，漆膜平整光滑
黏度（涂-4 黏度计）/s	60～120
细度/μm	≤40
干燥时间/h	
表干	≤4
实干	≤24
遮盖力/（g/m²）	
铁红色	≤50
中绿色	≤70

白色	≤200
紫红色	≤60
柔韧性/mm	1
光泽	≥80%
冲击强度/ (kg·cm)	≥50
耐盐水性（漆膜二度，干 48 h 后）	5 d 漆膜不起泡，不脱落

6. 产品用途

用于涂装铁船或木船的水线部位。采用刷涂、辊涂或无空气高压喷涂。前道配套涂料为氯化橡胶铝粉底漆，稀释剂为 200# 油漆溶剂油或松节油。使用量 70～120 g/m²。

5.46　草绿色酚醛甲板漆

1. 产品性能

该酚醛甲板漆由松香改性酚醛树脂、天然干性植物油、颜料、体质颜料、溶剂和催干剂组成。漆膜平整光滑，具有良好的附着力、耐磨性、耐晒性和耐海水性。

2. 技术配方 （质量，份）

酚醛甲板漆料 A*	23.70
酚醛甲板漆料 B**	41.80
厚油（中黏度）	5.30
氧化铁红	0.79
氧化锌	1.05
氧化铁黄	5.27
炭黑浆	0.53
铁蓝浆	1.27
200# 油漆溶剂油	5.52
环烷酸钴（2%）	0.32
环烷酸锰（3%）	1.37
环烷酸铅（10%）	2.00

* 酚醛甲板漆料 A 的技术配方：

松香改性酚醛树脂	24.7
桐油	23.6
黄丹	0.4
高黏度亚麻油、桐油聚合油	8.0
200# 油漆溶剂油	44.3

＊＊酚醛甲板漆料 B 的技术配方：

松香改性酚醛树脂	13.1

桐油	22.6
高黏度亚麻油、桐油聚合油	15.4
甘油松香酯	3.7
200# 油漆溶剂油	41.5

3. 工艺流程

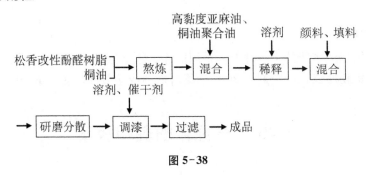

图 5-38

4. 生产工艺

先将松香改性酚醛树脂与干性植物油熬炼，然后加入高黏度亚麻油、桐油聚合油并用溶剂稀释，分别制得酚醛甲板漆料 A 和酚醛甲板漆料 B。

将全部颜料、体质颜料和部分甲板漆料混合，研磨分散至细度小于40 μm，然后加入厚油和其余酚醛甲板漆料，混匀后加入 200# 油漆溶剂油和催干剂，充分调和均匀，过滤得草绿色酚醛甲板漆。

5. 产品标准

外观	符合标准色样板及其色差范围，漆膜平整光滑
黏度(涂-4 黏度计,25 ℃)/s	90~110
细度/μm	≤40
干燥时间/h	
表干	≤4
实干	≤24
光泽	≥80%
冲击强度/（kg·cm）	50
遮盖力/（g/m²）	≤60
耐盐水性（浸于 3% 盐水中 72 h）	合格

6. 产品用途

用于船舶甲板的涂装，可刷涂、辊涂或无空气高压喷涂。

5.47　F42-31各色酚醛甲板漆

1. 产品性能

F42-31各色酚醛甲板漆（Phenolic deck paints F42-31；Deep color phenolic deck paints F42-31）又称F42-1各色酚醛甲板漆、871紫红甲板漆、草绿甲板漆、灰甲板漆，由长油度松香改性酚醛树脂漆料、颜料、体质颜料、催干剂和溶剂组成。具有良好的附着力、耐海水、耐暴晒和耐洗刷摩擦性。

2. 技术配方 （质量， 份）

（1）配方一

	紫红色	草绿色
长油度松香改性酚醛树脂漆料	56.0	56.0
沉淀硫酸钡	15.0	15.0
氧化铁红	20.0	0.7
紫红粉	0.2	—
氧化铁黄	—	7.0
中铬黄	—	12.0
铁蓝	—	0.3
炭黑	—	0.2
200#油漆溶剂油	4.8	4.8
环烷酸钴（2%）	1.0	1.0
环烷酸锰（2%）	1.0	1.0
环烷酸铅（10%）	2.0	2.0

（2）配方二

	中灰色	黑色
长油度松香改性酚醛树脂漆料*	56.0	65.0
沉淀硫酸钡	10.0	20.0
立德粉	10.0	—
钛白粉	15.0	—
炭黑	1.0	3.5
氧化锌	—	1.0
200#油漆溶剂油	4.0	6.5
环烷酸钴（2%）	1.0	1.0
环烷酸锰（2%）	1.0	1.0
环烷酸铅（10%）	2.0	2.0

*长油度松香改性酚醛树脂的技术配方：

松香改性酚醛树脂	24.7

桐油	22.6
高黏度亚麻油、桐油聚合油	8.0
黄丹	0.4
200# 油漆溶剂油	44.3

3. 工艺流程

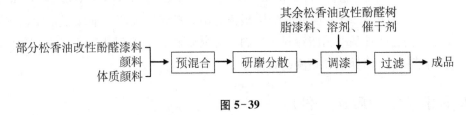

图 5-39

4. 生产工艺

将颜料、体质颜料和部分长油度松香改性酚醛树脂漆料预混合均匀，经磨漆机研磨分散至细度小于 40 μm，加入其余松香油改性酚醛漆料、溶剂、催干剂，充分调和均匀，过滤得 F42-31 各色酚醛甲板漆。

5. 产品标准

外观	符合标准样板及色差范围，漆膜平整光滑
黏度（涂-4 黏度计）/s	60～120
细度/μm	≤40
干燥时间/h	
表干	≤3
实干	≤24
冲击强度/（kg·cm）	≥50
光泽	≥80%
遮盖力/（g/m²）	
紫红色、草绿色	≤60
黑色	≤50
灰色	≤120

注：该产品符合沪 Q/HG 14-310 标准。

6. 产品用途

适用于涂装军舰、船舶的钢铁或木质甲板，采用刷涂、辊涂或无空气高压喷涂。用 200# 油漆溶剂油或松节油稀释。使用量 60～120 g/m²。

5.48　船底铝粉打底漆

1. 产品性能

船底铝粉打底漆由纯酚醛树脂、沥青、云母、铝粉和重质苯组成。漆膜附着力强，耐盐水性好，具有一定的防锈性能。

2. 技术配方　（质量，份）

纯酚醛树脂液（40%）	19.50
沥青液（70%）	44.29
氧化锌	13.74
云母粉	3.97
铝粉	10.00
重质苯	8.50

3. 工艺流程

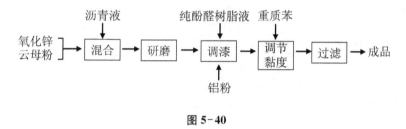

图 5-40

4. 生产工艺

将氧化锌、云母粉和 70%的沥青液混合后投入球磨机中，研磨约 1 h，至细度小于 80 μm，然后与 40%的纯酚醛树脂漆料液、铝粉一起调和，以重质苯调节黏度至 50～80 s，过滤得船底铝粉打底漆。

5. 产品标准

黏度（涂-4 黏度计，25 ℃）/s	50～80
细度/μm	≤80
冲击强度/（kg·cm）	50
附着力/级	1

6. 产品用途

适用于船舶水线以下部位，作底漆。

5.49 F43-31各色酚醛船壳漆

1. 产品性能

F43-31各色酚醛船壳漆（Phenolic boat hull paints F43-31；Deep color phenolic topside paints F43-31）又称43-1各色酚醛船壳漆、蓝灰酚醛船壳漆、黑船壳漆，由长油度松香改性酚醛树脂漆料、颜料、体质颜料、催干剂和溶剂组成。常温干燥较快，有一定的耐候性和耐水性，附着力强。

2. 技术配方 （质量，份）

	蓝灰色	黑色
长油度松香改性酚醛树脂漆料	58.0	82.0
氧化铁黑	—	2.0
炭黑	1.5	3.0
沉淀硫酸钡	—	5.0
钛白粉	7.0	—
中铬黄	3.5	—
氧化锌	22.0	—
200# 油漆溶剂油	4.0	4.0
环烷酸锰（2%）	1.0	1.0
环烷酸钴（2%）	1.0	1.0
环烷酸铅（10%）	2.0	2.0

3. 工艺流程

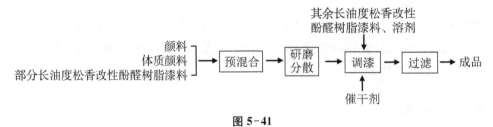

图 5-41

4. 生产工艺

将颜料、体质颜料和部分长油度松香改性酚醛树脂漆料预混合均匀，经磨漆机研磨分散至细度小于 40 μm，加入其余长油度松香改性酚醛树脂漆料，混匀后加入溶剂、催干剂，充分调和均匀得 F43-31 各色酚醛船壳漆。

5. 产品标准

外观	平整光滑
黏度（涂-4 黏度计）/s	70～120
细度/μm	≤40
干燥时间/h	
表干	≤5
实干	≤24
柔韧性/mm	≤1
冲击强度/（kg·cm）	50
光泽	≥80%
遮盖力/（g/m²）	
蓝灰色	≤80
黑色	≤40

注：该产品符合甘 Q/HG 208 标准。

6. 产品用途

适用于涂装水线以上的船壳部位，刷涂或喷涂。用 200$^{\#}$ 油漆溶剂油或松节油调节黏度。

5.50　F50-31 各色酚醛耐酸漆

1. 产品性能

F50-31 各色酚醛耐酸漆（Deep color phenolic acid-resistant paints F50-31）又称 F50-1 各色酚醛耐酸漆、1$^{\#}$ 各色酚醛耐酸漆、2$^{\#}$ 各色酚醛耐酸漆、浅灰、正蓝油基耐酸漆、灰耐酸漆，由松香改性酚醛树脂和干性油熬炼的漆料、颜料、催干剂和有机溶剂组成。干燥较快，具有一定的耐酸性，能抵御酸性气体的腐蚀，但不宜浸渍在酸中。

2. 技术配方　（质量，份）

	红色	白色	黑色
改性酚醛-干性油漆料	56.0	55.0	55.0
沉淀硫酸钡	31.5	24.5	33.0
甲苯胺红	5.0	—	—
钛白粉	—	13.5	—
炭黑	—	—	3.0
200$^{\#}$ 油漆溶剂油	4.5	4.0	6.0
环烷酸钴（2%）	0.5	0.5	0.5

| 环烷酸锰（2%） | 0.5 | 0.5 | 0.5 |
| 环烷酸铅（10%） | 2.0 | 2.0 | 2.0 |

3. 工艺流程

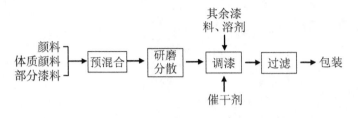

图 5-42

4. 生产工艺

将颜料、体质颜料和部分漆料预混合均匀，投入磨漆机研磨至细度小于 45 μm。然后加入其余漆料、溶剂和催干剂，充分调和均匀，过滤得 F50-31 各色酚醛耐酸漆。

5. 产品标准

外观	符合标准样板及其色差范围，漆膜平整光滑
黏度（涂-4 黏度计）/s	90～120
细度/μm	≤45
遮盖力/（g/m²）	
白色、天蓝色	≤140
灰色	≤100
黑色	≤50
干燥时间/h	
表干	≤3
实干	≤16
耐酸性（浸渍于 50% 硫酸中,72 h）	允许轻微变色，漆膜不损坏

6. 产品用途

主要用于化工厂、化学品库房等建筑物内作一般防酸涂层，也用于一般设备保护，以防酸性气体侵蚀。使用量（二层）120～180 g/m²。金属除锈、除油后涂 X06-1 磷化底漆一层，然后涂该漆四层，必须在上层干透后才可涂下一层，可酌加 200# 油漆溶剂油或松节油稀释。

5.51 F52-11酚醛环氧酯烘干防腐漆

1. 产品性能

F52-11酚醛环氧酯烘干防腐漆（Phenolic epoxy baking anti-corrosion paint F52-11）由丁醇醚化酚醛树脂、环氧酯、氨基树脂、颜料、体质颜料、催干剂和溶剂组成。漆膜附着力强、耐水、耐腐蚀性能好。

2. 技术配方 （质量，份）

丁醇改性酚醛树脂	45.0
三聚氰胺甲醛树脂	0.9
环氧酯	16.9
蓖麻油	10.0
氧化铁红	9.5
氧化锌	4.5
滑石粉	6.5
二甲苯	5.2
环烷酸钴（2%）	0.5
环烷酸锰（2%）	0.5
环烷酸铅（10%）	0.5

3. 工艺流程

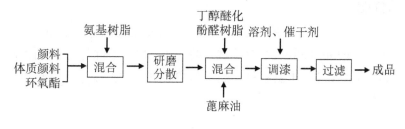

图 5-43

4. 生产工艺

将全部颜料、体质颜料、环氧酯和三聚氰胺甲醛树脂经预混合均匀后，研磨分散至细度小于50 μm，加入丁醇改性酚醛树脂、蓖麻油，混匀后加入二甲苯和催干剂，再充分调和均匀，过滤，得F52-11酚醛环氧酯烘干防腐漆。

5. 产品标准

外观	漆膜平整，红棕色
黏度（涂-4 黏度计，25 ℃）/s	30~60
细度/μm	≤50
干燥时间（170~180 ℃实干）/min	≤40
附着力/级	1
硬度	0.65~0.75
冲击强度/（kg·cm）	50
柔韧性/mm	1
光泽	≥90%
耐盐水性（50%的 NaCl）/d	90
耐碱性（25%的 NaOH）/d	90
耐酸性（50%的 H_2SO_4）/d	90
耐溶剂性（120# 溶剂）/d	90

6. 产品用途

用于机械车辆、贮槽、化工仪器仪表、化工设备、管道、农药器械或零件等金属表面，做抗酸、碱腐蚀涂装。

5.52 F53-31 红丹酚醛防锈漆

1. 产品性能

F53-31 红丹酚醛防锈漆（Red lead phenolic anticorrosive paints F53-31；Red lead phenolic anti-rust paints F53-31）又称红丹防锈漆、F53-1 红丹酚醛防锈漆，由长油度松香改性酚醛树脂、红丹、体质颜料、催干剂和溶剂组成。该漆漆膜平整，附着力强，具有良好的防锈性。

2. 技术配方 （质量，份）

（1）配方一

酚醛防锈漆料*	23.0
红丹粉（98%）	60.0
碳酸钙	10.0
硫酸钡	0.5
200# 油漆溶剂油	5.0
环烷酸锰（2%）	0.5
环烷酸铅（10%）	1.0

＊酚醛防锈漆料的技术配方：

210# 酚醛树脂	3.46
甘油松香	13.86
桐油	13.00
厚油	39.00
黄丹	0.68
200# 油漆溶剂油	30.00

（2）配方二

酚醛防锈漆料	30.85
红丹（98%）	60.00
硫酸钡	3.00
碳酸钙	4.50
硬脂酸锌	0.15
环烷酸锰（2%）	0.50
环烷酸铅（10%）	1.00

（3）配方三

酚醛防锈漆料	25.0
滑石粉	4.0
红丹粉	60.0
沉淀硫酸钡	7.0
硬脂酸铝	0.3
膨润土	0.5
200# 油漆溶剂油	2.0
环烷酸钴（2%）	0.2
环烷酸锰（2%）	0.4
环烷酸铅（10%）	0.6

3. 工艺流程

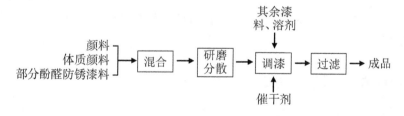

图 5-44

4. 生产工艺

先将 210# 酚醛树脂、桐油、厚油和黄丹一起投入熬炼锅中，于 250～270 ℃熬炼至黏度合格，于 150 ℃加入 200# 溶剂汽油稀释得酚醛防锈漆料。

将颜料、体质颜料及部分酚醛防锈漆料，混合均匀后，经磨漆机研磨分散至细度小于 60 μm，加入其余酚醛防锈漆料、溶剂和催干剂，充分调和均匀，过滤得 F53-31 红丹酚醛防锈漆。

5. 产品标准

外观	橘红色，漆膜平整，允许略有刷痕
黏度（涂-4 黏度计）/s	≥40
细度/μm	≤60
遮盖力/（g/m²）	≤220
干燥时间/h	
表干	≤5
实干	≤24
硬度	≥0.20
冲击强度/（kg·cm）	50
耐盐水性（浸 120 h）	不起泡、不生锈，允许轻微变色，失光
闪点/℃	≥34

注：该产品符合 ZBG 51090 标准。

6. 产品用途

适用于钢铁表面涂覆，作防锈打底用，以刷涂为主。不能用于铝板、锌板或镀锌板上。

5.53　F53-32 灰酚醛防锈漆

1. 产品性能

F53-32 灰酚醛防锈漆（Gray phenolic anti-rust paint F53-32）又称 53-2 灰酚醛防锈漆、0 号灰防锈漆、1 号灰防锈漆，由酚醛防锈漆料（长油度松香、改性酚醛树脂、松香甘油酯、干性植物油组成）、颜料、体质颜料、催干剂和溶剂组成。该漆附着力好，具有较好的防锈性。

2. 技术配方 （质量，份）

酚醛防锈漆料	55.2
氧化锌	20.0
立德粉	20.0
炭黑	0.3
200# 油漆溶剂油	2.0
环烷酸钴（2%）	0.5
环烷酸锰（2%）	0.5

环烷酸铅（10%）	1.5

3. 工艺流程

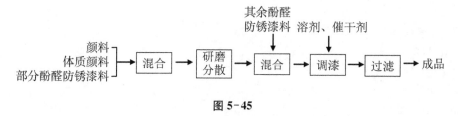

图 5-45

4. 生产工艺

将颜料、体质颜料和部分酚醛防锈漆料预混合均匀，经磨漆机研磨分散至细度小于 40 μm，加入其余酚醛防锈漆料，再加入溶剂和催干剂，充分调和均匀，过滤得 F53-32 灰酚醛防锈漆。

5. 产品标准

外观	灰色，漆膜平整，允许略有刷痕
黏度（涂-4 黏度计）/s	≥55
细度/μm	≤40
遮盖力/（g/m²）	≤90
干燥时间/h	
表干	≤4
实干	≤24
硬度	≥0.20
冲击强度/（kg·cm）	50
耐盐水性（浸 72 h）	不起泡，不生锈，允许稍变色，失光
闪点/℃	≥34

注：该产品符合 ZBG 51027 标准。

6. 产品用途

适用于涂刷钢铁表面。使用量（二层）≤120 g/m²。

5.54　F53-33 铁红酚醛防锈漆

1. 产品性能

F53-33 铁红酚醛防锈漆（Iron red phenolic anti-rust paint F53-33）又称 53-3 铁红酚醛防锈漆、磁性铁红防锈漆、铁红防锈漆，由长油度松香改性酚醛树脂漆料、松香甘油酯、干性植物油组成的酚醛防锈漆料、颜料、体质颜料、催干剂和溶剂组成。该漆附着力好、防锈性较好，但漆膜较软、耐候性较差，不能作面漆使用。

2. 技术配方 （质量，份）

（1）配方一

酚醛防锈漆料	53.0
氧化铁红	24.0
沉淀硫酸钡	6.5
轻质碳酸钙	3.5
滑石粉	5.0
膨润土	0.5
200#油漆溶剂油	5.0
环烷酸钴（2%）	0.5
环烷酸锰（2%）	0.5
环烷酸铅（10%）	1.5

（2）配方二

油基酚醛漆料（70%）	35.00
氧化铁红	30.00
氧化锌	5.00
沉淀硫酸钡	15.00
碳酸钙	10.00
环烷酸钴（4%）	0.20
环烷酸锰（3%）	0.15
环烷酸铅（10%）	0.60
硬脂酸铝	0.28
200#油漆溶剂油	3.77

（3）配方三

油基纯酚醛漆料	45.00
氧化铁红	11.97
锌铬黄	7.64
氧化锌	6.78
滑石粉	13.36
200#油漆溶剂油	6.77
二甲苯	6.77
环烷酸钴（4%）	0.22
环烷酸锰（3%）	0.31
环烷酸铅（10%）	1.18

3. 工艺流程

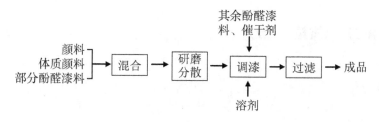

图 5-46

4. 生产工艺

将颜料、体质颜料和部分酚醛漆料混合均匀后，经研磨分散至细度小于 50 μm，加入其余酚醛漆料，混匀后加入溶剂和催干剂，充分调和均匀，过滤得 F53-33 铁红酚醛防锈漆。

5. 产品标准

外观	铁红色，漆膜平整，允许略有刷痕
黏度（涂-4 黏度计）/s	≥50
细度/μm	≤50
遮盖力/（g/m²）	≤60
干燥时间/h	
表干	≤5
实干	≤24
硬度	≥0.20
冲击强度/（kg·cm）	50
耐盐水（浸 48 h）	不起泡、不生锈，允许轻微变色，失光
闪点/℃	≥34

注：该产品符合 ZBG 51028 标准。

6. 产品用途

主要用于防锈性能要求不高的钢铁构件表面涂覆，作防锈打底用，刷涂。用 200# 油漆溶剂油或松节油作稀释剂。

5.55 F53-34 锌黄酚醛防锈漆

1. 产品性能

F53-34 锌黄酚醛防锈漆（Zinc yellow phenolic anti-rust paint F53-34）又称 F53-4 锌黄酚醛防锈漆、725 锌黄防锈漆，由长油度松香改性酚醛树脂漆料、锌黄、氧化锌等颜料、催干剂、溶剂组成。锌铬黄能产生水溶性铬酸盐，使金属表面钝化，故有良好的防锈保护性。

2. 技术配方 （质量，份）

（1）配方一

酚醛防锈漆料（55%）	35.0
锌铬黄	21.0
氧化锌	8.0
沉淀硫酸钡	14.0
钛白粉	6.0
二甲苯	3.1
200# 油漆溶剂油	11.0
环烷酸钴（2.5%）	0.4
环烷酸锰（2%）	0.7
环烷酸铅（10%）	0.8

（2）配方二

酚醛防锈底漆料	43.0
锌铬黄	18.0
中铬黄	7.0
浅铬黄	2.0
轻质碳酸钙	4.5
滑石粉	6.5
氧化锌	4.5
200# 油漆溶剂油	12.5
环烷酸锌（4%）	0.4
环烷酸锰（2%）	0.3
环烷酸钴（2%）	0.3
环烷酸铅（10%）	1.0

（3）配方三

纯酚醛底漆料（50%）	49.42
锌铬黄	10.16
氧化锌	7.63
滑石粉	7.63
二甲苯	10.4
200# 油漆溶剂油	10.4
环烷酸钴（4%）	0.18
环烷酸锰（2%）	0.66
环烷酸锌（3%）	0.22
环烷酸铅（10%）	3.05

3. 工艺流程

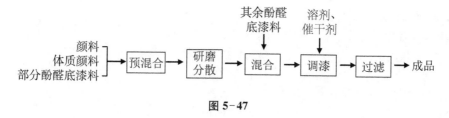

图 5-47

4. 生产工艺

将颜料、体质颜料和部分酚醛底漆料混合均匀后，经磨漆机研磨分散至细度小于 40 μm，加入其余酚醛底漆料，混匀后加入溶剂、催干剂，充分调和均匀，得 F53-34 锌黄酚醛防锈漆。

5. 产品标准

外观	黄色，漆膜平整，允许略有刷痕
黏度（涂-4 黏度计）/s	≥70
细度/μm	≤40
遮盖力/（g/m²）	≤180
干燥时间/h	
表干	≤5
实干	≤24
硬度	≥0.15
冲击强度/（kg·cm）	50
耐盐水性（浸 68 h）	不起泡、不生锈

注：该产品符合 ZBG 51005 标准。

6. 产品用途

适用于铝及其他轻金属物件表面的涂装。使用量≤120 g/m²，刷涂。可用 200# 油漆溶剂油或松节油调整黏度。

5.56　F53-38 铝铁酚醛防锈漆

1. 产品性能

F53-38 铝铁酚醛防锈漆（Aluminium iron phenolic anti-rust paint F53-38）又称铝粉铁红酚醛防锈漆，由纯酚醛漆料、铝粉、氧化铁红及体质颜料、催干剂和溶剂组成。漆膜坚韧，附着力强，能经受高温烘烤，不产生有毒气体，且干燥快。

2. 技术配方 （质量，份）

油基纯酚醛漆料	45.2
铝粉浆（65%）	3.2
天然氧化铁红	13.2
磷酸锌	16.5
氧化锌	3.5
滑石粉	8.8
环烷酸钴（2%）	1.0
环烷酸锰（2%）	2.0
环烷酸铅（10%）	2.0
200# 油漆溶剂油	6.1

3. 工艺流程

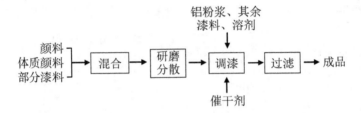

图 5-48

4. 生产工艺

将颜料、体质颜料与部分漆料混合均匀，研磨分散至细度小于 90 μm，加入其余漆料、铝粉浆，混匀后，加入溶剂、催干剂，充分调和均匀，过滤得 F53-38 铝铁酚醛防锈漆。

5. 产品标准

外观	漆膜平整，略有刷痕，红灰色
黏度（涂-4 黏度计）/s	50~90
细度/μm	≤90
遮盖力/（g/m²）	≤60
冲击强度/（kg·cm）	50
干燥时间/h	
表干	≤3
实干	≤24
耐盐雾试验（72 h）/级	2

注：该产品符合沪 Q/HG 14-505 标准。

6. 产品用途

适用于船舶及其他金属结构件的涂装。使用量≤70 g/m²。刷涂。该漆不宜作面漆。

5.57　F53-39硼钡酚醛防锈漆

1. 产品性能

F53-39硼钡酚醛防锈漆（Barium metaborate phenolic anti-rust paint F53-39）又称53-9硼钡酚醛防锈漆，由长油度松香改性酚醛树脂漆料、偏硼酸钡、体质颜料、催干剂和溶剂组成。该漆类似于F53-41各色硼钡酚醛防锈漆，具有良好的附着力和防锈性。

2. 技术配方　（质量，份）

（1）配方一

长油度松香改性酚醛树脂漆料	43.0
偏硼酸钡	30.0
铝粉浆	4.5
氧化锌	3.5
滑石粉	5.0
200# 油漆溶剂油	11.0
环烷酸锰（2%）	0.5
环烷酸钴（2%）	0.5
环烷酸铅（10%）	2.0

（2）配方二

油基酚醛漆料	41.0
偏硼酸钡粉	41.0
铝粉浆	3.5
氧化锌	2.5
滑石粉	5.3
云母氧化铁粉	4.5
蓖麻油酸锌	0.5
有机硅油	0.33
环烷酸钴（2%）	0.06
环烷酸锰（3%）	0.33
环烷酸铅（10%）	0.94
松节油（调黏度至70~100 s）	适量

（3）配方三

长油度松香改性酚醛树脂漆料（70%）	42.0
偏硼酸钡	30.0
硬脂酸铝	0.5
滑石粉	3.6
铝粉浆（65%）	8.0
氧化锌	2.4
环烷酸钴（4%）	0.5
环烷酸锰（4%）	0.8
环烷酸铅（10%）	2.0
双戊烯	1.0
200# 油漆溶剂油	9.2

（4）配方四

偏硼酸钡	20.0
含铅氧化锌	5.0
天然氧化铁红	8.0
滑石粉	6.5
磷酸锌	9.0
硬脂酸铝	0.3
松香改性酚醛漆料（70%）	30.0
厚油	9.0
200# 油漆溶剂油	9.6
环烷酸钴（2%）	0.1
环烷酸锰（2%）	0.3
环烷酸铅（10%）	2.2

（5）配方五

长油度松香改性酚醛漆料（70%）	38.0
偏硼酸钡	38.0
铝粉浆（65%）	3.8
氧化锌	4.5
滑石粉	6.33
硬脂酸铝	0.53
环烷酸钴（4%）	0.1
环烷酸锰（3%）	0.53
环烷酸铅（10%）	1.7
200# 油漆溶剂油	6.51

3. 工艺流程

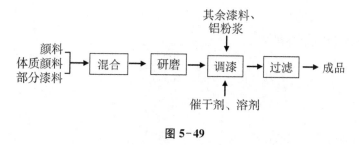

图 5-49

4. 生产工艺

将颜料、体质颜料、部分漆料混合均匀后，经研磨分散至细度小于 $60~\mu m$，加入其余漆料、铝粉浆、溶剂和催干剂，充分调和均匀，过滤得 F53-39 硼钡酚醛防锈漆。

5. 产品标准

外观	银灰、铁红、橘红，漆膜平整，略有刷痕
黏度（涂-4 黏度计）/s	≥50
细度/μm	
银灰色	≤80
铁红色、橘红色	≤60
干燥时间/h	
表干	≤4
实干	≤36
冲击强度/（kg·cm）	50
硬度	≥0.25
附着力/级	2

注：该产品符合 ZBG 51097 标准。

6. 产品用途

用于机车车辆、工程机械、通用机床、大型钢铁构件等，作防锈打底涂装。

5.58　F80-31 酚醛地板漆

1. 产品性能

F80-31 酚醛地板漆（Phenolic floor paint F80-31）又称 306 紫红地板漆、铁红地板漆、F80-1 酚醛地板漆，由中油度松香改性酚醛树脂漆料、颜料、体质颜料、催干剂和 200# 油漆溶剂油组成。漆膜坚韧，平整光亮，耐水及耐磨性良好。

2. 技术配方 （质量，份）

（1）配方一（橘黄色）

中油度松香改性酚醛树脂漆料*	62.0
中铬黄	21.0
大红粉	0.6
沉淀硫酸钡	5.0
轻质碳酸钙	5.0
200# 油漆溶剂油	4.6
环烷酸钴（2%）	0.3
环烷酸锰（2%）	1.0
环烷酸铅（10%）	0.5

* 中油度松香改性酚醛树脂漆料的技术配方：

松香改性酚醛树脂**	17.0
桐油	34.0
亚麻油、桐油聚合油	6.0
乙酸铅	0.5
200# 油漆溶剂油	42.5

** 松香改性酚醛树脂的技术配方：

松香	69.64
苯酚	11.87
甲醛	11.5
甘油	6.3
氧化锌	0.14
H 促进剂	0.55

（2）配方二（铁红色）

中油度松香改性酚醛树脂漆料	63.0
氧化铁红	14.0
沉淀硫酸钡	8.0
轻质碳酸钙	8.0
200# 油漆溶剂油	5.2
环烷酸锰（2%）	1.0
环烷酸钴（2%）	0.3
环烷酸铅（10%）	0.5

（3）配方三（棕色）

中油度松香改性酚醛树脂漆料	63.0
氧化铁红	14.0
炭黑	0.5
沉淀硫酸钡	8.0

轻质碳酸钙	8.0
200# 油漆溶剂油	4.7
环烷酸锰 (2%)	1.0
环烷酸钴 (2%)	0.3
环烷酸铅 (10%)	0.5

3. 工艺流程

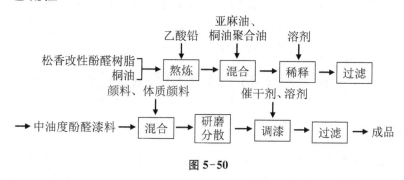

图 5-50

4. 生产工艺

（1）松香改性酚醛树脂的生产工艺

将松香投入反应釜中，加热，升温至 110 ℃，加入苯酚、甲醛和 H 促进剂，于 95~100 ℃保温缩合 4 h，然后升温至 200 ℃，加入氧化锌，升温至 260 ℃。加入甘油，于 260 ℃保温反应 2 h；升温至 280 ℃，保温 2 h；再升温至 290 ℃，至酸值小于 20 mgKOH/g、软化点（环球法）135~150 ℃即为合格，冷却、包装得松香改性酚醛树脂。其外观为块状棕色透明固体。颜色（Fe-Co 比色）小于 12#。

（2）F80-31 酚醛地板漆的生产工艺

将松香改性酚醛树脂与桐油投入熬炼锅中，混合，加热升温至 180 ℃，加入乙酸铅，继续升温至 270~275 ℃，保温至黏度合格，降温并加入亚麻油、桐油聚合油，冷却至 160 ℃，加 200# 油漆溶剂油稀释，过滤得中油度酚醛漆料。

将颜料、体质颜料与部分中油度酚醛漆料混合，经磨漆机研磨分散至细度小于 40 μm，加入其余中油度酚醛漆料，混匀后加入溶剂和催干剂，充分调和均匀得 F80-31 酚醛地板漆。

5. 产品标准

外观	符合标准样板及色差范围，漆膜平整光滑
黏度（涂-4 黏度计）/s	60~120
细度/μm	≤40
遮盖力/g	≤60
干燥时间/h	
表干	≤4

实干	≤20
柔韧性（干 48 h 后）/mm	≤3
硬度	≥0.3
光泽	≥90%

6. 产品用途

用于木质地板、楼梯、扶手等的涂装。不宜用溶剂将地板漆过分稀释，以免影响耐磨性。

5.59 F83-31 黑酚醛烟囱漆

1. 产品性能

F83-31 黑酚醛烟囱漆（Black phenolic chimney paint F83-31）又称 F83-1 烟囱漆，由长油度松香改性酚醛树脂漆、颜料、体质颜料、催干剂和 200# 油漆溶剂油（或松节油）组成。该漆膜能耐短时 400 ℃高温而不易脱落。

2. 技术配方 （质量，份）

长油度松香改性酚醛树脂漆料	42.0
亚麻油、桐油聚合油	9.0
沉淀硫酸钡	7.0
滑石粉	3.0
炭黑	1.0
石墨粉	25.0
200# 油漆溶剂油	10.0
环烷酸钴（2%）	0.5
环烷酸锰（2%）	0.5
环烷酸铅（10%）	1.5
膨润土	0.5

3. 工艺流程

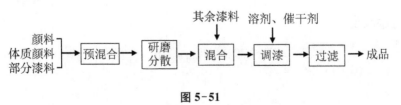

图 5-51

4. 生产工艺

将颜料、体质颜料和部分长油度松香改性酚醛树脂漆料预混合，研磨分散至细度小于 120 μm，加入其余漆料，混匀后加入催干剂、溶剂，充分调和均匀，过滤得 F83-31 黑酚醛烟囱漆。

5. 产品标准

外观	黑色平整，允许略有刷痕
黏度（涂-4 黏度计）/s	90～120
细度/μm	≤120
遮盖力/（g/m²）	≤60
干燥时间/h	
表干	≤8
实干	≤24
耐热性（漆膜实干后 400 ℃，24 h）	不起泡、不开裂、不脱落

6. 产品用途

用于涂覆烟囱外壁及蒸汽锅炉和机车，作防锈、防腐用。

5.60 F84-31 酚醛黑板漆

1. 产品性能

F84-31 酚醛黑板漆（Phenolic blackboard paint F84-31）又称 84-1 酚醛黑板漆、黑板漆，由中油度松香改性酚醛树脂漆料、颜料、体质颜料、催干剂和溶剂组成。干燥速度较快，漆膜耐磨性好，极少反光，易于擦写。

2. 技术配方 （质量，份）

中油度松香改性酚醛树脂漆料	40.0
沉淀硫酸钡	10.0
轻质碳酸钙	30.0
炭黑	3.5
200# 油漆溶剂油	14.0
环烷酸钴（2%）	0.5
环烷酸锰（2%）	0.5
环烷酸铅（10%）	1.5

3. 工艺流程

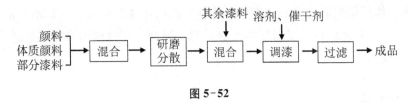

图 5-52

4. 生产工艺

将颜料、体质颜料和部分漆料（其制法参见地板漆）混合均匀，经研磨机研磨分散至细度小于 80 μm，加入其余漆料，混匀后加入溶剂和催干剂，充分调和均匀，过滤得 F84-31 酚醛黑板漆。

5. 产品标准

外观	黑色，表面无光
黏度（涂-4 黏度计）/s	60～90
细度/μm	≤80
遮盖力/（g/m²）	≤60
干燥时间/h	
表干	≤4
实干	≤24
光泽	≤10%

6. 产品用途

用于木质和金属黑板的涂装，可用 200# 油漆溶剂油稀释。

5.61　酚醛磷化底漆

1. 产品性能

酚醛磷化底漆是预涂底漆的一种，可以保护钢材在加工前贮存和加工期间防止生锈。在室内或露天的防锈期为 3～6 个月，膜很薄，不能代替一层底漆。

2. 技术配方　（质量，份）

反应型酚醛树脂	6.5
聚乙烯醇缩丁醛	9.0
锌铬黄	4.0
四盐基铬酸锌	2.6

磷酸锌	2.2
氧化铁红	1.1
混合溶剂	70.0
磷酸	1.0
丁醇	1.0

3. 生产工艺

将颜料用适量树脂混合，研磨分散至规定细度后，加入其余物料，充分调和均匀得酚醛磷化底漆。

4. 产品用途

用于钢材贮存和加工期间的短期防锈涂装。不能代替一层底漆。

5.62　铁红酚醛沥青船底漆

1. 产品性能

铁红酚醛沥青船底漆又称铁红船底防锈漆，由煤焦沥青液、纯酚醛树脂液、铁红和体质颜料组成。漆膜附着力强，防锈性能好。

2. 技术配方　（质量，份）

氧化铁红	33.70
氧化锌	5.90
滑石粉	2.90
重晶石粉	2.80
煤焦沥青液（70%）	35.36
纯酚醛树脂液（40%）	15.0
重质苯	2.84
催干剂	1.50

3. 工艺流程

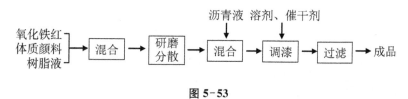

图 5-53

4. 生产工艺

将颜料、体质颜料及树脂液预混合均匀，经磨漆机研磨分散至细度小于 $60~\mu m$，加入沥青液，混匀后加入催干剂、溶剂，充分调和均匀，过滤得铁红酚醛沥青船底漆。

5. 产品标准

黏度（涂-4 黏度计）/s	40～70
细度/μm	≤60

6. 产品用途

用于船舶水线以下部位，作防锈涂装。

第六章 硝基漆和沥青漆

6.1 Q01-1硝基清漆

1. 产品性能

Q01-1 硝基清漆（Nitrocellulose varnish Q01-1）又称外用硝基清漆，由硝化棉、醇酸树脂、增塑剂及溶剂组成。漆膜具有良好的光泽与耐久性。

2. 技术配方 （质量，份）

硝化棉（70%）	23.0
三聚氰胺甲醛树脂（60%）	2.0
短油度蓖麻油醇酸树脂（50%）	20.0
邻苯二甲酸二丁酯	3.5
乙酸乙酯	8.0
乙酸丁酯	13.0
乙醇	3.0
丁醇	2.0
甲苯	22.5
丙酮	3.0

3. 工艺流程

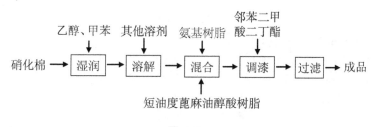

图 6-1

4. 生产工艺

将硝化棉用乙醇、甲苯湿润后，加入其余溶剂，搅拌溶解后，加入三聚氰胺甲醛树脂、短油度蓖麻油醇酸树脂和邻苯二甲酸二丁酯，充分调和均匀，过滤得 Q01-1 硝基清漆。

5. 产品标准

色号（Fe-Co 比色）	≤10#
外观	淡黄色透明液体，无显著机械杂质
漆膜外观	平整光亮
黏度（涂-4 黏度计）/s	100～200
含固量	≥30%
干燥时间/min	
表干	≤10
实干	≤50
硬度	≥0.55
柔韧性/mm	1

注：该产品符合 ZBG 51051 标准。

6. 产品用途

用于木质器件及金属表面的涂装，也可用作硝基磁漆罩光，喷涂或刷涂。用硝基稀释剂调整黏度。

6.2　Q01-4 硝基清漆

1. 产品性能

Q01-4 硝基清漆（Nitrocellulose varnish Q01-4）又称硝基毛刷沾用清漆，由硝化棉、油改性醇酸树脂、氨基树脂、失水苹果酸树脂、增塑剂和混合有机溶剂组成。漆膜具有良好的光泽和附着力，干燥快，硬度高。

2. 技术配方 （质量，份）

硝化棉（0.5 s，70%）	50.00
短油脱水蓖麻油改性醇酸树脂（50%）	28.80
丁醇改性三聚氰胺甲醛树脂（50%）	4.00
失水苹果酸松香甘油树脂	34.00
邻苯二甲酸二丁酯	4.00
甲苯	5.20
乙酸乙酯	20.00
乙酸丁酯	26.40
苯	25.84
改性乙醇	1.36

3. 工艺流程

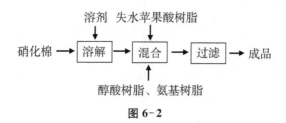

溶剂　失水苹果酸树脂

硝化棉 → 溶解 → 混合 → 过滤 → 成品

醇酸树脂、氨基树脂

图 6-2

4. 生产工艺

将硝化棉溶于混合有机溶剂中，再与失水苹果酸树脂、醇酸树脂、氨基树脂等充分调和，过滤得 Q01-4 硝基清漆。

5. 产品标准

外观	透明胶漆，无机械杂质
色号（Fe-Co 比色）	≤10#
黏度（落球法）/s	25～40
干燥时间/min	
表干	≤10
实干	≤60
硬度	≥0.60
光泽	≥90%

注：该产品符合沪 Q/HG 14-119 标准。

6. 产品用途

适用于木质毛刷柄的罩光，以浸渍法施工，可用 X-30 硝基漆稀释剂稀释。

6.3　Q01-11 硝基电缆清漆

1. 产品性能

Q01-11 硝基电缆清漆（Nitrocellulose cable varnish-11）、Q01-12、Q01-13、Q01-14 代号均为硝基电缆清漆，Q01-11 为防霉低压电缆清漆，由硝化棉、改性醇酸树脂、增韧剂及溶剂调制而成，具有防霉性。

2. 技术配方　（质量，份）

硝化棉（70%）	37.0
磷酸三甲酚酯	14.0
长油度蓖麻油改性醇酸树脂	4.0

酸性硫柳汞	0.6
乙酸乙酯	24.0
乙酸丁酯	12.0
丙酮	20.0
蓖麻油	20.0
无水酒精	5.0
纯苯	63.4

3. 工艺流程

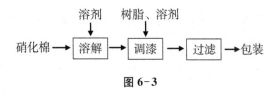

图 6-3

4. 生产工艺

先将纯苯和无水酒精加入硝化棉中润湿，然后加入乙酸酯和丙酮，在搅拌下使硝化棉溶解，最后加入醇酸树脂、磷酸三甲酚酯、酸性硫柳汞和蓖麻油，充分调匀、过滤得 Q01-11 硝基电缆清漆。

5. 产品标准

色号（Fe-Co 比色）	≤12#
外观	淡黄至深黄色透明液体
黏度（落球法）/s	70～130
含固量	≥31%
发黏性	漆膜不应发黏
耐油性［浸入 V（润滑油）:V（汽油）＝1:1 的混合油溶剂中 6 h］	漆膜不应透油
耐热性（置于 75～80 ℃烘箱中 24 h 柔韧性）/mm	≤10
耐寒性［置于 -(10±2)℃冰箱中 2 h 柔韧性］/mm	≤100
耐燃性	燃烧蔓延区不超过 5 cm
耐霉菌/级	≤1

注：该产品符合 HG 2-609 标准。

6. 产品用途

用于涂覆低压电缆线。涂覆时，每层漆膜都应有足够的干燥时间，否则会影响耐燃性，同时易发生漆膜与表漆粘连，贮存期为 1 年。

6.4　Q01-16 硝基书钉清漆

1. 产品性能

Q01-16 硝基书钉清漆（Nitrocellulose book tack varnish Q01-16）由中等黏度的硝化棉、醇酸树脂、增塑剂和有机溶剂组成。漆膜干燥快、黏合性好。

2. 技术配方 （质量，份）

	（一）	（二）
硝化棉（20 s，70%）	17.0	17.00
短油度脱水蓖麻油醇酸树脂（50%）	7.0	7.00
中油度脱水蓖麻油醇酸树脂（50%）	10.0	10.00
乙醇	5.0	4.72
苯	26.0	26.55
氧化蓖麻油	6.0	6.00
丙酮	5.5	5.31
乙酸乙酯	5.5	5.31
乙酸丁酯	15.5	15.34
丁醇	1.5	1.77
邻苯二甲酸二丁酯	1.0	1.00

3. 工艺流程

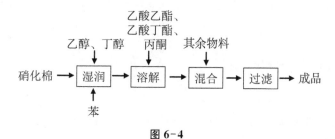

图 6-4

4. 生产工艺

将硝化棉用乙醇、丁醇和苯湿润，然后加入乙酸乙酯、乙酸丁酯和丙酮，搅拌溶解，再加入氧化蓖麻油、邻苯二甲酯二丁酯和醇酸树脂，充分调和均匀，过滤得 Q01-16 硝基书钉清漆。

5. 产品标准

色号（Fe-Co 比色）	≤6#
外观	淡黄色透明液体，无机械杂质

黏度（落球法）/s	20～35
干燥时间/min	
表干	≤10
实干	≤60
黏结产品性能	合格

注：该产品符合沪 Q/HG 14-116 标准。

6. 产品用途

主要用于书钉，作黏接保护，以浸涂为主，用 X-1 硝基漆稀释剂稀释。

6.5　Q01-18 硝基皮尺清漆

1. 产品性能

Q01-18 硝基皮尺清漆（Nitrocellulose tape ruler varnish Q01-18）由硝化棉、增韧剂、混合有机溶剂组成。漆膜干燥快、柔韧、不易折裂，且有较好的光泽。

2. 技术配方 （质量，份）

硝化棉（70%）	17.00
乙酸乙酯	7.47
乙酸丁酯	21.58
丁醇	2.49
丙酮	7.47
乙醇	6.64
甲苯	37.35
长油度蓖麻油改性醇酸树脂	7.77
氧化蓖麻油	4.72
樟脑粉	0.24
钛白浆 [m（氧化蓖麻油）∶m（钛白）=30∶70]	14.68
混合有机溶剂*	7.52

*混合有机溶剂的技术配方：

乙酸乙酯	9.0
乙酸丁酯	26.0
丁醇	3.0
丙酮	9.0
乙醇	8.0
甲苯	45.0

3. 工艺流程

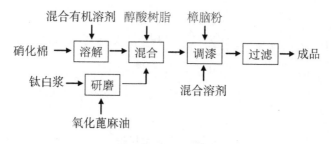

图 6-5

4. 生产工艺

将硝化棉溶于乙酸乙酯、乙酸丁酯、丁醇、丙酮、乙醇和甲苯组成的溶剂中；钛白浆与氧化蓖麻油研磨分散，得到的颜料浆与硝化棉溶液、醇酸树脂混合，加入混合有机溶剂和樟脑粉，充分调和均匀，过滤得 Q01-18 硝基皮尺清漆。

5. 产品标准

色号（Fe-Co 比色）	≤4#
外观	清澈透明，无机械杂质
黏度（涂-4 黏度计）/s	150～200
含固量	≥18%

注：该产品符合沪 Q/HG 14-202 标准。

6. 产品用途

适用于皮尺、皮革等软性物件表面的涂饰，使用量 120～150 g/m²。

6.6 Q01-19 硝基软性清漆

1. 产品性能

Q01-19 硝基软性清漆（Nitrocellulose flexible clear lacquer Q01-19）由硝化棉、醇酸树脂、增韧剂及混合有机溶剂调制而成。该漆具有干燥迅速、柔韧性好、不易断裂等特点。

2. 技术配方 （质量，份）

硝化棉（70%）	36.0
醇酸树脂	33.6
丁醇	12.0

甲苯	66.0
邻苯二甲酸二丁酯	9.0
蓖麻油	9.0
乙酸乙酯	16.0
乙酸丁酯	39.0
丙酮	13.0

3. 工艺流程

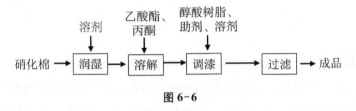

图 6-6

4. 生产工艺

先将硝化棉用丁醇和甲苯润湿，然后加入乙酸酯、丙酮，搅拌使硝化棉溶解。然后加入醇酸树脂、助剂及溶剂，充分调匀、过滤、包装得 Q01-19 硝基软性清漆。

5. 产品标准

外观	透明、无机械杂质
色号（Fe-Co 比色）	≤10#
黏度（落球法）/s	50～80
含固量	20～22
柔韧性	不开裂
干燥时间/min	
表干	≤10
实干	≤10

注：不同厂家有不同的企业标准，上述产品标准为上海涂料公司 Q/GHTB-008 的技术要求。

6. 产品用途

主要用于皮革、纺织品等软物体表面的罩光，作装饰保护涂料；也可将其漆膜雕成花纹，黏在绢丝上，作油墨、油漆印制底版。

使用前将漆充分调匀，以喷、淋、辊等涂法涂于物料表面，可用 X-1 硝基漆稀释剂稀释。喷涂的施工黏度［涂-4 黏度计（25±1）℃］一般以 15～23 s 为宜。在潮湿条件下施工可加 F-1 硝基漆防潮剂，能防止漆膜发白。有效贮存期为 1 年。

6.7 Q01-20 硝基铝箔清漆

1. 产品性能

Q01-20 硝基铝箔清漆（Nitro cellulose aluminium foil varnish Q01-20）又称硝基金属表面清漆，由低黏度硝化棉、增塑剂和有机溶剂组成。漆膜干燥快，光泽高，柔韧性好。若与各色醇溶性染料配套，可赋予被涂物面不同的色彩。

2. 技术配方 （质量，份）

硝化棉（1/2 s，70%）	40.0
无水乙醇	56.0
丁醇	28.0
丙酮	32.0
乙酸丁酯	36.0
邻苯二甲酸二丁酯（增塑剂）	4.0
樟脑粉	4.0

3. 工艺流程

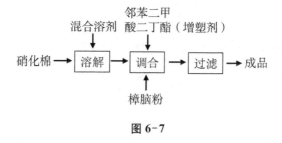

图 6-7

4. 生产工艺

将硝化棉溶于混合溶剂中，加入邻苯二甲酸二丁酯、樟脑粉充分调和均匀，过滤得 Q01-20 硝基铝箔清漆。

5. 产品标准

外观	透明，无机械杂质
色号（Fe-Co 比色）	≤4#
黏度（涂-4 黏度计）/s	60～120
干燥时间/min	
表干	≤10
实干	≤60

柔韧性	不开裂
光泽	$\geqslant 80\%$

注：该产品符合沪 Q/HG 14-118 标准。

6. 产品用途

主要用于铝箔表面的装饰性保护。加入醇溶性染料用于锡纸表面，作包装糖果、香皂、日用品代替铝箔。使用量 $40\sim60$ g/m²。以辊涂法为主，可用 X-18 硝基铝箔漆稀释剂稀释。

6.8 Q01-21硝基调金漆

1. 产品性能

Q01-21 硝基调金漆又称硝基调金油清漆，由硝化棉、醇酸树脂与有机溶剂调制而成。具有色泽浅、酸度小、干燥快、对金属粉末润湿性好等特点。若与金属粉末配套使用，漆膜能显示出金属感。

2. 技术配方 （质量，份）

硝化棉（70%）	30
纯苯	71
短油度脱水蓖麻油醇酸树脂	12
乙酸乙酯	14
乙酸丁酯	14
乙醇	13
丙酮	14
丁醇	5

3. 工艺流程

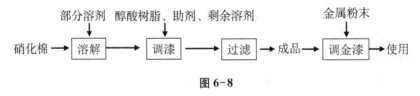

图 6-8

4. 生产工艺

先将硝化棉用丁醇、乙醇、纯苯湿润，然后加入乙酸酯和丙酮，让硝化棉在搅拌下溶解，再加入醇酸树脂、助剂及剩余溶剂，充分调匀，包装。使用前将金属粉末按需要边加边搅拌，即配即用，不宜过夜。

5. 产品标准

外观	透明无机械杂质
色号（Fe-Co 比色）	≤4#
黏度（涂-1 黏度计）/s	90～150
干燥时间/min	
表干	≤10
实干	≤60
柔韧性/mm	1

6. 产品用途

主要用于铜粉、银粉，作展色剂。膜附着力和耐久性好。用 X-1 硝基漆稀释剂，施工黏度 15～25 s。有效储存期 1 年。

6.9　外用硝基清漆

1. 产品性能

以合成脂肪酸（$C_{10\sim17}$酸）醇酸树脂代替椰子油改性的醇酸树脂（291 漆料），得到的外用硝基清漆与 291 漆料配制的相比无明显差异，而且在天然老化、户外耐候性方面有明显改善。

2. 技术配方　（质量，份）

苹果酸酐树脂液（50%）	73
$C_{10\sim17}$酸醇酸树脂液（60%）*	135
邻苯二甲酸二丁酯	37
硝化棉（70%）	238
混合溶剂	适量

注：混合溶剂由乙酸丁酯、乙酯、丁醇、丙酮、甲苯等组成。

* $C_{10\sim17}$酸醇酸树脂液的技术配方：

$C_{10\sim17}$酸	30.50
邻苯二甲酸酐	32.10
三羟甲基丙烷	30.00
顺丁烯二酸酐	0.83
二甲苯	6.58

3. 生产工艺

(1) 外用硝基清漆的生产工艺

将各物料混合，搅拌均匀，必要时加入一定量混合溶剂稀释，研磨分散均匀，过滤，包装。

(2) $C_{10\sim17}$ 酸醇酸树脂液的生产工艺

将 $C_{10\sim17}$ 酸、邻苯二甲酸酐、三羟甲基丙烷、顺丁烯二酸酐和部分二甲苯投入反应釜内，先加热至 150 ℃保持 1 h，然后升温至 170 ℃，保温 1 h，再升温至 190 ℃保温 1.5 h，最后升温至 200～220 ℃酯化。整个过程需通入 CO_2 气体保护。最后加二甲苯稀释即得 $C_{10\sim17}$ 酸醇酸树脂液。

4. 产品标准

外观	平整光亮
黏度（涂-1黏度计）/s	100～200
含固量	≥30%
硬度	≥0.55
干燥时间/min	
表干	10
实干	50
柔韧性/mm	≤1

注：该产品是 Q01-1 硝基清漆主要产品标准。

5. 产品用途

与 291 漆料制得的 Q01-1 硝基清漆相同，用于金属和木质器件表面的涂饰，也可用作硝基磁漆罩光。

6.10　外用硝基磁漆

1. 产品性能

这是以 $C_{10\sim17}$ 合成脂肪酸醇酸树脂，代替短油度椰子油改性醇酸树脂制得的外用硝基磁漆，质量比原产品有所提高，户外耐候性相同或优于原产品，且白色磁漆性能明显优于原产品。

2. 技术配方　（质量，份）

$C_{10\sim17}$合成脂肪酸醇酸树脂（60%）	7.26
146 蓖麻油醇酸树脂	3.20

邻苯二甲酸二丁酸	3.00
三聚氰胺树脂（50%）	0.56
蓖麻油	1.00
硝化棉（干）	10.00
钛白粉	7.30
硅油（10%）	0.10

3. 生产工艺

先将钛白粉加适量树脂研磨至细度合格，得色浆；硝化棉用稀料溶解，然后加入各物料，充分调匀，过滤包装得白色硝基外用磁漆，另外，可以通过改变色料获得不同颜色的外用硝基磁漆。

4. 产品标准

含固量	≥34%
黏度（涂-1黏度计）/s	70～200
硬度	≥0.5
附着力/级	≤2
干燥时间/min	
表干	≤10
实干	≤50
冲击强度/（kg·cm）	≥30
柔韧性/mm	≤2

5. 产品用途

用作金属制品，如车辆、机床、机器设备、工具等表面的保护涂饰涂层，刷涂或喷涂。

6.11　纤维素罩光漆

1. 技术配方　（质量，份）

	（一）	（二）
硝酸纤维素（DHX30～50）	19.20	43.20
硬脂酸丁酯	5.64	12.48
邻苯二甲酸二丁酯	2.76	12.24
聚乙氧乙烯	3.00	—
乙酸乙酯	58.08	—
乙酸丁酯	17.04	

甲乙酮	—	23.28
甲基异丁酮	—	24.00
正丁醇	—	2.40
异丙醇	6.24	—
二甲苯	8.04	—
溶纤剂	—	2.40

2. 生产工艺

将溶剂混合后，依次加入用异丙醇润湿的硝酸纤维素、硬脂酸丁酯、邻苯二甲酸二丁酯和聚乙氧乙烯，溶解并分散均匀后，过滤即得纤维素罩光漆。

3. 产品用途

用于成膜固化的漆饰面罩光，在已涂饰面漆的表面喷涂或者刷涂。

6.12 硝基松香酯清漆

1. 产品性能

硝基松香酯清漆（Nitrocellulose rosin ester varnish）由硝化棉、松香甘油酯、有机溶剂组成。漆膜平整光滑，干燥快，光泽性优良。

2. 技术配方 （质量，份）

硝化棉（70%）	16.0
甘油松香酯（50%）	27.0
蓖麻油醇酸树脂（50%）	6.7
乙酸乙酯	8.1
乙酸丁酯	16.4
脱水蓖麻油	2.5
丁醇	6.0
甲苯	17.4

3. 工艺流程

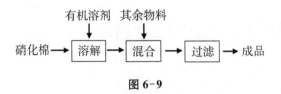

图 6-9

4. 生产工艺

将硝化棉溶于混合有机溶剂中，然后加入甘油松香酯、蓖麻油醇酸树脂、脱水蓖麻油，充分调和均匀，过滤得硝基松香酯清漆。

5. 产品标准

外观	透明，无机械杂质
色号（Fe-Co比色）	≤8#
黏度（落球法）	≥20
含固量	≥28%
干燥时间/min	
表干	≤10
实干	≤30

6. 产品用途

供内用硝基磁漆罩光，刷涂或喷涂。

6.13　硝基皮革透布油清漆

1. 产品性能

该清漆由硝化棉和混合有机溶剂组成，具有透布性，涂覆在软布（革面）可增加表面坚韧力，并具有防潮性。

2. 技术配方 （质量，份）

硝化棉（70%）	26.0
无水乙醇	24.0
乙酸乙酯	36.0
乙酸丁酯	44.0
甲苯	68.0
樟脑粉	2.0

3. 工艺流程

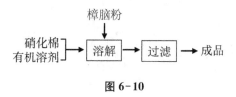

图 6-10

4. 生产工艺

将硝化棉溶于混合有机溶剂中，加入樟脑粉，调和均匀后，过滤得硝基皮革透布油清漆。

5. 产品标准

色号（Fe-Co 比色）	≤4#
黏度（涂-4 黏度计）/s	150~200
干燥时间（实干）/min	≤60

6. 产品用途

用于涂饰皮尺、皮革面。

6.14 硝基车用磁漆

1. 产品性能

硝基车用磁漆由硝化棉、失水苹果酸酐松香油树脂（或氨基树脂）、椰子油醇酸树脂、增塑剂、颜料和溶剂组成。漆膜光泽好，附着力强，有良好的耐磨性、耐油性和耐久性。

2. 技术配方 （质量， 份）

	特黑	砖红
硝化棉（70%）	10.0	19.5
三聚氰胺甲醛树脂（50%）	3.2	—
失水苹果酸酐松香甘油树脂（50%）	—	12.5
椰子油醇酸树脂（60%）	—	7.0
蓖麻油醇酸树脂液（40%）	36.0	—
邻苯二甲酸二丁酯	1.2	3.5
黑漆片	13.5	—
铁红浆*	—	5.0
炭黑浆*	—	1.40
中黄浆*	—	0.4
钛白浆*	—	1.5
乙酸乙酯	5.7	10.0
乙酸丁酯	13.5	15.5
丁醇	9.6	4.7
甲苯	4.4	—

苯		—	19.0
丙酮		2.4	—

* 色浆的技术配方：

	铁红	炭黑	中黄	钛白
蓖麻油	35.0	75.0	30.0	30.0
铁红	65.0	—	—	—
炭黑	—	25.0	—	—
铬黄	—	—	70.0	—
钛白	—	—	—	70.0

3. 工艺流程

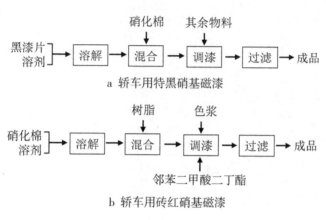

a 轿车用特黑硝基磁漆

b 轿车用砖红硝基磁漆

图 6-11

4. 生产工艺

（1）轿车用特黑磁漆的生产工艺

将黑漆片溶于混合有机溶剂中，然后加入硝化棉，搅拌后加入氨基树脂、蓖麻油醇酸树脂、邻苯二甲酸二丁酯，过滤得轿车用特黑硝基磁漆。

（2）轿车用砖红硝基磁漆的生产工艺

将硝化棉溶于混合有机溶剂中，然后加入失水苹果酐树脂、椰子油醇酸树脂，搅拌混合均匀，再加入色浆和邻苯二甲酸二丁酯，充分调和后，过滤得轿车用砖红硝基磁漆。

5. 产品用途

特黑硝基磁漆用于喷涂小轿车及其他各种型号车辆表面；砖红硝基磁漆专供汽车铸件或毛坯表面的涂装。

6.15 Q04-2 各色硝基外用磁漆

1. 产品性能

Q04-2 各色硝基外用磁漆又称汽车喷漆、铝粉硝基漆，由硝化棉、改性醇酸树脂、色料、增塑剂和有机溶剂等调制而成。漆膜干燥迅速，平整光亮，耐候性能良好。

2. 技术配方 （质量， 份）

	红色	绿色	白色	黑色
大红硝基色片	13.7	—	—	—
钛白硝基色浆	—	—	12.6	—
中绿硝基色浆	—	12.6	—	—
黑色硝基色片	—	—	—	8.3
硝基棉	26	52	52	36
短油度椰子油醇酸树脂	15.6	16.8	16.8	17.1
中油度脱水蓖麻油醇酸树脂	6.7	7.2	7.2	7.3
三聚氰胺甲醛树脂	2	2	2	2
二丁酯	1	1.3	1.8	0.5
溶剂	33	8.1	7.6	26.1

3. 工艺流程

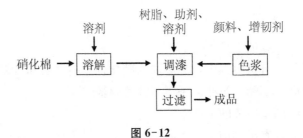

图 6-12

4. 生产工艺

先将颜料研磨，加增韧剂形成色浆。硝化棉溶解后，加入树脂、助剂及剩余溶剂，然后加入色浆，充分调匀，过滤得 Q04-2 各色硝基外用磁漆。

5. 产品标准

含固量	≥34%
黏度（涂-1 黏度计）/s	70~200
遮盖力(以干膜计)/(g/m²)	

黑色		≤20
红色		≤70
白色		≤60
深复色		≤40
干燥时间/min		
表干		≤10
实干		≤50
硬度		≥0.5
柔韧性/mm		≤2
冲击强度/cm		≥30
附着力/级		≤2
耐水性（浸 24 h）		允许漆膜稍微发白、失光、起泡，在 2 h 内恢复

注：该产品符合 ZBC 51052 标准。

6. 产品用途

主要用作各种交通车辆、机床、机器设备和工具的保护装饰。宜选用与硝基配套的底漆，施工以喷涂为主，用 X-1 硝基稀释剂，两次喷涂间隔以 10 min 左右为宜。

6.16 Q04-3 各色硝基内用磁漆

1. 产品性能

Q04-3 各色硝基内用磁漆又称工业喷漆，由内用硝基料、醇酸树脂、颜料、增塑剂及有机溶剂等调制而成。该漆膜具有良好的光泽。

2. 技术配方 （质量，份）

	红色	绿色	白色	黑色
大红粉	4.0	—	—	—
中铬黄	—	0.50	—	—
柠檬黄	—	7.00	—	—
铁蓝	—	0.80	—	—
钛白粉	—	—	9.0	—
群青	—	—	0.5	—
炭黑	—	—	—	2.0
内用硝基料	64.5	60.50	60.5	64.5
蓖麻油醇酸树脂增塑剂	9.5	8.50	8.6	9.6
酯胶改性醇酸树脂	20.0	18.50	18.5	19.6
稀释（混合）溶剂	2.0	3.35	4.3	4.2

3. 工艺流程

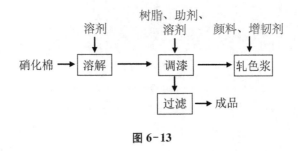

图 6-13

4. 生产工艺

在调漆罐内先将硝化棉用溶剂溶解，然后加入树脂，助剂及剩余溶剂，再加入颜料色浆，充分调匀过滤、包装 Q04-3 各色硝基内用磁漆。

5. 产品标准

含固量	≥30%
黏度（涂-1黏度计）/s	100～200
遮盖力/（g/m²）	
红色	≤70
白色	≤60
黑色	≤20
深复色	≤50
干燥时间/min	
表干	≤10
实干	≤50
光泽	70%～80%
硬度	≥0.4
柔韧性/mm	1
附着力/级	≤2
冲击强度/（kg·cm）	≥30
耐水性（24 h）	轻微变白

注：该产品符合 ZBG 51053 标准。

6. 产品用途

用于涂饰室内物件。施工时，两次喷涂间隔以 10 min 左右为宜，用 X-2 硝基漆溶剂。

6.17　Q04-17 各色硝基醇酸磁漆

1. 产品性能

该漆由硝化棉、豆油季戊四醇醇酸树脂、颜料、增韧剂和混合溶剂等调制而成。该漆膜具有良好的耐候性，不宜打磨。

2. 技术配方（质量，份）

	中绿色	绿灰色
中铬黄	0.5	—
柠檬黄	8.5	—
铁蓝	0.5	0.04
氧化锌	—	4.30
深铬黄	—	3.50
炭黑	—	8.00
50# 硝化棉（70%）	8.0	8.00
35# 硝化棉（70%）	0.5	0.50
X-1 硝基溶剂	69.0	70.51
豆油季戊四醇醇酸树脂	8.0	8.00
二丁酯	5.0	5.00

3. 工艺流程

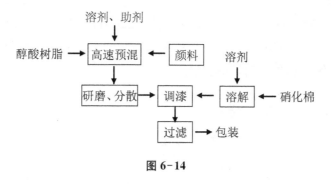

图 6-14

4. 生产工艺

先将醇酸树脂、增塑剂和颜料与适量溶剂高速搅拌进行预混合，经研磨机研磨分散制得色浆。另将硝化棉用溶剂混溶，再与色浆混合调匀，过滤、包装。

5. 产品标准

含固量	≥25%
黏度（涂-4黏度计）/s	30～60
酸值/（mgKOH/g）	≤1.8
遮盖力/（g/m²）	≤50
干燥时间/h	
表干	≤0.5
实干	≤15
硬度	≥0.30
柔韧性/mm	1
附着力/级	≤3
冲击强度/（kg·cm）	50
耐水性（24 h）	不起泡，允许轻微变白

注：该产品符合 ZBG 5054 标准。

6. 产品用途

主要用于涂装车辆或机器设备。施工时，刷涂、喷涂均可。有效贮存期为1年。

6.18　Q04-37 各色硝基画线磁漆

1. 产品性能

Q04-37各色硝基画线磁漆（Nitrocellulose line enamels Q04-37）又称硝基划线磁漆，由低黏度硝化棉、醇酸树脂、失水苹果酸酐树脂、颜料、溶剂组成。涂料颜色鲜艳，干燥快，并有一定的耐热性和耐晒性。

2. 技术配方　（质量，份）

硝化棉（0.5 s，70%）	6.28
永固大红	6.19
二甲苯	4.12
松香改性蓖麻油醇酸树脂（50%）	49.89
失水苹果酸酐甘油松香树脂（50%）	4.48
混合有机溶剂*	29.05

*混合有机溶剂的技术配方：

乙酸乙酯	9.0
乙酸丁酯	26.0
丁醇	3.0

丙酮	9.0
乙醇	8.0
甲苯	45.0

3. 工艺流程

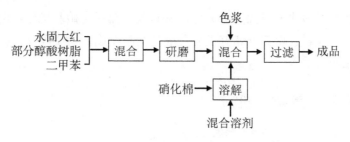

图 6-15

4. 生产工艺

将永固红、二甲苯和 28.8 份 50% 的松香改性蓖麻油醇酸树脂混合研磨，至细度小于 20 μm 得色浆。另将硝化棉溶于混合有机溶剂中，再将硝化棉溶液与剩余的松香改性蓖麻油醇酸树脂、失水苹果酸酐树脂和色浆混合均匀，过滤得 Q04-37 各色硝基画线磁漆。

5. 产品标准

外观	符合标准样板及色差范围，漆膜平整光亮
黏度（涂-1 黏度计）/s	80～180
固体分	≥36%
干燥时间/min	
表干	≤15
实干	≤60
耐热性〔（160±2）℃，1 h〕	允许轻微变色
耐晒性（紫外灯照，1 h）	允许轻微变色

注：该产品符合沪 Q/HG 14-370 标准。

6. 产品用途

适用于自行车车身、挡泥板或其他金属物件，作画线涂装涂料，用 X-1 硝基漆稀释剂稀释。

6.19　Q04-62各色硝基半光磁漆

1. 产品性能

Q04-62各色硝基半光磁漆又称无光硝基磁漆、黑平光硝基磁漆，由硝化棉、醇酸树脂、体质颜料、颜料、增韧剂和有机混合溶剂调制而成。该漆膜反光性不大，在阳光下对人眼睛刺激小。

2. 技术配方　（质量，份）

	红色	绿色	白色	黑色
大红粉	4	—	—	—
柠檬黄	—	10	—	—
铁蓝	—	2	—	—
钛白	—	—	10.0	—
群青	—	—	0.1	—
炭黑	—	—	—	3.0
外用硝基基料	57	57	57.0	57.0
短油度蓖麻油醇酸树脂	16	16	16.0	16.0
精制蓖麻油	2.5	2.5	2.5	2.5
二丁酯	2.5	2.5	2.5	2.5
滑石粉	6.0	2.0	3.0	6.0
轻质碳酸钙	5.0	2.0	3.0	6.0
碳酸镁	5.0	4.0	4.0	5.0

3. 工艺流程

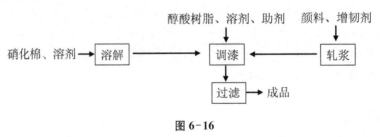

图 6-16

4. 生产工艺

先将硝化棉与溶剂调和，另将颜料、填料和增韧剂混合研磨成色浆，然后将色料与其余物料混合，充分调匀，过滤得成品。

5. 产品标准

含固量	≥32%
黏度/s	120～200
遮盖力/（g/m²）	
黑色	≤20
深复色	≤60
浅复色	≤90
深蓝色	≤100
光泽	20%～40%
柔韧性/mm	≤3
干燥时间/min	
表干	≤10
实干	≤60
附着力/级	≤3
冲击强度/cm	≥30
耐油性	漆膜不起泡、不脱落

注：该产品符合 ZBG 51055 标准。

6. 产品用途

用于仪表设备和要求半光的金属表面，有装饰保护作用。使用前搅拌均匀，如有粗粒或机械杂质，必须进行过滤。宜选与硝基漆配套的底漆。施工以喷涂为主，采用 X-1 硝基漆稀释剂。该漆由于含有大量的体质颜料，故漆膜耐久性较差。两次喷涂间隔以 10 min 左右为宜。有效贮存期为 1 年。

6.20　Q06-4 硝基底漆

1. 产品性能

Q06-4 硝基底漆（Nitrocellulose primer Q06-4）又称红灰硝基头道底漆、头道浆，由硝化棉、醇酸树脂、松香甘油酯、颜料、增韧剂和有溶剂组成。该漆具有干燥快、易打磨的特点。

2. 技术配方 （质量，份）

	红色	灰色
内用硝基基料	76	76
甘油松香液（50%）	33	33
顺酐甘油松香液（50%）	13	13

红色硝基底漆浆	72	—
灰色硝基底漆浆	—	72
统一硝基稀料	6	6

3. 工艺流程

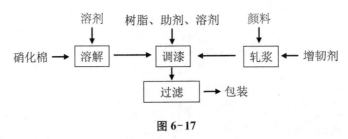

图 6-17

4. 生产工艺

先制成基料、树脂液和色浆，然后将硝化棉基料与树脂液混匀得色浆，搅拌下加入色浆，充分搅拌均匀，过滤后包装。

5. 产品标准

外观	表面平整，无粗粒、无光泽
含固量	≥40%
黏度（涂-1杯黏度计）/s	120～200
干燥时间/min	
表干	≤10
实干	≤50
附着力/级	≤2
打磨性（300#水砂纸打磨30次）	易打磨，不起卷

6. 产品用途

用于铸件、车辆表面的涂覆，作各种硝基漆的配套底漆。使用前应将漆搅匀，如有机械杂质必须过滤。以喷涂为主，使用 X-1 硝基漆稀释剂。有效贮存期为 1 年。

6.21　Q06-5 灰硝基二道底漆

1. 产品性能

Q06-5 灰硝基二道底漆（Gray color nitrocellulose surfacer Q06-5）又称硝基二度白灰底漆，由硝化棉、醇酸树脂、顺酐树脂、颜料、体质颜料和溶剂组成。该底漆填孔性较好，干燥快，易打磨。

2. 技术配方（质量，份）

硝化棉（0.7～0.9 s，70%）	11.94
乙酸丁酯	9.82
乙酸乙酯	5.11
丁醇	3.70
甲苯	8.36
丙酮	0.88
蓖麻油改性醇酸树脂（60%）	3.98
蓖麻油	0.50
稀释剂*	5.97
二度白灰浆**	49.75

*稀释剂的技术配方：

乙酸乙酯	9.0
乙酸丁酯	26.0
丁醇	3.0
乙醇	8.0
甲苯	45.0
丙酮	9.0

**二度白灰浆的技术配方：

钛白	5.740
炭黑	0.108
蓖麻油	8.350
水磨石粉	8.150
氧化锌粉	32.470
沉淀硫酸钡	8.150
滑石粉	8.150
顺丁烯二酸酐松香甘油树脂	28.800

3. 工艺流程

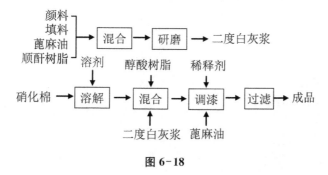

图 6-18

4. 生产工艺

先将颜料、填料、蓖麻油和顺丁烯二酸酐松香甘油树脂混合研磨分散，制得二度白灰浆。另将硝化棉溶于混合有机溶剂中，再加入蓖麻油改性醇酸树脂、蓖麻油、稀释剂，充分调和均匀，过滤得 Q06-5 灰硝基二道底漆。

5. 产品标准

外观	灰白色，漆膜表面平滑，无显著粗粒
黏度（涂-4 黏度计）/s	15～30
含固量	≥50%
干燥时间/min	
表干	≤10
实干	≤60
柔韧性/mm	≤15
附着力/级	≤3
打磨性（200# 水砂纸打磨）	不黏漆，易打磨平滑

注：该产品符合沪 Q/HG 14-245 标准。

6. 产品用途

用作硝基外用磁漆打底，作封闭腻子层孔隙及砂纸划痕用。使用量 100 g/m^2。以喷涂为主，可用 X-1 硝基漆稀释剂调整黏度。

6.22　Q06-6 硝基底漆

1. 产品性能

Q06-6 硝基底漆（Nitrocellulose primer Q06-6）又称硝基木器底漆，由硝化棉、顺丁烯酸酐树脂、颜料、增塑剂及有机溶剂组成。对物面附着力强，打磨性良好。

2. 技术配方　（质量，份）

硝化棉	12.8
硬脂酸锌	2.4
碳酸镁	0.4
邻苯二甲酸二丁酯	4.4
顺丁烯二酸酐松香甘油树脂	30.4
乙酸乙酯	26.4
乙酸丁酯	42.0
乙醇	2.6
丁醇	14.6
甲苯	64.0

3. 工艺流程

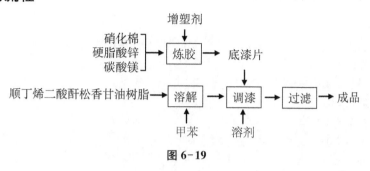

图 6-19

4. 生产工艺

将硝化棉加入 50～60 ℃水中，与硬脂酸锌、碳酸镁搅拌 15 min，加入邻苯二甲酸二丁酯，搅拌 15 min 后，脱去水，转入炼胶机上反复压炼 10 次左右剥下冷却，切成小片得底漆片。将部分甲苯溶解顺丁烯二酸酐松香甘油树脂形成树脂液；将底漆片溶于溶剂中，与树脂液混合，过滤得 Q06-6 硝基底漆。

5. 产品标准

外观	能显露木器本身花纹
黏度（涂-4 黏度计）/s	≥14
含固量	≥25%
干燥时间/min	
表干	≤15
实干	≤50
打磨性（300# 水砂纸加水打磨）	易打磨平滑
附着力/级	≤2

6. 产品用途

供木器涂硝基清漆前打底用，使用量 80～120 g/m²，喷涂或刷涂。

6.23　Q07-5 各色硝基腻子

1. 产品性能

Q07-5 各色硝基腻子（Nitrocellulose putties Q07-5）由硝化棉、短油度蓖麻油醇酸树脂、失水苹果酸酐甘油松香树脂、增塑剂、颜料、大量体质颜料和溶剂组成。该腻子干燥快，易打磨。

2. 技术配方 （质量， 份）

（1） 配方一

	灰色	白色
硝化棉（70%）	3.33	10.0
失水苹果酸酐甘油松香树脂（50%）	7.94	5.0
38# 醇酸树脂（40%）	1.42	—
短油度蓖麻油醇酸树脂	—	5.0
邻苯二甲酸二丁酯	2.0	2.0
滑石粉	75.4	5.0
立德粉	—	4.0
石粉	—	45.0
沉淀硫酸钡	—	5.0
稀释剂	9.81	19.0
炭黑	0.1	—

（2） 配方二

	黄灰色	浅灰色
硝化棉（70%）	10.0	10.0
失水苹果酐甘油松香树脂（50%）	5.0	5.0
短油度蓖麻油醇酸树脂	5.0	5.0
邻苯二甲酸二丁酯	2.0	2.0
石粉	45.0	45.0
沉淀硫酸钡	5.0	5.0
滑石粉	5.0	5.0
炭黑	0.1	0.1
立德粉	2.0	4.0
中铬黄	2.0	—
稀释剂	18.9	18.9

＊稀释剂的技术配方：

乙酸乙酯	7.9
乙酸丁酯	13.0
丁醇	5.7
丙酮	1.8
苯	15.2

3. 工艺流程

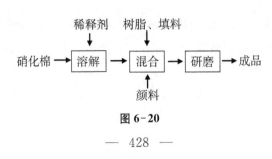

图 6-20

4. 生产工艺

先将硝化棉溶解于稀释剂中，再与树脂、颜料、填料充分混合，经研磨二道至完全均匀细腻即得成品。

5. 产品标准

外观	黄灰、浅灰、银灰等色,色调不定,腻子膜应平整无粗粒
含固量	≥65%
干燥时间/h	≤3
柔韧性/mm	≤100
耐热性（干燥后，于60～70℃烘6h）	无可见裂纹
打磨性（在恒温恒湿干燥24h，加200g	打磨后应平整，无未磨
砝码用300#水砂纸打磨100次）	细颜料或其他杂质
涂刮性	易涂刮，不卷边

注：该产品符合 ZBG 51057 标准。

6. 产品用途

用于涂有底漆的金属或木质物件表面，作填平细孔或隙缝之用。刮涂，可用 X-1 稀释剂调稀。

6.24　Q14-31 各色硝基透明漆

1. 产品性能

Q14-31 各色硝基透明漆（Nitro cellulose transparent colored lacquers Q14-31）由硝化棉、增韧剂、醇溶性染料和混合溶剂组成。颜色鲜艳透明，具有较好的耐水性和耐汽油性。

2. 技术配方　（质量，份）

（1）配方一

	红色	绿色
醇溶火红	0.5	—
酞菁绿	—	1.5
硝化棉（0.8 s，70%）	14.0	14.0
乙醇	11.5	10.5
乙酸乙酯	10.0	10.0
乙酸丁酯	21.0	21.0
丁醇	8.0	8.0

甲苯	33.0	33.0
邻苯二甲酸二丁酯	2.0	2.0

（2）配方二

	黄色	蓝色
硝化棉（0.8 s，70%）	14.0	14.0
醇溶黄	0.5	—
酞菁蓝	—	1.5
乙酸乙酯	10.0	10.0
乙酸丁酯	21.0	21.0
丁醇	8.0	8.0
乙醇	11.5	10.5
甲苯	33.0	33.0
邻苯二甲酸二丁酯	2.0	2.0

（3）配方三

硝化棉（0.8 s，70%）	14.0
盐基品紫	0.5
乙酸乙酯	10.0
乙酸丁酯	21.0
丁醇	8.0
乙醇	11.5
甲苯	33.0
邻苯二甲酸二丁酯	2.0

3. 工艺流程

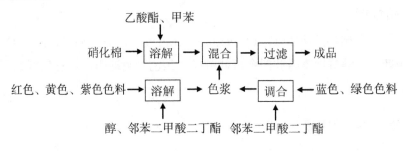

图 6-21

4. 生产工艺

红色、黄色、紫色色料分别溶于丁醇和乙醇中加入邻苯二甲酸二丁酯制得对应的色浆；蓝色和绿色色料分别加入邻苯二甲酸二丁酯中充分调匀，制得色浆。

将硝化棉溶于乙酸乙酯、乙酸丁酯和甲苯中，然后加入色浆，充分调和均匀，过滤得 Q14-31 各色硝基透明漆。

5. 产品标准

色号（清漆）	≤4#
外观	透明，无显著机械杂质，符合标准样板及其色差范围，平整光滑
黏度（涂-4 黏度计）/s	30～70
含固量	≥10%
干燥时间/min	
表干	≤20
实干	≤60
硬度	≥0.5
柔韧性/mm	1
耐水性（浸 24 h）	漆膜不起泡，不脱落，允许颜色轻微变化
耐汽油性（浸入符合 GB 1787-1979 的 RH-75# 航空汽油 24 h）	无变化
耐油性（浸入符合 GB 440-1977 的 20# 航空润滑油中 24 h）	无变化
耐温变性〔（80±2）℃、-(40±2)℃各 4 h〕	除漆膜颜色轻微变暗外，无其他变化

注：该产品符合 ZBG 51058 标准。

6. 产品用途

用于有色金属制品的罩光或仪器、仪表的标识。但只能用于涂覆室内制品，因为暴露在室外阳光下颜色会变暗或褪色，漆膜开裂。使用量 60～100 g/m²。

6.25　Q20-2 硝基铅笔漆

1. 产品性能

Q20-2 硝基铅笔漆（Nitrocellulose pencil coating Q20-2）又称硝基铅笔打字清漆，由硝化棉、氨基树脂、增塑剂和混合有机溶剂组成。涂层干燥快，色泽浅，对金属粉末润湿性好。若与铝粉、钛白配套，可展色印字。

2. 技术配方　（质量，份）

硝化棉（70%）	20.00
三聚氰胺甲醛树脂（60%）	4.17
邻苯二甲酸二丁酯（增塑剂）	5.00
乙酸乙酯	30.00
乙酸丁酯	20.00
丁醇	20.00
甲苯	0.83

3. 工艺流程

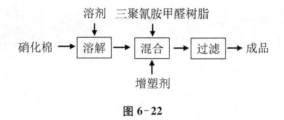

图 6-22

4. 生产工艺

将硝化棉溶于混合有机溶剂中，然后加入三聚氰胺氨甲醛树脂和邻苯二甲酸二丁酯，充分调和均匀，过滤得 Q20-2 硝基铅笔漆。

5. 产品标准

外观	透明，无机械杂质
漆膜外观	平整光亮
黏度（涂-4 黏度计）/s	30～50
干燥时间（表干）/min	≤3
含固量	≥20%

注：该产品符合沪 Q/HG 14-593 标准。

6. 产品用途

用于木质铅笔杆，作商标印字保护。

6.26 Q23-1 硝基罐头漆

1. 产品性能

Q23-1 硝基罐头漆（Nitrocellulose can varnish Q23-1）又称防锈硝基漆、硝基罐头防锈清漆，由硝化棉、醇酸树脂、失水苹果酸酐松香甘油树脂、增塑剂和溶剂组成。漆膜干燥快，光泽高，有一定的附着力和防锈力，但不能冲压。

2. 技术配方 （质量，份）

硝化棉（18 s，70%）	8.47
失水苹果酸酐松香甘油树脂	2.50
松香改性蓖麻油醇酸树脂（50%）	10.11
蓖麻油	1.72
乙酸乙酯	6.42

乙酸丁酯	19.04
乙醇	5.80
丁醇	2.14
苯	33.98
邻苯二甲酸二丁酯	3.40
丙酮	6.42

3. 工艺流程

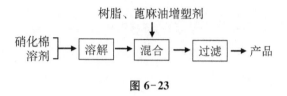

图 6-23

4. 生产工艺

将硝化棉溶于混合有机溶剂中，再加入失水苹果酸酐松香甘油树脂、松香改性蓖麻油醇酸树脂、蓖麻油、增塑剂，充分调和均匀，过滤得 Q23-1 硝基罐头漆。

5. 产品标准

外观	透明，无机械杂质
黏度（涂-4 黏度计）/s	20～60
含固量	≥15%
干燥时间（实干）/h	≤1.5
柔韧性/mm	≤3
附着力/级	≤3

注：该产品符合沪 Q/HG 14-366 标准。

6. 产品用途

适用于罐头外壁（马口铁容器外壁），作防锈涂装，使用量 60～80 g/m²。喷涂或辊涂法施工。遇雨湿度太大，可酌加 F-1 硝基漆防潮剂，以防涂膜发白。

6.27 Q32-31 粉红硝基绝缘漆

1. 产品性能

Q32-31 粉红硝基绝缘漆（Pink nitrocellulose insulating lacquer Q32-31）又称 1201 粉红硝基绝缘漆、1202 粉红硝基绝缘漆、Q32-1 粉红硝基绝缘漆，较其他类型绝缘漆干得快，并能室温干燥，得到的漆膜坚硬有光，属 A 级绝缘材料。

2. 技术配方 （质量，份）

硝化棉（0.5 s，70%）	16.0
短油度蓖麻油醇酸树脂	4.0
粉红硝基绝缘片	11.5
邻苯二甲酸二丁酯	6.0
乙酸乙酯	5.0
乙酸丁酯	12.5
丙酮	5.0
丁醇	5.0
苯	35.0

3. 工艺流程

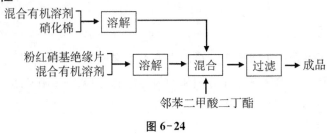

图 6-24

4. 生产工艺

将丁醇、乙酸酯、苯、丙酮混合得混合有机溶剂，将混合有机溶剂分成两份，一份溶解硝化棉，另一份溶解粉红硝基绝缘片，然后将两者充分混合，加入邻苯二甲酸二丁酯，充分调和均匀后，过滤得 Q32-31 粉红硝基绝缘漆。

5. 产品标准

外观	粉红色，色调不定，漆膜平整光滑
黏度（涂-4 黏度计）/s	70～130
干燥时间/h	
表干	≤6
实干	≤16
耐油性(浸于符合 GB 2536-81 的 10# 变压器油中 24 h)	通过试验
耐热性[漆膜在(105±2)℃经 1 h，柔韧性通过 3 mm]	通过试验
吸水率（浸于蒸馏水中 24 h 后增重）	≤11%
抗甩性（1 h）击穿强度/（kV/mm）	通过试验
常态	≥20
浸水后	≥10
耐电弧性/s	≥3

注：该产品符合 ZBK 15002 标准。

6. 产品用途

适用于涂覆电机设备的绝缘部件，用 X-1 硝基稀料稀释，喷涂、刷涂或浸涂。

6.28　Q63-1硝基涂布漆

1. 产品性能

Q63-1 硝基涂布漆又称 Q63-21 硝基涂布漆，具有良好的收缩力，干燥快，由硝化棉与有机混合溶剂调制而成。

2. 技术配方　（质量，份）

18#硝化棉（70%）	27
乙酸乙酯	40
无水酒精	20
丁醇	10
乙酸丁酯	40
纯苯	63

3. 工艺流程

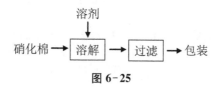

图 6-25

4. 生产工艺

在调漆罐中加入硝化棉，先加入无水酒精、丁醇和纯苯湿润，然后加入乙酸丁酯，搅拌使硝化棉溶解完全，过滤、包装。

5. 产品标准

外观	微带乳光的溶液，无机械杂质及絮状物
色号	≤4#
实干（第一道）/min	20~30
四道漆增重/（g/m²）	≤75
蒙布收缩率	≥1%

6. 产品用途

主要用于蒙布（如飞机上的蒙布等）涂装，可提高蒙布的抗张强度，宜刷涂，用 X-1 硝基漆稀释剂。施工条件：温度≥12 ℃，相对湿度（65±5）%。有效贮存期 1 年。

6.29 Q98-1 硝基胶液

1. 产品性能

Q98-1 硝基胶液（Nitrocellulose adhesive solution Q98-1）由硝化棉、醇酸树脂、增塑剂和有机混合溶剂组成。该胶液干燥快，胶合力强，耐水性好。

2. 技术配方 （质量，份）

硝化棉（5 s，70%）	22.00
松香改性蓖麻油醇酸树脂	19.00
邻苯二甲酸二丁酯	2.50
乙酸乙酯	4.52
乙酸丁酯	11.30
丙酮	4.52
丁醇	4.52
苯	31.64

3. 工艺流程

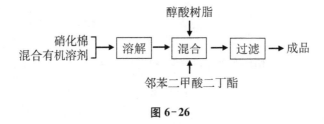

图 6-26

4. 生产工艺

将硝化棉溶于混合有机溶剂中溶解，然后加入松香改性蓖麻油醇酸树脂、邻苯二甲酸二丁酯，充分调和均匀，过滤得 Q98-1 硝基胶液。

5. 产品标准

外观	淡黄色至浅棕色透明液体，无机械杂质
黏度（涂-1 黏度计）/s	60~80
酸值/（mgKOH/g）	≤0.5
含固量	≥25%
干燥时间：实干/min	≤60
黏合强度/ [kg/ (m² · g)]	≥80

注：该产品符合 ZBG 51061 标准。

6. 产品用途

用于织物与木材或金属材料的黏合。使用量 $80 \sim 100$ g/m²。

6.30　Q98-3硝基胶液

1. 产品性能

　　Q98-3 硝基胶液（Nitrocellulose adhesive solution Q98-3）又称硝基皮革胶，由低黏度硝化棉、松香改性蓖麻油醇酸树脂、增塑剂和混合有机溶剂组成。该胶液干燥快，耐水性好，具有较强的黏结能力。

2. 技术配方 （质量，份）

硝化棉（低黏度，70%）	23.0
松香改性蓖麻油醇酸树脂（50%）	42.0
邻苯二甲酸二丁酯	2.0
乙酸乙酯	15.0
丙酮	15.0
苯	3.0

3. 工艺流程

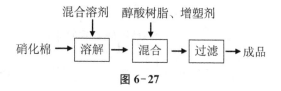

图 6-27

4. 生产工艺

　　将硝化棉溶于混合溶剂中，加入醇酸树脂和邻苯二甲酸二丁酯，充分调和均匀，过滤得 Q98-3 硝基胶液。

5. 产品标准

外观	淡黄至深棕色透明液体，无显著机械杂质
黏度（落球法）/s	$150 \sim 250$
干燥时间（实干）/min	$\leqslant 50$
含固量	$\geqslant 30\%$
酸值（水抽法）/（mgKOH/g）	$\leqslant 7$
黏合强度/MPa	$\geqslant 2.9$

　　注：该产品符合京 Q/HG 9-494 标准。

6. 产品用途

用于黏结皮革，也可粘连皮鞋的鞋帮与鞋底。使用量 $80 \sim 100$ g/m²。

6.31　硝基抗水清漆

1. 产品性能

硝基抗水清漆由硝化棉、失水苹果酸酐松香甘油树脂和有机溶剂组成。具有良好的防潮性和抗水作用，漆膜平整光亮。

2. 技术配方　（质量，份）

硝化棉（2 s，70%）	39.20
失水苹果酸酐松香甘油树脂（50%）	30.00
苯	68.16
乙醇	9.26
丁醇	3.14
乙酸乙酯	9.08
乙酸丁酯	32.20
丙酮	9.08

3. 工艺流程

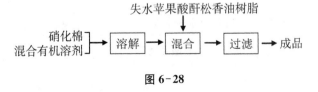

图 6-28

4. 生产工艺

将硝化棉溶解于混合有机溶剂中，然后加入失水苹果酸酐松香甘油树脂，充分调和均匀，过滤得硝基抗水清漆。

5. 产品用途

用于口琴木板表面的涂装，防止木材吸水。

6.32 硝基球桌面罩光清漆

1. 产品性能

该硝基罩光清漆由硝化棉、醇酸树脂、增塑剂和溶剂组成，漆膜坚韧、光泽性良好。

2. 技术配方 （质量，份）

硝化棉 （18 s，70%）	24.00
短油度椰子油醇酸树脂 （50%）	26.80
硬脂酸铝	14.00
邻苯二甲酸二丁酯	1.96
丁醇	4.00
乙醇	10.60
乙酸乙酯	24.00
乙酸丁酯	34.60
甲苯	60.04

3. 工艺流程

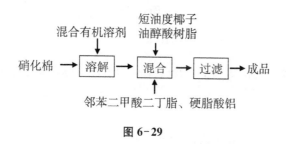

图 6-29

4. 生产工艺

将硝化棉溶于混合有机溶剂中，再加入短油度椰子油醇酸树脂、邻苯二甲酸二丁酯、硬脂酸铝，充分调和均匀，过滤得硝基球桌罩光清漆。

5. 产品用途

用于乒乓球台桌面罩光。

6.33 硝基草帽清漆

1. 产品性能

硝基草帽清漆由硝化棉和混合有机溶剂组成。漆膜光泽性好，有良好的防水补眼作用。

2. 技术配方 （质量，份）

硝化棉（10 s，70%）	36.40
乙醇	13.08
丁醇	4.90
丙酮	14.72
乙酸乙酯	14.72
乙酸丁酯	42.54
苯	73.64

3. 工艺流程

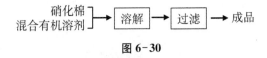

图 6-30

4. 生产工艺

将硝化棉溶于混合有机溶剂中，充分调和均匀，过滤得硝基草帽清漆。

5. 产品用途

用于草帽涂饰，以整形和防水，喷涂。

6.34 硝基防腐清漆

1. 产品性能

硝基防腐清漆由硝化棉、失水苹果酸松香甘油酯、氨基树脂、醇酸树脂、增塑剂及混合有机溶剂组成。漆膜干燥快，平整光亮，具有良好的防腐蚀性能。

2. 技术配方 （质量，份）

硝化棉（0.5 s，70%）	40.0
硝化棉（35 s，70%）	7.6

失水苹果酸松香甘油树脂	4.5
短油度椰子油醇酸树脂（50％丁醇液）	5.0
三聚氰胺甲醛树脂（50％）	3.4
苯二甲酸二丁酯	5.0
蓖麻油	5.0
混合有机溶剂	84.5

3. 工艺流程

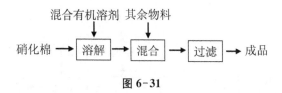

图 6-31

4. 生产工艺

将硝化棉溶于混合有机溶剂中，加入其余物料，充分调和均匀，过滤得硝基防腐清漆。

5. 产品标准

外观	透明，无机械杂质
色号（Fe-Co 比色）	≤10#
黏度（涂-4 黏度计）/s	100～150
干燥时间/min	
表干	≤10
实干	≤60
冲击强度/（kg·cm）	≥40

6. 产品用途

用于木材制品表面的涂装。

6.35 L01-1 沥青清漆

1. 产品性能

L01-1 沥青清漆（Asphalt varnish L01-1）又称 SQL01-1 沥青防腐清漆，由 1# 石油沥青、松香改性酚醛树脂、200# 溶剂汽油和二甲苯组成。该漆附着力强，具有良好的耐水、耐潮和防腐蚀性，但机械性能较差，不能涂于阳光直接照射的物件表面。

2. 技术配方 （质量，份）

1# 石油沥青	37.3
松香改性酚醛树脂	6.6
甘油松香	6.6
二甲苯	25.5
200# 溶剂汽油	24.0

3. 工艺流程

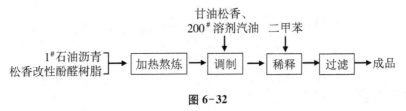

图 6-32

4. 生产工艺

将 1# 石油沥青和改性树脂加入反应釜中加热，升温至 260 ℃熬炼，维持至 1# 石油沥青全熔，停止加热，降温至 180 ℃加入 200# 溶剂汽油和甘油松香，混合均匀，继续降温至 130 ℃加入二甲苯，充分搅拌，混合调制，然后静置过滤即得成品。

5. 产品标准

颜色	黑色
外观	平整光滑，允许有刷痕
含固量	≥40%
黏度（涂-4 黏度计）/s	18～40
硬度	≥0.1
耐水性（48 h 后浸入蒸馏水 12 h）	完整，不脱落
干燥时间/h	
表干	≤2
实干	≤12

注：该产品符合 QJ/SYQ 020409-89 标准。

6. 产品用途

适用于黑色金属表面的防潮、耐水及地下管道的防腐蚀涂装。

6.36　L01-6 沥青清漆

1. 产品性能

L01-6 沥青清漆（Asphalt varnish L01-6；Bituminous varnish L01-1）也称 67# 沥青、68# 沥青清漆，由石油沥青、纯苯、二甲苯和 200# 溶剂汽油组成。该漆具有良好的耐水、防潮、防腐蚀性，但耐候性不好、机械性能差，不能涂于太阳直接照射的物件表面。

2. 技术配方 （质量，份）

石油沥青（软化点 90～120 ℃）	36.0
200# 溶剂汽油	14.4
纯苯	32.8
二甲苯	7.2

3. 工艺流程

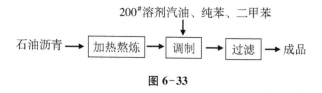

图 6-33

4. 生产工艺

将石油沥青加热，升温至 260 ℃使其熔化，进行熬炼，停止加热后，待物料冷至 160 ℃，加入溶剂汽油稀释，然后加入纯苯和二甲苯，充分混合，调制均匀，过滤后得成品。

5. 产品标准

颜色	黑色
外观	光滑平整
水分含量	≤0.03%
黏度（涂-4 黏度计）/s	20
硬度	0.1～0.4
酸值/（mgKOH/g）	2.5
附着力/级	≤2
柔韧性/mm	≤3
耐酸性（浸于 10% 的 HCl 4 h）	不脱落、不起泡
耐水性（浸 24 h）	漆膜外观不变

干燥时间/min	
表干	≤20
实干	≤120

注：该产品符合 ZBG 51029 标准。

6. 产品用途

适用于各种容器和机械等内表面的耐水、防潮、防腐涂装。

6.37 L01-13 沥青清漆

1. 产品性能

L01-13 沥青清漆（Asphalt varnish L01-13；Bituminous varnish L01-13），也称刷用沥青漆、黑沥青漆、黑水罗松、4-855 沥青黑漆，由天然沥青、石油沥青、改性酚醛树脂、干性植物油、催干剂和溶剂组成。该漆涂刷方便、干燥快、光泽好，具有优良的防潮湿性且防水、防腐、耐化学品性能较好。

2. 技术配方 （质量，份）

石油沥青	9.6
天然沥青	11.2
松香改性酚醛树脂	8.0
二甲苯	16.0
醋酸铅	1.6
桐油	8.0
环烷酸锰（2%）	1.6
环烷酸钴（2%）	0.8
200# 溶剂汽油	23.2

3. 工艺流程

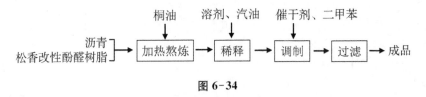

图 6-34

4. 生产工艺

将沥青、松香改性酚醛树脂、桐油投入容器内，混合加热至熔化，升温至 260 ℃，保温熬炼至黏度合格，将物料冷却，降温至 160 ℃，加入 200# 溶剂汽油稀释，继续降温，再加入二甲苯、醋酸铅和催干剂，充分混合，调制均匀，过滤得成品。

5. 产品标准

颜色	黑色
外观	平整光滑
含固量	≥45％
黏度（涂-4黏度计）/s	75～105
硬度	≥0.40
柔韧性/mm	≤3
干燥时间/h	
表干	≤3
实干	≤18

6. 产品用途

适用于不受阳光直接照射的金属和木材表面的涂装。

6.38　L01-17 沥青清漆

1. 产品性能

L01-17 沥青清漆（Bituminous varnish L01-17）也称 L01-17 煤焦沥青清漆（Coat-tar pitch varnish L01-17）、黑水罗松、黑煤焦沥青漆，由煤焦沥青和煤焦溶剂组成。该漆涂刷方便、耐水性优异、价廉，能防潮、耐酸、耐碱、防腐蚀、防锈，漆膜光滑柔韧，但不耐油和日光暴晒。

2. 技术配方 （质量，份）

煤焦沥青	31.2
煤焦油	7.8
二甲苯	15.0
重质苯	6.0

3. 工艺流程

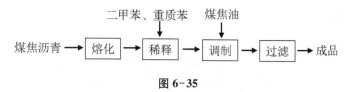

图 6-35

— 445 —

4. 生产工艺

先将煤焦沥青加热至熔化，控制温度不超过 250 ℃，然后降温至 180 ℃，加入二甲苯和重质苯稀释，再加入煤焦油调制，充分搅拌，混合均匀，经过滤后得成品。

5. 产品标准

颜色	黑色
外观	平整光亮
含固量	≥45%
黏度（涂-4 黏度计）/s	25～60
干燥时间/h	
表干	≤2
实干	≤18

6. 产品用途

适用于水下和地下的钢铁物件表面及船舶锚链的防腐涂装，也用作内河木船船底、煤舱、污水管、木材等的保护涂层。

6.39　L01-20 沥青清漆

1. 产品性能

L01-20 沥青清漆（Asphalt varnish L01-20；Bituminous varnish L01-20），也称沥青液、沥青电路漏印清漆，由沥青、石灰松香钙脂和苯类有机溶剂组成。该漆干燥快、耐水性强，具有一定的防锈和防腐蚀性。

2. 技术配方 （质量，份）

天然沥青	4.4
石油沥青	24.0
石灰松香	14.0
二甲苯	40.0

3. 工艺流程

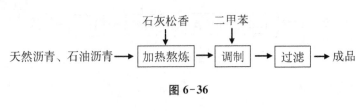

图 6-36

4. 生产工艺

将天然沥青、石油沥青和石灰松香混合加热，升温至 270 ℃进行熬炼。降温至 160 ℃加入二甲苯调制均匀，过滤得成品。

5. 产品标准

颜色	黑色
外观	平整
含固量	≥40%
黏度（涂-4 黏度计）/s	30～60
干燥时间/h	
表干	≤2
实干	≤24

注：该产品符合苏 Q/HG-55 标准。

6. 产品用途

用于电路漏印和涂刷，一般用于不受阳光直接照射的金属、木材表面。

6.40　L01-22 沥青清漆

1. 产品性能

L01-22 沥青清漆（Asphalt varnish L01-22；Bituminous varnish L01-22），也称沥青密封漆、SQL01-1 沥青清漆，由天然沥青、蜂蜡、润滑油和二甲苯组成。该漆具有良好的可塑性和密封性，并能防水、防潮，可常温干燥。

2. 技术配方 （质量，份）

天然沥青	32.0
蜂蜡	1.2
润滑油	5.6
二甲苯	49.6

3. 工艺流程

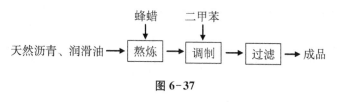

图 6-37

4. 生产工艺

将天然沥青与润滑油和蜂蜡混合加热至熔化，升温至 260 ℃熬炼，降温至 180 ℃加入二甲苯调制均匀，过滤得成品。

5. 产品标准

外观	黑褐色黏稠液体
含固量	≥40%
黏度（涂-4 黏度计）/s	100～150
灰分	≤0.15%
可塑性（干燥 24 h）	不流注、不脆裂
附着力	不发生剥落和脆裂现象
冲击强度/（kg·cm）	50
耐温变性（50 ℃，2 h，-20 ℃，2 h）	不发生脆崩现象
干燥时间（厚 20～40 μm）/h	30～40

注：该产品符合辽 Q732-84 标准。

6. 产品用途

用于专用金属制件的涂覆，可防止制件在运输中受侵蚀和冲击损坏。

6.41 L01-23 沥青清漆

1. 产品性能

L01-23 沥青清漆（Asphalt varnish L01-23）也称沥青防锈清漆、黑防锈油，由 5$^{\#}$石油沥青、甘油松香、松香改性酚醛树脂和 200$^{\#}$溶剂汽油组成。该漆常温下干燥快，易涂刷，漆膜具有优良的防潮、防锈作用，对金属无腐蚀，涂层可用汽油、煤油、松节油、二甲苯等溶剂洗去。

2. 技术配方 （质量，份）

5$^{\#}$石油沥青	24
松香改性酚醛树脂	3
甘油松香	3
200$^{\#}$溶剂汽油	30

3. 工艺流程

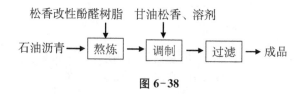

松香改性酚醛树脂　甘油松香、溶剂

石油沥青 → 熬炼 → 调制 → 过滤 → 成品

图 6-38

4. 生产工艺

将石油沥青和松香改性酚醛树脂混合加热待熔化后升温至 280 ℃，保温熬炼约 15 min，降温至物料冷却到 160 ℃，加入甘油松香和溶剂汽油充分混合，调制均匀，过滤得成品。

5. 产品标准

颜色	黑色
含固量	≥40%
黏度（涂-4 黏度计）/s	60～120
干燥时间[(25±1)℃,相对湿度(65±5)%]/h	≤4（允许发黏）
干后洗去性	用 200# 溶剂汽油易洗去

注：该产品符合鲁 Q/TN 166 标准。

6. 产品用途

用于金属制件，作生产、贮存过程中的暂时性防腐、防锈保护涂层。

6.42　L01-32 沥青烘干清漆

1. 产品性能

L01-32 沥青烘干清漆（Asphalt baking varnish L01-32），也称 L01-12 沥青烘干清漆，由天然沥青或石油沥青与树脂、干性植物油、催干剂、溶剂汽油、苯类溶剂组成。该漆高温烘干，漆膜坚硬、黑亮，具有良好的耐水、耐润滑油、耐汽油性能。

2. 技术配方 （质量，份）

天然沥青	20.0
亚麻油、桐油聚合油	16.0
桐油	4.0
松香改性酚醛树脂	8.0
二甲苯	14.4

200#溶剂汽油	16.0
环烷酸铁（3%）	1.6

3. 工艺流程

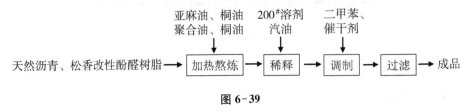

图 6-39

4. 生产工艺

先将天然沥青、松香改性酚醛树脂、桐油和亚麻油、桐油聚合油混合加热，待沥青熔化后，将物料升温至 270 ℃，保温熬炼至所需黏度，降温至 160 ℃加 200# 溶剂汽油，然后加二甲苯和环烷酸铁，充分混合，调制均匀，过滤后得成品。

5. 产品标准

颜色	黑色
外观	光亮平滑，无条纹和麻点
含固量	≥45%
光泽	≥90%
黏度（涂-4黏度计）/s	≥40%
硬度	≥0.6
冲击强度/（kg·cm）	≥40
附着力/级	≤2
柔韧性/mm	≤3
耐水性（浸48 h）	漆膜外观不变
耐润滑油（150 ℃浸于GB 485-81汽油机润滑油中24 h，恢复2 h，软布擦净）	漆膜不起泡、不剥落，允许稍变暗
耐汽油性（浸于GB 489-7766#汽油中24 h）	漆膜不起泡、不起皱、不剥落
结皮性［（20～25）℃保持15 d］	不应结皮
干燥时间［（200±2）℃，烘干］/min	≤50

注：该产品符合 ZBG 51030 标准。

6. 产品用途

主要用于涂覆汽车、自行车、发动机的部分金属零件表面。涂覆在 L06-33 沥青烘干底漆后作表面涂层。

6.43　L01-34沥青烘干清漆

1. 产品性能

L01-34沥青烘干清漆（Bituminous baking varnish L01-31；Asphalt baking varnish L01-34），也称自行车罩光清漆、自行车烤漆、155/11自行车烤漆，由天然沥青、改性酚醛树脂、干性油、催干剂、重质苯和溶剂汽油组成。该漆漆膜黑亮，光泽度好，对沥青底漆附着性好，耐水，黏度高，硬度高，且有一定的机械强度，但需高温烘烤，保光性较差，比氨基清烘漆的附着力差。

2. 技术配方 （质量，份）

天然沥青	24.0
松香改性酚醛树脂	12.0
亚麻油、桐油聚合油	36.0
重质苯	31.2
200#溶剂汽油	12.0
环烷酸锌（3%）	1.2
环烷酸铁（3%）	3.6

3. 工艺流程

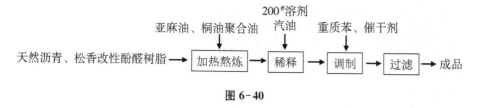

图6-40

4. 生产工艺

将天然沥青、松香改性酚醛树脂和亚麻油、桐油聚合油混合加热，待沥青熔化后，升温至290 ℃，保温熬炼至黏度合格，将物料降温至160 ℃，加入溶剂汽油，再加重质苯和催干剂，充分搅拌，混合均匀，经过滤后得成品。

5. 产品标准

颜色	黑色
外观	平整光滑
含固量	≥45%
细度/μm	≤25
硬度	≥0.50

黏度（涂1-黏度计）/s	≥25
光泽	≥100%
附着力/级	≤3
冲击强度/（kg·cm）	≥50
柔韧性/mm	≤2
干燥时间 [（195±5）℃，烘干]/h	≤1.5

注：该产品符合 ZBG 51103 标准。

6. 产品用途

主要用于自行车管件表面的涂饰，也适用于能高温烘烤的金属物件的涂装。

6.44 L01-39 沥青烘干清漆

1. 产品性能

L01-39 沥青烘干清漆（Bituminous baking varnish L01-39；Asphalt baking varnish L01-39），也称沥青烘漆、L01-19 沥青烘干清漆，由天然沥青、改性酚醛树脂、干性油、二甲苯、溶剂汽油和催干剂组成。该漆漆膜坚硬、黑亮，光泽度好，附着力强，具有良好的耐磨、耐候和保光，且耐水性优良。

2. 技术配方 （质量，份）

天然沥青	24.0
松香改性酚醛树脂	12.0
亚麻油清油	6.0
亚麻油、桐油聚合油	30.0
二甲苯	30.0
200# 溶剂汽油	13.2
环烷酸锌（4%）	1.2
环烷酸铁（3%）	3.6

3. 工艺流程

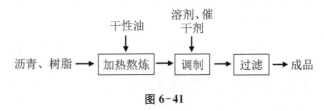

图 6-41

4. 生产工艺

将天然沥青、松香改性酚醛树脂、亚麻油、桐油聚合油和亚麻油清油混合加热，至沥青熔化后，升温至 280 ℃保温熬炼，至黏度合格降温，将物料冷却至 160 ℃，加入溶剂汽油，再加二甲苯和催干剂（环烷酸锌、环烷酸铁），搅拌，充分混合，调制均匀，过滤得成品。

5. 产品标准

颜色	黑色
外观	平整光滑
光泽	≥95%
黏度（涂-4 黏度计）/s	240～300
硬度	≥0.40
冲击强度/（kg·cm）	≥50
耐盐水性〔浸（80±1）℃，5%的盐水中 1 h〕	漆膜不软化、不起泡、不脱落、不变色
柔韧性/mm	≤3
附着力/级	≤3
干燥时间〔（180±2）℃，烘干〕/h	≤2

注：该产品符合苏 Q/HG-289 标准。

6. 产品用途

适用于已涂有 L06-34 沥青烘干底漆、L06-35 沥青烘干底漆的金属物件表面，主要用于自行车、缝纫机、铰链、插销、电气仪表及一般金属文具用品、五金零件表面的涂饰。

6.45　L04-1 沥青磁漆

1. 产品性能

L04-1 沥青磁漆（Bituminous enamel L04-1；Asphalt enamel L04-1），也称沥青底架漆、122 沥青磁漆，由天然沥青、松香改性酚醛树脂、桐油、亚麻清油、颜料、催干剂、200# 溶剂汽油和二甲苯组成。该漆可自干或烘干，漆膜黑亮、附着力好，有良好的耐水和防潮性，但不宜用于太阳直接照射的物件表面。

2. 技术配方 （质量，份）

天然沥青	20.0
松香改性酚醛树脂	19.0

桐油	11.0
亚麻清油	10.0
炭黑	2.5
铁蓝	0.5
200# 溶剂汽油	20.0
二甲苯	12.0
环烷酸钴（2%）	1.0
环烷酸锰（2%）	1.5
环烷酸铅（10%）	2.5

3. 工艺流程

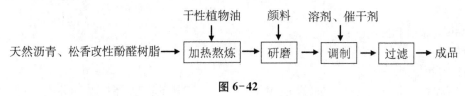

图 6-42

4. 生产工艺

将天然沥青、松香改性酚醛树脂、桐油、亚麻清油混合后加热，待沥青熔化后，升温至 280 ℃熬炼至黏度合格。降温冷却至室温，加入炭黑和铁蓝混合，送入研磨机研磨至所需细度，加入溶剂汽油、二甲苯和催干剂，充分搅拌，调制均匀，过滤后得成品。

5. 产品标准

颜色	黑色
外观	平整光滑
细度/μm	≤40
黏度（涂-4 黏度计）/s	≥50
冲击强度/（kg·cm）	50
柔韧性/mm	1
耐水性（浸泡 24 h）	经 2 h 后，漆膜恢复原状
遮盖力/（g/m²）	≤40
附着力/级	≤2
闪点/℃	≥32
烘干 [（100±2）℃，40 min]	不起皱，允许稍回黏
干燥时间/h	
表干	≤8
实干	≤24

注：该产品符合 ZBG 51009 标准。

6. 产品用途

主要用于汽车底盘、水箱及其他金属零件表面的涂装。

6.46 L06-33 沥青烘干底漆

1. 产品性能

L06-33 沥青烘干底漆（Bituminous baking primer L06-33；Asphalt baking primer L06-33），也称 L06-3 沥青烘干底漆，由石油沥青、松香改性酚醛树脂、干性油、颜料、200# 溶剂汽油和重质苯组成。该漆漆膜附着力好，平整，具有良好的防潮、耐水、耐润滑油、耐湿热及柔韧性能。

2. 技术配方 （质量，份）

石油沥青	32
亚麻油、桐油聚合油	24
松香改性酚醛树脂	9
炭黑	10
200# 溶剂汽油	13
重质苯	32

3. 工艺流程

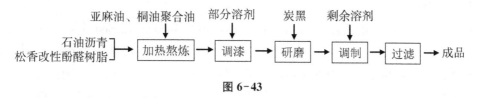

图 6-43

4. 生产工艺

将石油沥青、松香改性酚醛树脂、亚麻油、桐油聚合油混合加热，沥青熔化后，升温至 290 ℃保温熬炼至黏度合格，降温，冷却至 160 ℃，加入部分溶剂汽油和苯，充分调和，再加入炭黑混匀，送入磨漆机中研磨至所需细度，再加入剩余溶剂调制均匀，过滤得成品。

5. 产品标准

颜色	黑色
外观	平整，允许有流纹
细度/μm	≤40

闪点/℃	≥29
黏度/s	≥50
冲击强度/（kg·cm）	50
附着力/级	≤2
柔韧性/mm	1
结皮性（20～25℃，保持2个星期）	不应结皮
耐盐水性（浸24 h）	不起泡，不生锈，不剥落
耐湿热性［（47±1）℃，相对湿度（96±2）%，150 h］/级	1
耐热性［（200±2）℃，50 min］	通过
冲击强度/（kg·cm）	30
柔韧性/mm	3
耐汽油性（浸于GB 489-7766#汽油24 h，恢复2 h）	漆膜外观不变
耐润滑油性（浸于150℃GB 485-81汽油机润滑油24 h，恢复2 h）	漆膜不起泡、不脱落，允许稍变暗
干燥时间［烘干，（200±2）℃］/min	≤30

注：该产品符合 ZBG 51031 标准。

6. 产品用途

主要用于汽车发动机、自行车、缝纫机及其他金属表面打底涂覆。

6.47　L30-19 沥青烘干绝缘漆

1. 产品性能

L30-19 沥青烘干绝缘漆（Bituminous insulating baking varnish L30-19；Asphalt baking insulating varnish L30-19），也称 L30-9 沥青烘干绝缘漆，由天然沥青、干性油、松香改性酚醛树脂、三聚氰胺甲醛树脂、催干剂、二甲苯和200#溶剂汽油组成。该漆具有良好的耐温变性、防潮性及厚层干透性，漆膜不发黏，属 A 级绝缘材料。

2. 技术配方　（质量，份）

天然沥青	30.0
亚麻油、桐油聚合油	18.6
松香改性酚醛树脂	6.6
三聚氰胺甲醛树脂	8.4
二甲苯	48.0
200#溶剂汽油	6.0
环烷酸铅（10%）	0.6
环烷酸锰（2%）	1.8

3. 工艺流程

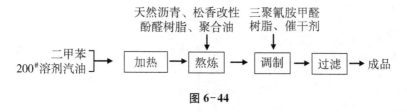

图 6-44

4. 生产工艺

在反应釜中先加入二甲苯和 200# 溶剂汽油混合均匀，通蒸汽加热至 90 ℃，于搅拌下加入天然沥青和松香改性酚醛树脂，于 100 ℃ 保温至物料熔化，然后加入亚麻油、桐油聚合油熬炼，降温至 70 ℃ 后，加入三聚氰胺甲醛树脂和催干剂，充分混合，调制均匀、过滤，即得成品。

5. 产品标准

颜色	黑色
外观	平整光滑
含固量	≥40%
黏度（涂-4 黏度计）/s	30～60
耐热性［干燥后在（150±2）℃，7 h］	通过试验
击穿强度/（kV/mm）	
常态	≥60
热态（90±2）℃	≥25
浸水后	≥25
厚层干透性	通过试验
干燥时间［（105±2）℃］/h	≤6

注：该产品符合 ZBK 15004 标准。

6. 产品用途

用于浸渍电动机或发电机线圈绕组及不要求耐油的电器零件、部件。

6.48　L31-3 沥青绝缘漆

1. 产品性能

L31-3 沥青绝缘漆（Asphalt insulating varnish L31-3），由石油沥青、天然沥青、干性植物油、溶剂汽油、二甲苯和催干剂组成。该漆属 A 级绝缘材料，耐水性好，可常温干燥，但耐变压器油性和硬度较差。

2. 技术配方 （质量，份）

（1）配方一

1# 石油沥青	29.0
亚麻仁油	8.5
醋酸铅	0.5
环烷酸锰（2%）	2.0
200# 溶剂汽油	20.0
二甲苯	40.0

（2）配方二

石油沥青	17.0
天然沥青	13.0
桐油	14.0
亚麻油、桐油聚合油	10.0
二甲苯	20.0
200# 溶剂汽油	23.5
环烷酸锰（2%）	0.5
环烷酸钴（2%）	0.5
环烷酸铅（10%）	1.5

3. 工艺流程

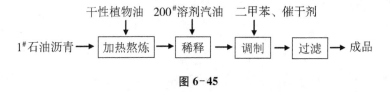

图 6-45

4. 生产工艺

将 1# 石油沥青和干性植物油（桐油和亚麻油、桐油聚合油或亚麻仁油）投入反应釜中混合加热，升温至 270 ℃，保温熬炼至黏度合格，降温，将物料冷却至 160 ℃，加溶剂汽油稀释，再加入二甲苯和催干剂充分混合，调制均匀，过滤得成品。

5. 产品标准

颜色	黑色
外观	平整光滑
含固量	≥40%
黏度（涂-4 黏度计）/s	30~60
击穿强度/（kV/mm）	
常态	50

浸水后	15
抗甩性	通过试验
耐热性 [（105±2）℃，1 h]	通过试验
干燥时间（实干）/h	≤24

注：该产品符合 ZBK 15004 标准。

6. 产品用途

用于要求常温干燥的电机、电器绕组的涂覆。

6.49 L33-12 沥青烘干绝缘漆

1. 产品性能

L33-12 沥青烘干绝缘漆（Asphalt baking insulating paint L33-12），也称 L33-2 沥青烘干绝缘漆，由天然沥青和干性植物油熬炼，加催干剂、二甲苯和溶剂汽油制成。该漆属 A 级绝缘材料，具有较高的电性能，能长时间保持黏性和柔韧性。

2. 技术配方 （质量，份）

天然沥青	16.8
石油沥青	8.8
桐油	0.8
亚麻油、桐油聚合油	2.4
石灰松香	4.0
200# 溶剂汽油	30.4
二甲苯	16.0
环烷酸锰（2%）	0.4
环烷酸铅（10%）	0.4

3. 工艺流程

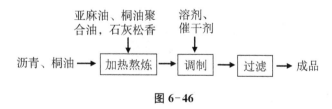

图 6-46

4. 生产工艺

将沥青、桐油、亚麻油、桐油聚合油和石灰松香投入反应釜中混合加热，升温至 270 ℃，保温熬炼至黏度合格，降温，将物料冷却至 160 ℃，加入溶剂汽油、二甲苯和催干剂，充分混合，调制均匀，过滤得成品。

5. 产品标准

颜色	黑色
外观	平整光滑
含固量	≥38%
黏度（涂-4黏度计）/s	15～35
击穿强度/（kV/mm）	
常态	70
浸水后	22
耐热性 [（105±2）℃，15 h]	通过试验
黏着性 [（105±2）℃] /h	≥16
干燥时间 [（105±2）℃] /h	≤30

6. 产品用途

用作制造云母带和软云母板的黏合剂。

6.50 L38-31沥青半导体漆

1. 产品性能

L38-31沥青半导体漆（Asphalt semiconductor paint L38-31）也称5143#半导体漆，由石油沥青、干性植物油、200#溶剂汽油调制成的沥青半导体漆料，再加炭黑、二甲苯和催干剂组成。该漆属A级绝缘材料，低电阻，可自行干燥。

2. 技术配方 （质量，份）

沥青半导体漆料	86.5
炭黑	3.5
二甲苯	4.0
环烷酸钴（2%）	2.0
环烷酸锰（2%）	2.0
环烷酸铅（10%）	2.0

3. 工艺流程

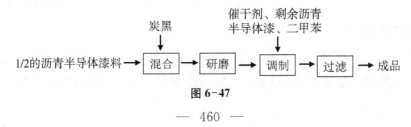

图6-47

4. 生产工艺

将 1/2 的半导体漆料与炭黑混合，充分搅拌至均匀，送入磨漆机中研磨至细度合格后，取出，与剩余沥青半导体漆料、二甲苯和催干剂混合，充分调制，过滤得成品。

5. 产品标准

颜色	黑色
外观	平整光亮
细度/μm	$\leqslant 40$
黏度（涂-4 黏度计）/s	$70\sim100$
表面电阻系数/Ω	$10^3\sim10^6$
柔韧性/mm	$\leqslant 3$
干燥时间（实干）/h	$\leqslant 18$

注：该产品符合 ZBG 51081 标准。

6. 产品用途

用于高压和低压线圈表面的涂覆，构成黑色均匀的半导体覆盖层，以防止和减少线圈电晕。

6.51　L44-81 铝粉沥青船底漆

1. 产品性能

L44-81 铝粉沥青船底漆（Aluminium asphalt ship bottom primer L44-81；Aluminium bituminous primer L44-81），也称 830 铝粉打底漆、830-1 铝粉打底漆、901 铝粉打底漆、L44-1 铝粉沥青船底漆，由煤焦沥青、煤焦溶剂、铝粉浆、防锈颜料、体质颜料和重质苯组成。该漆常温干燥快、附着力强，具有优良的抗水性和水底防锈功效，漆膜坚韧。

2. 技术配方　（质量，份）

煤焦沥青	27.0
煤焦溶剂	11.4
铝粉浆（65%）	18.0
云母粉	3.8
氧化锌	13.2
重质苯	26.6

3. 工艺流程

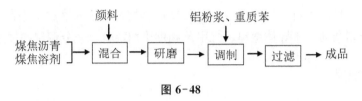

图 6-48

4. 生产工艺

将煤焦沥青和煤焦沥青溶剂混合，再加入云母粉和氧化锌，搅拌均匀，送入球磨机中研磨至细度合格后，与铝粉浆、重质苯混合，充分调制均匀，过滤后得成品。

5. 产品标准

颜色	银灰色
外观	平整光滑
黏度（涂-4黏度计）/s	45～75
遮盖力/（g/m²）	≤55
耐盐水性（涂二道）	30 d 不起泡
干燥时间/h	
表干	≤2
实干	≤14

注：该产品符合沪 Q/HG 14-254 标准。

6. 产品用途

适用于钢铁及铝质船底的打底防锈，也可用于冷风设备、降温冷凝管、锅炉用水槽内部等盐水或淡水下的钢铁物件及码头、浮筒等浸水部位的防锈涂装。

6.52　L44-82 沥青船底漆

1. 产品性能

L44-82 沥青船底漆（Asphalt ship bottom paint L44-82），也称831黑棕船底防锈漆、902头度船底防锈漆、L44-2沥青船底漆，由煤焦沥青、煤焦溶剂、防锈颜料、体质颜料和重质苯组成。该漆具有良好的耐水性和防锈性能，常温干燥快，附着力强，漆膜坚韧。

2. 技术配方 （质量，份）

煤焦沥青	32.2
煤焦溶剂	13.8
氧化锌	6.0
氧化铁红	35.0
沉淀硫酸钡	3.0
滑石粉	3.0
重质苯	7.0

3. 工艺流程

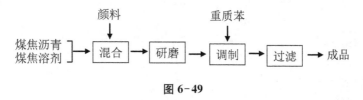

图 6-49

4. 生产工艺

将煤焦沥青、煤焦溶剂与颜料混合，送入球磨机中研磨，至细度合格后，加入重质苯调制均匀，至黏度合格，过滤得成品。

5. 产品标准

颜色	黑棕色
外观	平整光滑
细度/μm	≤80
黏度（涂-4 黏度计）/s	30～60
遮盖力/（g/m^2）	≤70
耐盐水性（涂二层）	20 d 不起泡
干燥时间/h	
表干	≤2
实干	≤14

注：该产品符合沪 Q/HG 14-011 标准。

6. 产品用途

主要用于已涂有 L44-81 铝粉沥青船底漆的航海船舶的涂覆，船底 1°～2°作为打底漆和防污漆中间的隔离层，并可加强其防锈作用。也可单独作为钢铁和木质船底的防锈及防腐涂层。

6.53 L50-1沥青耐酸漆

1. 产品性能

L50-1沥青耐酸漆（Asphalt acid-resistant paint L50-1；Bituminous acid resistant varnish L50-1），也称411沥青抗酸漆，由天然沥青、干性植物油、松香改性酚醛树脂、催干剂、溶剂汽油和二甲苯组成。该漆具有耐硫酸腐蚀的性能和良好的附着力。

2. 技术配方 （质量，份）

天然沥青	20.8
桐油	5.6
松香改性酚醛树脂	4.4
二甲苯	30.4
200# 溶剂汽油	16
环烷酸钴（2%）	0.4
环烷酸锰（2%）	0.8
环烷酸铅（10%）	1.6

3. 工艺流程

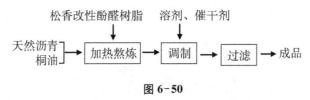

图 6-50

4. 生产工艺

将天然沥青、桐油和松香改性酚醛树脂投入反应釜中混合加热，升温至 270 ℃，于 270～280 ℃保温熬炼，至黏度合格时降温，待物料冷却至 160 ℃，先加溶剂汽油稀释，然后加入二甲苯和催干剂充分混合，调制均匀，过滤得成品。

5. 产品标准

颜色	黑色
外观	平整光滑
含固量	≥40%
细度/μm	≤30
黏度（涂-4黏度计）/s	50～80
柔韧性/mm	1
耐酸性（浸于40%的硫酸液中72 h）	漆膜无变化

干燥时间/h	
表干	≤6
实干	≤24

注：该产品符合 ZBG 51032 标准。

6. 产品用途

主要用作需要防止硫酸侵蚀的金属表面的保护涂层。

6.54 L82-31 沥青锅炉漆

1. 产品性能

L82-31 沥青锅炉漆（Asphalt boiler paint L82-31），也称黑色锅炉漆、锅炉漆、锅炉内用漆、L83-1 沥青锅炉漆，由沥青锅炉漆料、石墨粉、炭黑粉、溶剂汽油和催干剂组成。该漆常温干燥快，具有良好的耐锅炉水和水蒸气的腐蚀性，能防止水中沉淀物质黏附于锅炉的金属表面而引起的生锈和腐蚀，有效地延长锅炉的使用寿命。

2. 技术配方 （质量，份）

沥青锅炉漆料*	58.0
石墨粉	29.0
炭黑	1.0
200# 溶剂汽油	10.5
环烷酸锰（2%）	0.5
环烷酸铅（10%）	1.0

* 沥青锅炉漆料的技术配方：

天然沥青	38.0
桐油	7.0
松香改性酚醛树脂	5.5
甘油松香	5.5
二甲苯	6.0
200# 溶剂汽油	30.0
环烷酸锌	8.0

3. 工艺流程

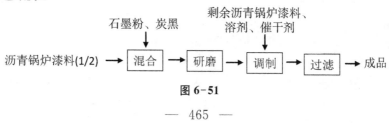

图 6-51

4. 生产工艺

将天然沥青、桐油和松香改性酚醛树脂、甘油松香投入反应釜中混合加热，升温至270 ℃，保温熬炼，至黏度合格，降温至160 ℃，加入溶剂汽油、二甲苯和环烷酸锌充分混合均匀，过滤即得沥青锅炉漆料。

将沥青锅炉漆料（1/2）与石墨粉、炭黑混合，送入球磨机中研磨至细度合格后，加入剩余沥青锅炉漆料、溶剂汽油和催干剂，调制均匀，过滤得成品。

5. 产品标准

颜色	黑色
外观	平整，允许有刷痕
细度/μm	≤100
黏度（涂-4 黏度计）/s	60～120
遮盖力/（g/m²）	≤65
耐热性（干燥 48 h，漆膜在自来水中断煮 4～8 h）	无脱落，允许起泡
耐水性（制板 24 h，用沸水煮 1 h）	不脱落
干燥时间/h	
表干	≤1
实干	≤6

注：该产品符合津 Q/HG 2-50 标准。

6. 产品用途

主要用于蒸汽锅炉内壁的涂装。

6.55 L99-31 沥青石棉膏

1. 产品性能

L99-31 沥青石棉膏（Asphalt asbestos paste L99-31），也称防声胶、防水膏、沥青石棉浆、L99-1 沥青石棉膏，由天然沥青，石油沥青，亚麻油、桐油聚合油，中油度亚麻醇酸树脂，石棉粉，200# 溶剂汽油和二甲苯组成。该漆具有优良的耐热、耐寒和耐腐蚀性及良好的密闭性和耐水性，并有一定的隔音和减振作用。

2. 技术配方 （质量，份）

天然沥青	16.0
石油沥青	4.0
亚麻油、桐油聚合油	4.4
中度亚麻油醇酸树脂	8.4

石棉粉	18.4
云母粉	9.6
二甲苯	9.6
200# 溶剂汽油	9.6

3. 工艺流程

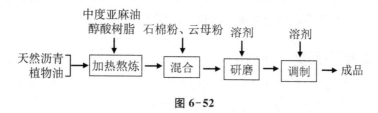

图 6-52

4. 生产工艺

将沥青投入反应釜中加热熔化，再加入亚麻油、桐油聚合油和中度油亚麻油醇酸树脂混合均匀，保温熬炼，将物料降温至 160 ℃加部分二甲苯和 200# 溶剂汽油稀释，加入石棉粉和云母粉搅拌均匀，送入三辊磨漆机中研磨，至所需细度，再加入剩余二甲苯和溶剂汽油，充分搅拌，调制均匀，即得成品。

5. 产品标准

外观	黑色均匀膏状物
漆膜颜色	黑色
漆膜外观	平整
含固量	≥70%
稠度 [（25±1）℃] /cm	8～11
耐盐水性（浸 6 个月）	不起泡、不龟裂、不脱落
耐水性（浸 6 个月）	漆膜不变化
耐热性 [（105±5）℃，1 h]	漆膜不起泡、不流挂
柔韧性/mm	≤100
干燥时间/h	
表干	≤18
实干	≤48

注：该产品符合 Q/WST-JCD 92 标准。

6. 产品用途

主要作密封用，用于火车车厢夹壁铁壳，起消声、隔音作用；也可涂抹于车身的焊缝，防止水分渗入。

6.56 沥青聚酰胺防腐涂料

1. 产品性能

沥青聚酰胺防腐涂料由液态沥青、聚酰胺树脂、松香油、石油磺酸钙钠、金属皂及溶剂组成。该涂料闪点高，具有优良的防锈、防腐蚀性。

2. 技术配方 （质量，份）

液态沥青	63.0
松香油	12.0
聚酰胺树脂	12.0
石油磺酸钙钠	127.9
金属皂	36.0
200# 溶剂汽油	59.1

3. 工艺流程

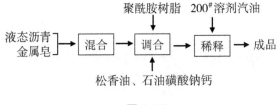

图 6-53

4. 生产工艺

将液态沥青投入具有蒸汽加热夹套的反应釜中，加热至 55～60 ℃，加入金属皂，混合后继续加热至混合均匀，再加入聚酰胺树脂和松香油，搅拌 10 min 后加入石油磺酸盐，再搅拌，加热至 57 ℃，保温 1.5 h 至混合物变成触变性为止，最后加入 200# 溶剂汽油，充分调和，冷却后制得沥青聚酰胺防腐涂料。

5. 产品用途

用于金属底材、汽车车身底座、车身内部，作防腐涂装。用"无空气"喷涂法施工，涂膜 7～9 μm，常温干燥。

6.57　沥青橡胶防水涂料

1. 产品性能

这种涂料以废橡胶粉和沥青为有效成分，用溶剂分散均匀即得，具有良好的耐热性、耐寒性、防水性和抗老化性。涂层自然干燥后，即形成连续的封闭层。若加衬玻璃丝布形成的防水层，不仅防水性能提高，而且与油毡防水层相比，可减轻重量80%，节约沥青80%。

2. 技术配方　（质量，份）

60# 石油沥青	100
废橡胶粉	96
10# 石油沥青	84
90# 汽油	96

3. 生产工艺

将60# 石油沥青投入混合锅内，加热熔化、脱水，滤出杂质，然后继续加热，于搅拌下加入废橡胶粉，于180～200 ℃保温30 min，待混合液为稀糊状并能拉出均匀的细丝时，降温至100 ℃左右，最后于80 ℃加入90# 汽油溶剂，搅拌均匀，得到屋面用橡胶沥青防水涂料。

4. 产品用途

用于屋面防水。屋面扫除干净后涂刷（直接冷涂），自然干燥，形成连续封闭的涂层，也可做成二布三液一砂的防水层。

6.58　沥青防潮涂料

这种沥青防潮涂料具有很好的防潮性能。

1. 技术配方　（质量，份）

	（一）	（二）
10# 茂名石油沥青	100.0	—
10# 兰州石油沥青	—	100
重柴油	12.5	8
石棉绒	12.0	6
桐油	15.0	—

2. 生产工艺

将石油沥青熔化脱水，温度控制在190～210 ℃，除去杂质，降温至130～140 ℃再加入重柴油、桐油、搅拌均匀后，再加入石棉绒，边加边搅拌，然后升温至190～210 ℃，熬炼30 min即可使用。

6.59　沥青鱼油酚醛防水涂料

1. 产品性能

本涂料防水性能好，且具有较好的低温抗裂性，主要用于屋面防水。

2. 技术配方 （质量，份）

石油沥青（大庆55#）	100.0
硫化鱼油	30.0
210松香改性酚醛树脂	15.0
松焦油	10.0
重溶剂油	15.0
松节重油	15.0
氧化钙	2.0
滑石粉	120.0
云母粉	120.0
氧化铁黄	30.0
铝银浆	10.0
汽油	150.0
煤油	37.6

3. 生产工艺

将石油沥青切成碎块，放在熔化锅内加热熔化脱水（240～260 ℃），在搅拌下，加入硫化鱼油、松节重油、松焦油和氧化钙等进行搅拌和反应30 min。

当温度降至120 ℃左右时，将填料和颜料、210松香酚醛树脂和汽油、煤油加入装有搅拌器的反应锅内，再继续搅拌45～60 min，合格后出锅。

4. 产品用途

主要用于屋面防水。

6.60　沥青聚烯烃防水涂料

1. 产品性能

本品具有不怕硬水，耐酸碱，在水中不电离，可防静电反应，能用水任意稀释和添加填料。

2. 技术配方　（质量，份）

（1）配方一

沥青液	
60# 石油沥青	75.00
10# 石油沥青	15.00
65# 石油沥青	10.00
乳化液	
氢氧化钠（工业品 95%）	0.88
水玻璃	1.60
聚乙烯醇（聚合度 2000，醇解度 85%）	4.00
平平加	2.00
水	100.00

（2）配方二

10# 沥青	50.00
60# 石油沥青	50.00
水	100.00
烧碱	0.88
聚乙烯醇（稳定剂）	4.00
匀染剂 X-102	2.00
水玻璃	适量

（3）配方三

软石油沥青	20
高岭土（粒度 <5 μm）	60
聚异丁烯	5
无规聚丙烯	15

3. 生产工艺

（1）配方一的生产工艺

①将石油沥青放入加热锅内，加热熔化，脱水，除去纸屑杂质后，在 160～180 ℃保温。

②将乳化剂和辅助材料按技术配方次序依次分别称量，放入一定体积和温度的水

中。加热至 20～30 ℃加入氢氧化钠，待氢氧化钠全部溶解后，升温至 80～90 ℃加入聚乙烯醇，充分搅拌溶解，然后降温至 60～80 ℃，加入表面活性剂平平加，搅拌溶解，即得清澈的乳化液。

③将乳化液（冬天 60～80 ℃、夏天 20～30 ℃）过滤、计量，输入匀化机中。

④开动匀化机，将事先过滤、计量并保温 180～200 ℃的液体沥青缓缓注入匀化机中，乳化 2～3 min 后停止，将乳液放出，冷却后过滤即得成品。

（2）配方二的生产工艺

在聚乙烯醇中加入总量 50％的水中，加热至 80～90 ℃使之溶解，溶解完毕后，需补足蒸发掉的水分，另外将余下的 50％的水加温至 40～50 ℃，放入烧碱，溶解后加入水玻璃并加温至 70～80 ℃，再与聚乙烯醇水溶液混合倒入立式搅拌机的乳化筒中，再加入匀染剂 X-102，使温度保持 70～80 ℃，此混合物即为乳化剂。

将沥青熔化脱水，保温至 180 ℃左右，再缓缓加入乳化液中，加完后再搅拌 5～7 min 过滤即得成品。

（3）配方三的生产工艺

将软石油沥青和树脂（聚异丁烯、无规则聚丙烯）在 200 ℃混合后放置 0.5 h，然后再加入高岭土搅匀即得屋面防水涂料。

4. 产品用途

（1）配方二所得产品用途

主要用于屋面防水、地下防潮、管道防腐、渠道防渗、地下防水等。

（2）配方三所得产品用途

用于建筑物、屋面防水，具有良好的耐候性和耐久性。

6.61 强防水涂料

该涂料具有极强的防水性，贮存稳定性好，主要用于建筑或其他防水渗透部位的涂饰。引自波兰专利 PL 156079。

1. 技术配方 （质量，份）

沥青	37.0
聚氯乙烯	0.4
聚丙烯	0.4
焦油（沸点 170 ℃）	6.2
氢氧化钠（NaOH）	0.4
水	37.0
熟石灰	2.7
漂白土	6.3

聚苯乙烯废料	10.0

2. 生产工艺

将技术配方中的各物料按配方量混合后，于球磨机上研磨到一定细度，制得焦油-聚合物乳液强防水涂料。

3. 产品用途

主要用于建筑或其他防水渗透部位的涂饰。涂刷于底材上，干燥 7 d，即形成防水性涂层。

6.62　沥青再生橡胶防水涂料

1. 产品性能

这种涂料主要用作屋面防水，具有较好的弹性、延展性和耐久性，适应基层的结构变化。

2. 技术配方　（质量，份）

石油沥青	10.0
再生橡胶浆 [m（鞋再生胶）：m（双戊二烯）＝1：3]	8.0
云母粉	7.6
氧化钙	0.2
铝粉	1.0
煤油	3.0
滑石粉	7.6
氧化铁黄	3.0
汽油	12.0

3. 生产工艺

加热将石油沥青熔融，于 240～260 ℃脱水至液面无气泡发生，加入氧化钙，搅拌冷至 130～150 ℃，加入再生橡胶浆，搅拌 30 min，然后加入云母粉、滑石粉及煤油，搅拌 15 min 以后，再加入氧化铁黄、铝粉及汽油（注意：汽油易燃！应注意防火安全），然后，再搅拌 30～40 min，即得沥青再生橡胶防水涂料。

4. 产品用途

主要用于建筑或其他防水渗透部位的涂饰，用法与一般涂料相同。

参 考 文 献

[1] 刘登良．涂料工艺（上下册）[M]．4版．北京：化学工业出版社，2010．

[2] 刘国杰．醇酸树脂涂料 [M]．北京：化学工业出版社，2015．

[3] 张传恺．新编涂料技术配方600例 [M]．北京：化学工业出版社，2006．

[4] 姜佳丽．涂料配方设计 [M]．2版．北京：化学工业出版社，2019．

[5] 沈春林．涂料技术配方手册 [M]．北京：中国石化出版社，2008．

[6] 杨成德．涂料开发与试验 [M]．北京：科学技术文献出版社，2015．

[7] 李东光．金属防腐涂料配方·制备·应用 [M]．北京：化学工业出版社，2014．

[8] 韩长日、宋小平．涂料制造技术 [M]．北京：科学技术文献出版社，1998．

[9] 魏锐．涂料实用生产技术与技术配方 [M]．南昌：江西科技出版社，2002．

[10] 李东光．功能性涂料生产与应用 [M]．南京：江苏科技出版社，2006．

[11] 周烨．光固化木器涂料与涂装工 [M]．北京：中国标准出版社，2017．

[12] 李丽，王庆海．涂料生产与涂装工艺 [M]．北京：化学工业出版社，2007．

[13] 张学敏，郑化，魏铭．涂料与涂装技术 [M]．北京：化学工业出版社，2006．

[14] 刘国杰．特种功能性涂料 [M]．北京：化学工业出版社，2002．

[15] 李肇强．现代涂料的生产及应用 [M]．上海：上海科学技术文献出版社，2017．

[16] 耿耀宗．环境友好涂料技术配方与制造工艺 [M]．北京：中国石化出版社，2006．

[17] 刘志刚，张巨生．涂料制备：原理配方工艺 [M]．实用精细化学品丛书．北京：化学工业出版社，2011．

[18] 黄健光．涂料生产技术 [M]．北京：科学出版社，2014．

[19] 李东光．水性工业涂料：配方·制备·应用 [M]．北京：化学工业出版社，2013．

[20] 南仁植．粉末涂料与涂装技术 [M]．3版．北京：化学工业出版社，2014．

[21] 闫福安．水性树脂与水性涂料 [M]．北京：化学工业出版社，2010．

[22] 朱广军．涂料新产品与新技术 [M]．南京：江苏科技出版社，2002．

[23] 张玉龙，李世刚．水性涂料配方精选 [M]．2版．北京：化学工业出版社，2013．

[24] 全国涂料和颜料标准化技术委员会．涂料与颜料标准汇编：2016涂料产品 [M]．北京：中国标准出版社，2016．

[25] 全国涂料和颜料标准化技术委员会．涂料与颜料标准汇编：2017 [M]．北京：中国标准出版社，2017．

[26] 贺行洋，秦景燕．防水涂料 [M]．北京：化学工业出版社，2012．

[27] 耿耀宗，肖继君，花东栓，等．水性工业漆 [M]．北京：化学工业出版社，2019．

[28] 孙玉绣．涂料配方精选 [M]．北京：中国纺织出版社，2012．

[29] 徐峰，薛黎明，程晓峰．地坪涂料与自流平地坪 [M]．2版．北京：化学工业出版社，2017．

[30] 陈平，刘胜平，王德中．环氧树脂及其应用 [M]．北京：化学工业出版社，2011．

[31] 魏杰，金养智．光固化涂料 [M]．北京：化学工业出版社，2013．

［32］崔金海．涂料生产与涂装技术［M］．北京：中国石化出版社，2014.

［33］刘仁．功能涂料［M］．北京：化学工业出版社，2019.

［34］宋小平．涂料实用生产技术 500 例［M］．北京：中国纺织出版社，2011.

［35］张传恺，葛义谦．新编涂料配方 600 例［M］．北京：化学工业出版社，2013.

［36］胡飞燕．涂料基础配方与工艺［M］．上海：东华大学出版社，2013.

［37］厉蕾，颜悦．丙烯酸树脂及其应用［M］．北京：化学工业出版社，2012.

［38］周强．涂料调色［M］．2 版．北京：化学工业出版社，2018.

［39］鲁钢，徐翠香，宋艳．涂料化学与涂装技术基础［M］．北京：化学工业出版社，2020.

［40］徐峰．建筑涂料技术与应用［M］．北京：中国建筑工业出版社，2009.

［41］马春庆，赵光麟．涂装设备设计应用手册［M］．北京：化学工业出版社，2019.